JOSÉ MARÍA SEGUÍ SIMARRO

Biotecnología vegetal

La ciencia que revoluciona el futuro de las plantas

GUADALMAZÁN

El original de esta obra ha sido distinguido con el premio Prismas Casa de las Ciencias a la Divulgación 2010 en la categoría «Mejor texto inédito».

Primera edición: abril de 2016

Editorial Guadalmazán. Colección Divulgación Científica
Director editorial: Antonio Cuesta
www.editorialguadalmazan.com
pedidos@editorialalmuzara.com-info@editorialalmuzara.com

Imprime: CPI BLACK PRINT
ISBN: 978-84-94471-72-8
Depósito Legal: CO-532-2016
Hecho e impreso en España - *Made and printed in Spain*

A José Miguel y Alejandro,
los dos experimentos que mejor me han salido,
y a Marga, por su decisivo papel en ellos.

PRÓLOGO

La biotecnología está de moda. Hoy en día las noticias de descubrimientos de base biotecnológica siempre tienen un hueco en las cada vez más escasas secciones de ciencia e investigación de los diarios. Las distintas encuestas que se realizan muestran un interés del público por la biotecnología. Las universidades que ofertan biotecnología como licenciatura ven rápidamente cubiertas sus plazas por estudiantes ávidos de convertirse en biotecnólogos. La biotecnología está ganándole terreno a disciplinas clásicas como la biología, la bioquímica o la ingeniería agronómica. No es de extrañar. Al fin y al cabo la biotecnología no es solo la observación, el estudio y la comprensión de los fenómenos biológicos. Es también su aprovechamiento para solucionar problemas y mejorar la sociedad humana. En pocas palabras, es una biología aplicada. Es algo que tiene mucho sentido en la sociedad en que vivimos.

En realidad, es algo que ha tenido sentido desde siempre. Desde los orígenes de la especie humana, del reino vegetal obtenemos alimentos para consumo directo como frutas, verduras, semillas (cereales, legumbres, arroz, maíz...) o bulbos y tubérculos (patatas, cebollas, ajos ...) entre otros muchos y muy variados productos. Pero también de ellos obtenemos aceites (colza, oliva, girasol...), pan y harinas (de trigo, centeno, avena, maíz...) o bebidas (vino, cerveza, licores, zumos...) si en vez de consumirlos tal como son producidos los procesamos adecuadamente. Con productos vegetales como base fundamental de su alimentación, muchas culturas y civilizaciones han perdurado durante siglos. Por ejemplo, los sumerios o babilonios elaboraban cerveza en el año 6.000 a.C., y los egipcios fabricaban pan de trigo en el 4.000 a.C. Aunque no se coman, también es fundamental la aportación del reino vegetal en la producción de materiales claves para la humanidad como la madera, el papel o el textil. También el corcho, aunque no tan trascendental. Y de cara a un futuro muy cercano, sino presente ya, los plásticos y los combustibles. Asimismo se conocen desde hace mucho, y se han transmitido de generación a generación, las propiedades terapéuticas o en general beneficiosas para la salud o el bienestar humano de algunas especies. En definitiva, durante muchos siglos el ser humano ha utilizado las plantas como alimento y fuente de materias primas, medicamentos y otras sustancias o principios activos de interés. Todo esto ha sido y es biotecnología vegetal, aunque puede que no hayamos reparado en ello.

Pero además, los últimos 100 años de historia de la humanidad han visto cómo despegaban una serie de ramas del conocimiento científico que han permitido que la biotecnología vegetal de un salto tecnológico espectacular. A principios del siglo XX comenzaron las investigaciones sobre el cultivo *in vitro* de células vegetales. También a principios de ese siglo se establecieron las primeras bases de lo que posteriormente se conocería como la transformación genética de las plantas. Estas dos líneas de investigación son hoy en día los pilares fundamentales sobre los que se asientan la gran mayoría de las técnicas biotecnológicas modernas aplicadas a plantas. Fue una casualidad que surgieran casi en paralelo, pues ninguno de los pioneros de estas investigaciones pudo por aquel entonces ni siquiera sospechar que llegaría un día en que confluirían para constituirse en una de las más poderosas herramientas que ha diseñado el ser humano. Puede que fuera también casualidad, pero lo cierto es que también a principios del siglo XX fueron redescubiertas las leyes de la genética que el monje austriaco Gregor Mendel había formulado el siglo anterior. Estas leyes, y su aplicación práctica a la obtención de vegetales mejorados mediante cruces controlados y selección de la descendencia, sentaron las bases de lo que hoy se conoce como la mejora genética vegetal, que ha permitido que sean posibles la mayoría de los vegetales que se consumen en el planeta. Casualidad o no, también hace casi 100 años que se acuñó y se utilizó por primera vez el término *biotecnología*. En definitiva, hace cerca de 100 años comenzaron una serie de líneas de investigación paralelas, que han ido desarrollándose y convergiendo a lo largo del siglo XX, y que han sentado las bases de una disciplina que ha revolucionado la visión de las plantas y de su aprovechamiento. Hace cerca de 100 años que comenzó *el siglo de oro de la biotecnología vegetal.*

Durante este siglo de oro hemos aprendido que una planta es mucho más que una cosa verde, decorativa, frondosa en ocasiones, inmóvil y comestible en según qué casos. De hecho, las plantas no siempre son verdes. Y además, algunas pueden moverse. Se defienden ante las agresiones. Cicatrizan sus heridas si se les agrede. Se relacionan con su entorno. Tienen vida sexual. Se comunican con otras. Tras estos años de estudio a un nivel sin precedentes, las posibilidades que nos ofrece hoy en día la biotecnología para diseccionar una planta hasta su nivel celular y molecular permiten aprovechar muchas de estas características de un modo antes inconcebible. El potencial biotecnológico descubierto en las plantas está revolucionando su forma de utilizarlas, y abre nuevas posibilidades para el futuro, con un notable impacto en diversos sectores productivos. De entre ellos destaca la agricultura por ser la fuente principal de alimento para la humanidad, pero no es el único. El objetivo de este libro es dar a conocer estas nuevas posibilidades que la moderna biotecnología vegetal nos brinda, creando las plantas que nos vamos a comer, que vamos a ver, y de las que nos vamos a servir en el futuro. Las plantas del futuro, en definitiva.

Este libro pretende mostrar una panorámica del potencial biotecnológico de las plantas, poco conocido en general. El reino vegetal es un mundo mucho más interesante y aprovechable de lo que en principio se puede pensar. Para poder aprovecharlo, primero hay que conocerlo. Por tanto, a lo largo de esta obra se expondrán los distintos aspectos de la biología, fisiología, genética, reproducción y patología vegetal cuyo conocimiento está permitiendo el enorme avance de la biotecnología vegetal actual. En algunos de estos aspectos plantas y animales son idénticos. En muchos otros las plantas no tienen nada que ver con el funcionamiento de un organismo animal. Este contraste no hace sino reflejar cómo los seres vivos desarrollan diferentes estrategias para alcanzar un mismo fin —crecer, sobrevivir, reproducirse, relacionarse, propagarse, perpetuarse— según los medios que cada organismo tiene a su disposición. Son estas diferencias, a menudo desconocidas, las que hacen a las plantas tan sorprendentes. Y no sólo sorprendentes, sino también útiles. En paralelo, se ilustrará cómo el ser humano ha sido capaz de sacar provecho de muchas de éstas particularidades, diferencias y curiosidades de los vegetales. Durante muchos siglos, para obtener fundamentalmente alimentos frescos o procesados. Y desde hace unos años también para obtener de ellas productos inimaginables hasta hace poco, o directamente nuevos tipos de plantas con características revolucionarias frente a sus predecesoras. Todo ello gracias al desarrollo de modernas técnicas biotecnológicas y a su aplicación a las plantas. En un momento en el que las noticias que se divulgan mayoritariamente en los medios de comunicación de masas están saturadas de biotecnología aplicada a la salud humana, y en el que las pocas noticias referentes a la biotecnología vegetal hacen a menudo referencia a aspectos negativos de la manipulación genética de las plantas, es importante hacer llegar a la sociedad hasta qué punto la utilización de las posibilidades que nos ofrece el reino vegetal puede contribuir al bienestar humano en el futuro. No solo mediante los cultivos transgénicos, sino en aspectos tan poco conocidos como la elaboración de bolsas y embalajes plásticos, la producción de combustibles, vacunas, medicamentos u hormonas humanas, la eliminación de residuos tóxicos o radiactivos, el desarrollo de cultivos más saludables o ecológicos, o más resistentes a plagas, sequía, frío o salinidad del suelo, la detección de minas antipersona, la producción «*a la carta*» de semillas artificiales para reforestación o la depuración de aguas residuales, por poner tan solo unos ejemplos.

100 años de biotecnología vegetal han dejado también algunos problemas. Como sucede con muchos otros desarrollos tecnológicos humanos, algunas aplicaciones de la biotecnología vegetal no han satisfecho plenamente a todo el mundo. En algunos aspectos, la biotecnología vegetal no ha generado simplemente insatisfacción, sino claros perjuicios. En otros casos, el problema no está en la herramienta biotecnológica, sino en la imagen que de ella se proyecta a la sociedad. Veremos también las vertientes más polémicas de las aplicaciones biotecnológicas actuales y futuras, cómo pueden afectar a distintos niveles, y qué opinión tiene de ellas la sociedad, que es en definitiva quien tendrá que aprobar o rechazar dichas aplicaciones.

En este ensayo he tratado de utilizar un lenguaje sencillo, divulgativo y fácilmente entendible, ilustrando muchos de los conceptos y descubrimientos aquí expuestos con ejemplos reales, analogías o la perspectiva histórica de cómo se llegó a ellos, a fin de hacerlos más comprensibles. En la medida de lo posible, se han aportado referencias bibliográficas disponibles a través de Internet, para que todo aquel interesado en profundizar en aspectos concretos, pueda hacerlo sin necesidad de acudir a canales especializados como revistas científicas accesibles en muchas ocasiones solo mediante suscripción. En alguna ocasión, la utilización de un lenguaje sencillo puede acarrear la simplificación excesiva de conceptos relativamente complejos, obviando matices que en un contexto científico podrían ser relevantes. Pero he preferido correr el riesgo. Llegado el caso creo que es preferible optar por que un concepto se entienda parcialmente por simplificarlo, frente a que no se entienda nada por utilizar términos científicos complejos. Y si además de entenderlo, consigo arrancar una sonrisa ocasional del lector, tendré toda la recompensa posible de un texto como este.

En definitiva, los últimos años han cambiado la percepción del reino vegetal. Gracias a los avances tecnológicos, los vegetales ya no son tan solo lo verde del paisaje, o lo que da sombra en el parque, o lo que ponen como entrante en el restaurante. A partir de ahora serán mucho más. Y mucho más interesantes. Y mucho más útiles. Espero que al final de este libro opines como yo.

BIOTECNOLOGÍA ANTIGUA Y MODERNA

Desde los tiempos remotos en los que nuestros antepasados tallaban piedras de sílex nos hemos distinguido del resto de especies por nuestra capacidad tecnológica. Es decir, por nuestra capacidad para construir objetos y máquinas con los que adaptar y explotar el medio que nos rodea y así satisfacer nuestras necesidades. Entendemos como medio no solo el entorno físico, sino también el resto de seres vivos presentes en dicho entorno. Llevamos miles de años explotando plantas y animales y adaptándolos a nuestros intereses mediante la agricultura y la ganadería. Pero en los últimos cien años, el desarrollo tecnológico ha cambiado el panorama significativamente, nos ha cambiado la vida. Utilizando las mismas materias primas que siempre ha habido en el planeta Tierra, los avances tecnológicos aplicados al transporte han permitido el desarrollo de los automóviles y aviones. Aplicados a las comunicaciones, la televisión o los satélites, y más recientemente, el teléfono móvil o Internet. Y aplicados a los seres vivos, las nuevas tecnologías nos han permitido utilizar los seres vivos que nos rodean igual que hemos venido haciendo milenio tras milenio, pero con una diferencia. Antes lo hacíamos con mucha menos base científica, a menudo sin saber bien qué hacíamos, y con herramientas tecnológicas distintas. Ahora, sabiendo mucho más qué hacemos y para qué lo hacemos, y con muchas más y mucho mejores herramientas. Herramientas tecnológicas aplicadas a los seres vivos, a la biología. Esto, ni más ni menos, es la biotecnología.

Seamos un poco más precisos. Desde diversos organismos internacionales se han dado varias definiciones de biotecnología, pero realmente todas ellas, con más o menos concreción, hablan de lo mismo. Para la OCDE (Organización para la Cooperación y el Desarrollo Económico), la Biotecnología se entiende[1] como «*la aplicación de la ciencia y la tecnología a los organismos vivos, así como a partes, productos y modelos de los mismos con el fin de alterar materiales vivos o inertes para proveer conocimientos, bienes y servicios*»». Según el Convenio sobre Diversidad Biológica de las Naciones Unidas de 1993, la biotecnología se define[2] como «*toda aplicación tecnológica que utilice sistemas biológicos y organismos vivos o sus derivados para la creación o modificación de productos o procesos para usos específicos*». Según esto, la biotecnología no es algo moderno ni novedoso. Se viene utilizando desde hace siglos. Lo relativamente moderno es el término *biotecnología*, utilizado por primera vez en 1919 por un ingeniero húngaro llamado Karl Ereky[3]. Lo realmente novedoso y espectacular ha sido la gran cantidad de desarrollos y avances biotecnológicos en los últimos 50 años, que han supuesto una auténtica revolución y están teniendo un tremendo impacto en ámbitos tan diversos como el de la biomedicina, la agricultura, la alimentación, la industria, y el medio ambiente. Estos desarrollos y avances revolucionarios son también biotecnología, pero al basarse en tecnologías modernas, se les considera biotecnología moderna. Así, el Protocolo de Cartagena sobre Seguridad de la Biotecnología del año 2000, define la biotecnología moderna[4] como «*la aplicación de: (1) Técnicas in vitro de ácido nucleico, incluidos el ácido desoxirribonucleico (ADN) recombinante y la inyección directa de ácido nucleico en células u orgánulos, o (2) La fusión de células más allá de la familia taxonómica que superan las barreras fisiológicas naturales de la reproducción o de la recombinación y que no son técnicas utilizadas en la reproducción y selección tradicional*». Tras esta definición, mucho más precisa pero también mucho más compleja que las anterio-

---

1 OECD (2005). A Framework for Biotechnology Statistics. OECD Secretariat. Paris.

2 ONU (1993). Convenio sobre la diversidad Biológica. Texto en español. Treaty Series. Vol. 1760.

3 Fári, M.G., Kralovánszky, U.P. (2006). The founding father of biotechnology: Károly (Karl) Ereky. International Journal of Horticultural Science. 12: 9-12.

4 Secretaría del Convenio sobre la Diversidad Biológica (2000). Protocolo de Cartagena sobre Seguridad de la Biotecnología del Convenio sobre la Diversidad Biológica: texto y anexos. Montreal: Secretaría del Convenio sobre la Diversidad Biológica. ISBN: 92-807-1924-6.

res, el concepto de biotecnología comienza a ser más difícil de entender por la sociedad. *ADN recombinante, orgánulos* o *fusión de células más allá de familias taxonómicas* son términos relativamente recientes y alejados de lo que la sociedad está acostumbrada a oír y utilizar. Esa es la diferencia de la biotecnología moderna con la que podríamos calificar de *tradicional*.

Pese a resultar poco familiares, las aplicaciones que de la biotecnología se derivan están hoy en día mucho más arraigadas en la sociedad de lo que parece. Los avances de la biotecnología moderna han sido de aplicación en el desarrollo de terapias, productos y servicios de diagnóstico para:

— la salud humana
— la salud animal
— la agricultura
— la producción forestal
— las agroindustrias
— los usos no alimentarios de los cultivos (por ejemplo para obtención de plásticos biodegradables, aceites vegetales o biocombustibles)
— la alimentación funcional
— las tecnologías para el control alimentario
— la producción de energía
— la protección medioambiental a través de la biorremediación (por ejemplo el reciclaje, el tratamiento de residuos y la limpieza de sitios contaminados por actividades industriales e incluso militares)

Estas aplicaciones han contribuido notablemente a alcanzar importantes avances sociales, medioambientales y económicos, a crear riqueza y a generar un tejido productivo basado en tecnologías avanzadas, generadoras de empleo de calidad. En este sentido, la biotecnología aparece cada vez más como uno de los pilares clave del desarrollo económico y social. La biotecnología, junto con la nanotecnología y la tecnología de las comunicaciones (Internet, redes sociales, telefonía móvil, TV interactiva...), está llamada a conformar el futuro de nuestra sociedad y a cambiar los modos de vida y modelos de negocio actuales.

LOS CUATRO COLORES DE LA BIOTECNOLOGÍA

Como disciplina basada en la biología, la biotecnología puede utilizar organismos muy variados, con características biológicas muy diferentes y que por ello requieren enfoques experimentales distintos. En función de qué tipo de material biológico se utilice como «materia prima», se pueden distinguir cuatro variantes de la biotecnología actual, que se han venido a etiquetar con un color más o menos relativo al material utilizado:

— Biotecnología roja: se aplica a la utilización de la biotecnología en procesos médicos, siendo el humano el objeto final de la aplicación, y generalmente un animal el sujeto inicial de experimentación o manipulación. Aquí resulta obvia la elección del color rojo. Todos los implicados tienen sangre en sus venas. Como ejemplos de esta línea biotecnológica podríamos citar el diseño de organismos para producir antibióticos, vacunas más seguras y nuevos fármacos de aplicación en humanos, los diagnósticos genéticos basados en el uso de marcadores moleculares, las terapias regenerativas o la terapia génica. Es la línea más conocida y publicitada, por el obvio impacto directo que los resultados derivados de este tipo de trabajos tiene sobre nuestra vida y principalmente nuestra salud.

— Biotecnología azul: Es la línea que abarca todas las aplicaciones de la biotecnología en ambientes marinos y acuáticos. También se la conoce como biotecnología marina. Se trata de una línea con un gran potencial futuro en la extracción de sustancias de interés del entorno marino, de aplicación no solo en acuicultura, sino en cuidados sanitarios, cosmética o productos y aditivos alimentarios. Pero de momento, muchas de estas aplicaciones están todavía en una fase inicial de su desarrollo.

— Biotecnología blanca: también conocida como biotecnología industrial, es aquella aplicada a generar compuestos o materiales destinados a procesos industriales. Utiliza organismos vivos, en principio de diversa naturaleza, para obtener productos o materiales de interés industrial, pero además con un valor añadido. Se trata de generar materiales fácilmente degradables, con unas tecnologías de producción que consuman menos energía y generen menos desechos que con tecnologías convencionales. Como ejemplo de este tipo de biotecnología podríamos citar la identificación o creación de microorganismos o plantas que produzcan más eficientemente sustancias o productos químicos de interés. O que sinteticen determinadas proteínas con utilidad como catalizadores industriales, para producir productos químicos de alto valor añadido, biocombustibles o nuevos materiales biodegradables, o para destruir contaminantes químicos peligrosos. Esta línea biotecnológica es de las menos conocidas por la opinión pública, pero no por ello su importancia es desdeñable.

— Biotecnología verde: es la aplicación de herramientas biotecnológicas al reino vegetal. También se le llama biotecnología vegetal. Una de las aplicaciones más conocidas por su impacto en los medios de comunicación es el diseño de plantas transgénicas capaces de crecer en condiciones ambientales desfavorables, o resistentes a plagas y enfermedades —que permitan reducir o eliminar el uso de plaguicidas— o con propiedades nutracéuticas o características mejoradas frente a las variedades tradicionales. Por desgracia, ésta es una de las líneas biotecnológicas más expuestas al debate público, y que cuenta con un menor grado de aceptación social. De hecho, la biotecnología verde, al contrario de lo que podría parecer por el color asignado, ha sido objeto de una fuerte oposición por parte de los colectivos ecologistas. Debido al fuerte rechazo que han suscitado en dichos colectivos y en sectores amplios de la sociedad, las plantas transgénicas han sido objeto de una gran atención mediática, y ha propiciado que en ocasiones la biotecnología verde se emplee como sinónimo de la modificación genética de plantas, ensombreciendo y añadiendo un halo de misterio y permanente sospecha sobre muchas otras aplicaciones de la biotecnología en el campo de la agricultura. Pero existen muchas más aplicaciones, dentro y fuera de la agricultura, y no necesariamente relacionadas con la obtención de plantas transgénicas, como veremos a lo largo de los próximos capítulos.

Vemos pues una gran diversificación en los posibles campos de aplicación de la biotecnología. Así, pueden aplicarse herramientas biotecnológicas a ámbitos de la sociedad tan dispares y variopintos como el diagnóstico clínico, la limpieza de aguas residuales, el control de plagas, la decoración, la criminología, la mejora genética vegetal, los seguros de vida o salud o la terapia génica en humanos. Por este motivo se dice que la biotecnología es una disciplina *transversal* u *horizontal*, es decir afecta a múltiples sectores de la sociedad. Pero además tiene un carácter *multidisciplinar.* Esto quiere decir que el conjunto de técnicas experimentales en las que se basa la biotecnología se nutre a su vez de otras muchas disciplinas científicas, como la biología molecular, la química, la física, la ingeniería, las matemáticas, la bioquímica, la biología celular, la genética o la microbiología, por citar unas cuantas. Un claro ejemplo de lo que implica la multidisciplinaridad en el avance de la ciencia lo podemos encontrar repasando cómo se sentaron las bases de la biotecnología vegetal a lo largo del siglo pasado. Para ello sólo hay que pasar esta página.

LOS PILARES DE LA BIOTECNOLOGÍA VEGETAL

El desarrollo de herramientas tecnológicas modernas ha permitido un avance tremendo en la percepción que se tiene de las plantas desde un punto de vista biotecnológico. Reduciendo esta frase a una de sus aplicaciones más conocidas, podríamos decir que han permitido el desarrollo de nuevos cultivos genéticamente transformados para expresar rasgos, propiedades o características de interés para el ser humano y/o la sociedad, que hasta ahora había sido imposible conseguir mediante métodos clásicos de mejora vegetal. Aunque a lo largo de este libro veremos muchos otros avances, podríamos decir que el principal, el que permitió establecer los pilares básicos sobre los que se fundamenta la biotecnología vegetal, fue la transformación genética estable de células somáticas. O dicho de otro modo, el desarrollo de técnicas que permitieron introducir en una planta genes foráneos (*transgenes*), ajenos a su especie, y mantenerlos permanentemente de modo que puedan transmitirse a las siguientes generaciones junto con el resto de su material genético. Este hallazgo ha revolucionado las posibilidades biotecnológicas que nos ofrecen las plantas, como veremos más adelante.

Como todas las cosas complicadas, esto no surgió de la noche a la mañana. Realmente, este logro fue el resultado de la conjunción de tres líneas de investigación independientes iniciadas a principios del siglo XX: (1) el cultivo *in vitro* de tejidos vegetales en laboratorio, en condiciones controladas y esterilidad, (2) la regeneración de plantas completas a partir de células individuales somáticas, cultivadas *in vitro*[5], y (3) el estudio de la enfermedad de la agalla en corona. De estas tres líneas de investigación resulta fácil relacionar que la primera y la segunda tengan algo que ver. Pero ¿qué tiene que ver aquí eso de la agalla en corona? La agalla en corona es una enfermedad de las plantas. Más adelante veremos con más detalle en qué consiste y qué relación tiene con la creación de plantas transgénicas. El estudio de esta enfermedad es uno de los ejemplos más bonitos e ilustrativos en la biología vegetal de cómo una investigación básica, sin utilidad inmediata aparente cuando se realizó, puede establecer los pilares científicos sobre los cuales desarrollar innovaciones tecnológicas revolucionarias, de esas que pueden cambiar la sociedad.

Al igual que el caso de la agalla en corona, los descubrimientos realizados en las otras dos áreas antes mencionadas representan una perfecta combinación de investigación científica básica y aplicada para generar innovaciones tecnológicas. Lo que actualmente se conoce como I+D+i. Cada una de estas áreas tiene su momento fundacional en una publicación científica concreta que más tarde llegó a ser considerada como la fundadora de cada uno de estos campos de investigación. Obviamente, estas áreas tienen también unos padres fundadores, que fueron P.R. White[6], G. Haberlandt[7], y E.F. Smith junto con C.O. Townsend[8], respectivamente. Por supuesto, ninguno de estos investigadores sabía en qué iban a derivar sus investigaciones al cabo de los años. Ellos tan solo habían planteado unas investigaciones de interés para ellos y para sus comunidades científicas concretas. Nunca se propusieron directamente solucionar los problemas que al final acabaron solucionando. Resultaría muy instructivo, además de curioso e interesante, seguirle la pista

5 N.d.A.: El término *in vitro* hace referencia al vidrio, material en el que originariamente se realizaban estos cultivos en condiciones asépticas. En la actualidad, la mayoría de cultivos se realiza en recipientes de plástico estéril desechable, pero se sigue utilizando el concepto *in vitro* para aludir a que el tejido ha sido extraído de su entorno natural y es cultivado en el laboratorio en condiciones controladas.

6 White, P.R. (1939). Potentially unlimited growth of excised plant callus in an artificial nutrient. American Journal of Botany. 26: 59-64.

7 Haberlandt, G. (1902). Kulturversuche mit isollierten pflanzenzellen. Sitzungsber. Akad. Wiss. Wien., Math.-Naturwiss. KI., Abt. 1. 111: 69-92.

8 Smith, E.F., Townsend, C.O. (1907). A plant tumor of bacterial origin. Science. 25: 671-673.

al desarrollo de cada uno de estos tres campos, para ver cómo se establecieron, cómo avanzaron paralelamente, cómo fueron poco a poco convergiendo, y cómo finalmente se unieron para fundar las bases de la biotecnología vegetal. Tan sólo con estas cuatro ideas ya podría escribirse otro libro. Pero en lo que se refiere a este, nos centraremos en exponer en qué consiste el cultivo *in vitro* de tejidos, la regeneración de plantas a partir de células individuales, y la enfermedad de la agalla en corona, para entender mejor los capítulos que vendrán posteriormente.

EL CULTIVO *IN VITRO* DE TEJIDOS

Todos tenemos claro que una nueva vida se inicia con la fusión de dos células germinales, reproductivas, una proveniente del padre y otra de la madre. Es lo que se denominan *gametos*. En humanos, el gameto masculino es el espermatozoide y el femenino el óvulo. Al unirse, se forma un nuevo ser vivo, que en principio consta de una sola célula producto de la fecundación del óvulo por el espermatozoide. A esta nueva célula se le denomina *cigoto*. Es fácil comprender que de esta única célula surgirá un nuevo ser vivo, mediante sucesivas divisiones de esta célula en dos, luego en 4, 8, 16... aparece un embrión... y finalmente aparece un nuevo ser vivo formado por millones de células. Esta es la base de la reproducción sexual. Pero lo que puede que no se entienda tan bien es que esto pudiera suceder a partir de otras células no reproductivas, denominadas *somáticas*. Pensemos en que de una célula del codo pudiéramos generar descendencia. ¿Raro? En plantas no tanto. Ahora lo veremos.

Philip White era un científico que en la década de 1930 trataba de desarrollar un sistema experimental en el que estudiar el metabolismo de las células vegetales. Necesitaba un tejido formado por células completamente indiferenciadas, equivalentes entre ellas, y que por tanto ejercieran unas influencias equivalentes las unas sobre las otras. Para ello necesitaba establecer un conjunto de células idénticas, con las mismas funciones y que fueran capaces de sobrevivir por si mismas, aisladas de la planta original. Y lo consiguió. En 1939 definió un cultivo de tejidos vegetales como un sistema en el que las células que lo componen han de cumplir dos requisitos: (1) permanecer indiferenciadas y (2) ser capaces de crecer indefinida e ilimitadamente. Antes de él, algunos otros investigadores lo habían intentado, pero no habían conseguido aunar estos dos requisitos. O se les contaminaban los cultivos, o utilizaban unos medios nutritivos con carencias en algún nutriente, o sencillamente no eligieron bien el tipo de tejido (*explante*) que tenían que utilizar para conseguir estos objetivos. Pero Philip White acertó en el tipo de explante (ápices de la raíz de la planta de tomate), y en la composición del medio de cultivo (sales inorgánicas, sacarosa y extracto de levadura). En 1934 había demostrado que estos tejidos seguían creciendo, sin disminución de su tasa de crecimiento, durante 52 subcultivos y 400 días. Sin embargo, la segunda parte de su definición seguía sin ser demostrada, porque las raíces no eran un tejido claramente indiferenciado. Seguían siendo raíces.

En 1939 abordó esta segunda cuestión, utilizando un híbrido entre dos especies del género *Nicotiana*: *Nicotiana glauca* y *N. langsdorffii*. Eligió estos materiales porque los híbridos desarrollan en el tallo y las hojas una especie de tumores denominados *callos*. Los callos son durezas si hablamos de los pies, y son un plato tan contundente como sabroso si hablamos de Madrid, pero si hablamos de biología vegetal los callos se entienden como acúmulos de células mayoritariamente indiferenciadas, sin función aparente más allá de crecer y crecer siempre que las condiciones de su entorno se lo permitan. Pues bien, extirpó estos callos asépticamente y los cultivó *in vitro* en el mismo medio que previamente había utilizado para mantener indefinidamente las raíces de tomate. Y sucedió exactamente lo mismo. Pero el tejido ahora era indiferenciado. Se cumplían los dos requisitos. Había triunfado. Y en ciencia, se *triunfa* más aún cuando otros científicos, por su cuenta, llegan a las mismas conclusiones, lo cual confirma y refuerza la teoría. Y eso fue lo que le pasó a White. Tan solo seis semanas después, y parece ser que sin saber nada de los experimentos de White, dos científicos franceses independientes, uno en París (Roger Gautheret[9]) y otro en Grenoble (Pierre

9 Gautheret, R. J. (1939). Sur la possibilité de réaliser la culture indéfinie des tissus de tubercules de carotte. Comptes rendus hebdomadaires des séances de l'Académie des sciences. 208: 118-120.

Nobecourt[10]), llegaron a los mismos resultados con tejido de zanahoria en un medio al que se le había añadido *ácido indolacético* (IAA). Esta sustancia sería considerada como un factor de crecimiento vegetal, con una acción similar a la de las hormonas animales. Más tarde se fueron descubriendo otra serie de factores de crecimiento (agrupados en dos clases, las *auxinas* y las *citoquininas*) con un papel fundamental en el mantenimiento de los cultivos *in vitro.* Por ello al IAA, junto con el resto de auxinas, con las giberelinas y con las citoquininas que más tarde se descubrieron, se les denomina *hormonas vegetales* o *fitohormonas.* Gracias a ellos ha sido posible el desarrollo del cultivo *in vitro* de tejidos vegetales.

Una vez conseguida y confirmada la idea de White, la imaginación de los científicos buscó nuevos retos. Por un lado, el tratar de inducir la formación de callos indiferenciados a partir de tejidos completamente diferenciados. Recordemos que lo que White hizo fue mantener en cultivo un callo que ya estaba indiferenciado cuando lo separó de la planta. Ahora el reto iba más allá: que un órgano normalmente formado «volviera hacia atrás» en el desarrollo, y se desdiferenciara. Y luego, que se mantuviera así en cultivo. A lo largo de las décadas posteriores comenzaron a aparecer artículos científicos[11] en los que se demostraba que era posible obtener callos si se cultivaban *in vitro* fragmentos de hoja, tallo, cotiledones, hipocotilo, raíz… En la actualidad, es posible desdiferenciar hacia callo prácticamente cualquier tejido vivo de una planta adulta. Eso sí, siempre que apliquemos las condiciones de cultivo adecuadas, y sobre todo con la combinación de fitohormonas necesaria para cada especie y tejido.

Por su parte, Gautheret y Nobecourt siguieron observando sus cultivos de tejidos de zanahoria. Vieron que en los callos, pasado cierto tiempo, comenzaban a aparecer y desarrollarse raíces. Y a ellos se les unió Michael Levine, quien en 1948 publicaba[12] que además de raíces, de sus callos de zanahoria surgían también

10 Nobécourt, P. (1939). Sur la pérennité et l'augmentation de volume des cultures de tissues végétaux. Comptes Rendus des Séances de la Société de Biologie et de ses Filiales. 130: 1270-1271.

11 Se puede encontrar una extensa revisión de ellos en Thorpe, T. A. (2000). History of plant cell culture. In *Plant Tissue Culture*: Techniques and Experiments (Smith, R. H., ed.) 2nd ed., Academic Press, California, pp. 1-32.

12 Levine, M. (1948). The growth of normal plant tissue *in vitro* as affected by

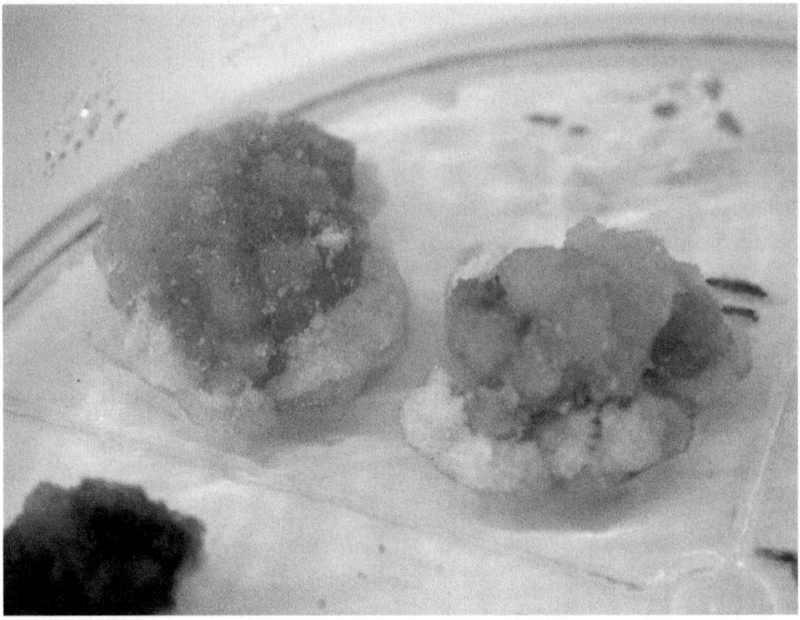

Formación de callos a partir de tejidos de tomate cultivados *in vitro*.

brotes, que se desarrollaban para generar todas las partes aéreas de la planta. Se estaba aproximando el momento de regenerar plantas completas a partir de un trocito de tejido cultivado *in vitro*. Y entonces surgió la pregunta: ¿las células vegetales cultivadas *in vitro* tienen (o retienen) el potencial genético del cigoto y el embrión para formar una planta completa y funcional? Aquí entró en escena Folke Skoog. El profesor Skoog[13], junto con su grupo de la Universidad de Wisconsin, ha sido uno de los científicos que más han contribuido al cultivo *in vitro* de tejidos vegetales como hoy en día lo conocemos. En primer lugar, demostraron[14] que los callos originados de tejido vegetal cultivado *in*

chemical carcinogens and plant growth substances. American Journal of Botany. 35: 810-811.

13 Se puede encontrar una completa biografía y una selección de la producción científica más relevante del Prof. Skoog en http://www.nap.edu/readingroom.php?book=biomems&page=fskoog.html.

14 Skoog, F., Miller, C.O. (1957). Chemical regulation of growth and organ formation in plant tissue cultures *in vitro*. Symposium of the Society for Experimental Biology 11: 118-131.

vitro mantienen las potencialidades del cigoto para formar tanto brotes como raíces. Además, demostraron que este potencial es fácilmente manipulable por el hombre. Es decir, que en función de la proporción de auxinas y citoquininas que se añada al medio de cultivo, se puede inducir al callo a que forme raíces, brotes, o que siga proliferando como callo. Esto es lo que se hace actualmente para regenerar plantas *in vitro*: primero se hace que prolifere el callo, y cuando ya tiene un cierto tamaño mínimo, se añaden hormonas en la dosis adecuada para que aparezcan brotes. Por último, se invierten las proporciones para que los brotes enraícen, y ya tenemos nuestra planta *in vitro*, que puede pasarse a una maceta, aclimatar y cultivar como cualquier otra.

Y ahí no quedó la contribución de Folke Skoog. Años más tarde, junto con Toshio Murashige, inventaron el medio de cultivo *universal*. Es una pena que en su día Alfred Nobel no estableciera un premio Nobel de biología vegetal. De haber sido así, Murashige y Skoog se lo hubieran llevado seguro en 1962. Murashige y Skoog diseñaron un medio[15] definido, claramente reproducible, que sirviera para cultivar *in vitro* tejidos del mayor número de especies posible. ¿Por qué? Porque los medios de cultivo *in vitro* disponibles hasta entonces se basaban en formulaciones de nutrientes formuladas para la planta completa, que no acababan de proporcionar un crecimiento óptimo de los tejidos aislados, y se requería con frecuencia la adición de mezclas complejas, tales como extractos de levadura, hidrolizados de proteínas y agua de coco, que nunca se sabe bien de qué se componen. Todo esto cambió drásticamente cuando Murashige y Skoog aplicaron un enfoque totalmente diferente: como el medio lo querían para cultivar callos, analizaron la composición química de los callos, para así determinar qué necesitan para crecer. Examinaron la ceniza resultante de quemar callos de tejidos de tabaco cultivados *in vitro*, para desarrollar un nuevo medio, el medio Murashige y Skoog (comúnmente conocido como medio MS), que marcaría un antes y un después en el cultivo *in vitro*. La formulación del medio MS permitió un gran aumento en el número de especies vegetales potencialmente cultivables *in vitro*,

15 Murashige, T., Skoog, F. (1962). A revised medium for rapid growth and bioassays with tobacco tissue cultures. Physiologia Plantarum. 15: 473-479.

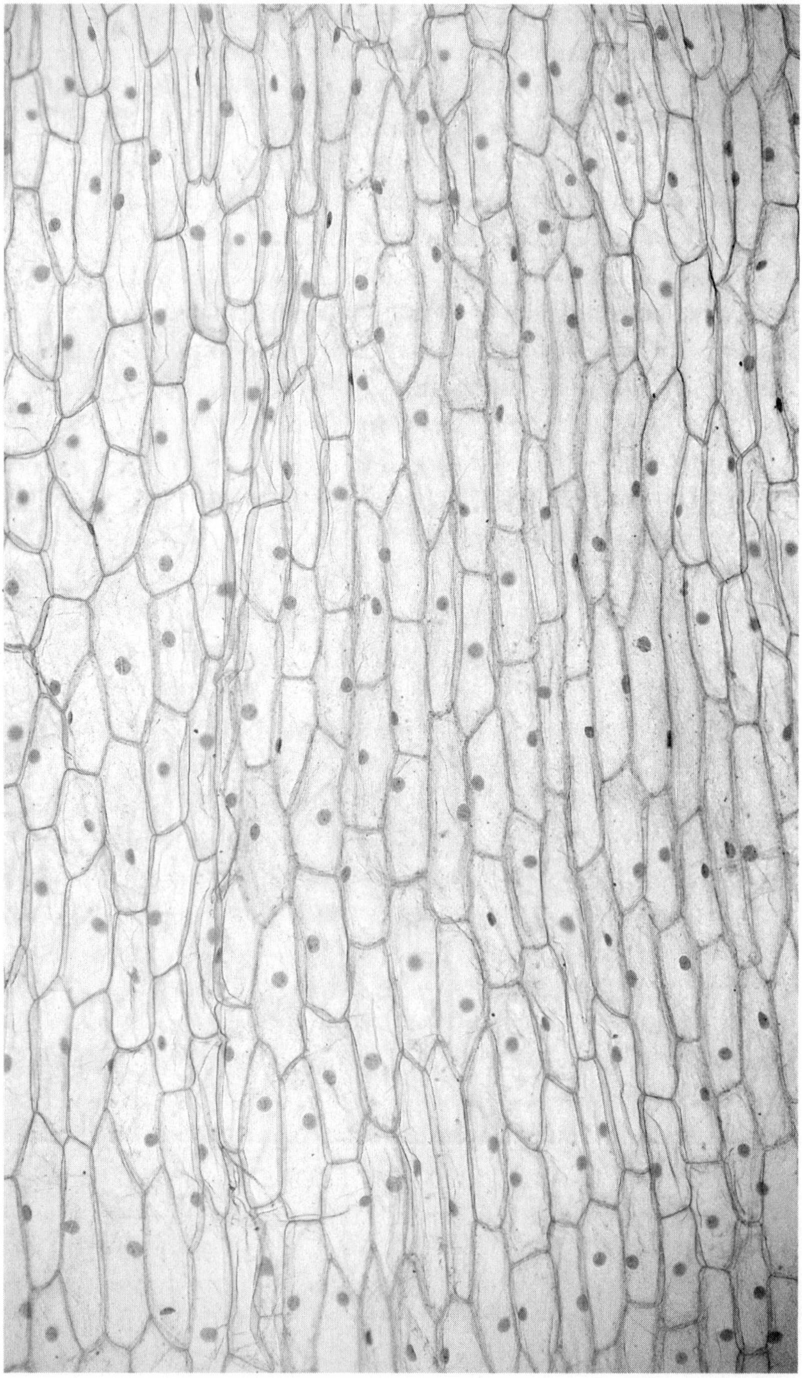

Fotografía microscópica de células de *Allium cepa*, cebolla.

siendo en muchas de ellas suficiente con poner el tejido a cultivar sobre un recipiente con medio MS y añadir azúcar y hormonas. Tan sencillo como eso. En la actualidad, el MS es con diferencia el medio más ampliamente utilizado en cultivo de tejidos vegetales.

Ya solo quedaba una pregunta por responder: ¿puede una sola célula regenerar una planta completa, o hacen falta muchas? O dicho de otro modo ¿puede una célula vegetal cualquiera, en las condiciones adecuadas, comportarse como un cigoto unicelular? Estamos ante los albores de la definición del concepto de *totipotencia* de las células vegetales.

LA REGENERACIÓN DE PLANTAS A PARTIR DE CÉLULAS INDIVIDUALES

El científico austriaco Gottlieb Haberlandt fue el primero en cultivar *in vitro* células aisladas de plantas superiores. Comenzó sus investigaciones en 1898 y publicó los resultados[7] en 1902. Su intención era estudiar «*las propiedades y potencialidades que la célula, como organismo elemental, posee*». Aunque nunca consiguió que ninguna de sus células aisladas se dividiera y proliferara, hoy en día Haberlandt es reconocido como el fundador del cultivo celular en plantas, debido a la novedad de los métodos que propuso, y al párrafo final de su artículo en el que mencionaba: «*Creo, en conclusión, que no estoy haciendo una predicción demasiado audaz si apunto a la posibilidad de que, de esta manera, se puedan cultivar con éxito embriones artificiales a partir de células vegetativas*». Con la perspectiva del paso del tiempo, podría atribuirse claramente el fracaso de Haberlandt a su falta de esterilidad en los cultivos, la mala elección del tejido vegetal para su experimentación y la ausencia de fitohormonas en el medio. Esto último no pudo ser achacable a él, pues en 1902 aún faltaban unos años para que se descubrieran. Pero sus innovaciones técnicas y sus predicciones, que luego se cumplieron, hacen que Haberlandt tenga un papel de excepción en toda esta historia.

Tras Haberlandt, otros trataron de seguir su camino. Pero lo cierto es que durante 56 años, las cosas siguieron como él las dejó. Nada nuevo se descubrió al respecto. Pero sí en otros terrenos, que hubieran necesitado ser explorados antes que este. Tal es el caso de las hormonas vegetales, que como hemos visto antes son fundamentales para el crecimiento de las células vegetales *in vitro*. Así, una vez descubiertas y aplicadas al crecimiento de células individuales, se consiguió por fin que se dividieran, y que proliferaran en forma de callo. Poco tiempo después se logró la regeneración de raíces, brotes apicales y finalmente plantas completas a partir de una sola célula vegetal. Estas plantas, perfectamente viables, una vez pasadas a macetas producían flores, frutos, semillas, y eran por tanto capaces de generar descendencia. Y para que ya nadie nunca más dudara de que una sola célula somática cultivada *in vitro* era capaz de regenerar una planta completa, en 1965 V. Vasil y A.C. Hildebrandt aislaron[16] células individuales de tabaco y las colocaron bajo un microscopio, mediante el cual visualizaron paso por paso cómo una célula se dividía en dos, las dos en cuatro, luego en ocho... hasta formar un callo macroscópico, ya visible sin la ayuda del microscopio. De él, surgieron luego las raíces y los brotes apicales. Había quedado demostrado que una sola célula somática vegetal puede regenerar una planta completa. Se había demostrado que las células vegetales son *totipotentes*.

La *totipotencia celular* es un concepto biológico que en los últimos tiempos se ha puesto muy de moda. Todos hemos oído hablar de las *células madre*. El potencial de las células madre se basa en su capacidad para permanecer en un estado indiferenciado, es decir, sin ningún tipo de especialización concreta, siendo a su vez capaces de diferenciarse para adquirir cualquier función específica que se requiera. Ese es precisamente el concepto de *totipotencia*: la potencialidad de una célula para especializarse en virtualmente cualquier tipo celular de un organismo. Una célula totipotente sería como un libro en blanco. En función de quien lo escriba podrá acabar como un libro de poemas, un libro de texto, una novela, un cómic o un ensayo. Pero antes de «diferenciarse» en cómic, novela o ensayo, el libro en blanco era idéntico en todos los casos. Era un libro «totipotente». En definitiva, acabamos de ver que la totipotencia es un fenómeno

16 Vasil, V., Hildebrandt, A.C. (1965). Differentiation of tobacco plants from single, isolated cells in microcultures. Science. 150: 889-892.

característico de las células vegetales gracias al cual es posible regenerar plantas completas a partir de cualquier fragmento, incluso célula individual, extraído de una planta. Para ello solo es necesario dar con las condiciones experimentales adecuadas. Una vez visto esto, solo resta por ver el papel de la agalla en corona en toda esta historia.

LA ENFERMEDAD DE LA AGALLA EN CORONA

Una agalla es un tumor, un «cáncer vegetal». Siendo un poco más precisos, una agalla es un engrosamiento de ciertas zonas de la planta producido por el crecimiento incontrolado de las células del tejido afectado. Una especie de callo, como el visto antes, pero provocado por un proceso infeccioso. Las agallas o tumores suelen aparecer en el tallo o tronco, cerca del suelo, o en la raíz. Estos tumores pueden degenerar parcialmente, permaneciendo zonas localmente activas que formarían nuevos tumores adyacentes, o bien desaparecer por completo. Los tumores pueden ser aislados o agrupados, separados del tallo o rodeándolo, en cuyo caso tendrían forma de corona. Algunos son esponjosos y se desmigajan y rompen parcialmente. Otros son muy duros y leñosos.

Como cualquier tumor, las agallas vegetales también tienen un agente causal. En el caso de la agalla en corona, el agente causal es una bacteria denominada *Agrobacterium tumefaciens*. El *Agrobacterium tumefaciens* (al que coloquialmente se conoce como Agro en la jerga del laboratorio) es una bacteria habitante del suelo, que tiene un rango muy amplio de especies vegetales susceptibles de infectar. Como sucede con otras enfermedades vegetales, hay especies concretas de Agro que se especializan en infectar a especies concretas de plantas, y no afectan a otras. Sucede del mismo modo que en los animales, donde ciertos virus atacan solo a ovejas, otros solo a caballos, y otros solo a las personas.

Agro es atraído por las heridas. Podríamos decir que se comporta como los tiburones, que acuden al olor de la sangre. Agro detecta las heridas, se dirige a ellas y se cuela por los agujeros, albergándose en los espacios intercelulares. Una vez allí, Agro se

Agalla en el tronco de un abedul.

pega a una célula y la infecta, desencadenando la enfermedad. ¿Cómo la infecta? Transfiriendo su ADN plasmídico al genoma de la célula infectada. Veamos qué es esto.

Las bacterias tienen ADN, como seres vivos que son. El ADN es una molécula muy larga donde figuran las instrucciones para fabricar otro ser vivo igual al que contiene el ADN, y para que después ese ser funcione correctamente. Al conjunto de todo el ADN de un organismo se le denomina *genoma*, y el ADN es el material con el que está construido el genoma. Es decir, el genoma sería como el «libro de instrucciones» para la construcción y funcionamiento de un ser vivo, y el ADN sería el material del que está fabricado el libro (el papel y la tinta). Englobadas en el genoma hay pequeñas porciones, denominadas *genes*, que contienen las instrucciones concretas para que se active o desactive un proceso concreto, o se desarrolle una estructura o característica concreta del individuo. Serían pues como cada una de las páginas individuales de ese libro de instrucciones. Visto así, podríamos definir también el genoma como el conjunto de todos los genes de un organismo. Y por último, el genoma viene embolsado en una especie de saco membranoso que se llama *núcleo celular*, que entre otras cosas sirve para proteger esa información tan valiosa de cualquier agente celular que pudiera dañarlo. Y esto es así para todos los organismos superiores (los denominados *eucariotas*), es decir, fundamentalmente plantas y animales. Y nosotros mismos los humanos. Todos tenemos genoma, genes, ADN y núcleo en nuestras células. En bacterias, seres unicelulares menos evolucionados, esto también es así pero sin núcleo. Su genoma lo llevan suelto, sin embolsar, junto con el resto de componentes celulares. Al no estar en un núcleo como tal, al genoma bacteriano se le llama *nucleoide*. Pero además, las bacterias tienen otras maneras de empaquetar sus genes. Algunos de estos genes los empaquetan en pequeñas moleculitas de ADN circular, fuera del nucleoide, que se llaman *plásmidos*. Estas estructuras también tienen genes, y por tanto instrucciones para hacer cosas. Pero al no estar incluidas en el nucleoide, tienen mucha más autonomía y libertad para fluir y ser intercambiadas de una célula a otra. Así, las bacterias intercambian sus plásmidos, con lo cual son capaces de adquirir las características o capacidades que vienen codificadas en los genes de dichos plásmidos. Es como si yo te cambio mi manual de montar estanterías por ese

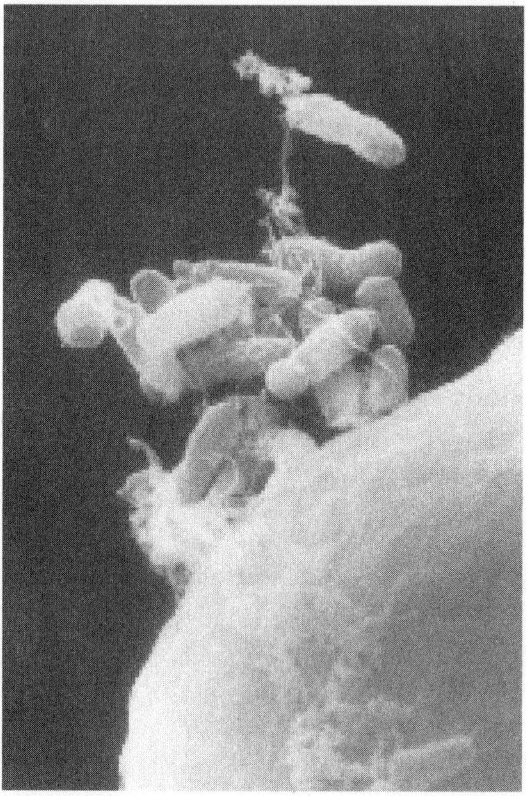

Agrobacterium tumefaciens infectando una célula de zanahoria en cultivo *in vitro*. Imagen de A.G. Matthysse, K.V. Holmes y R.H.G. Gurlitz, de dominio público.

libro de recetas de cocina que tú tienes. Tras el trueque, los dos podremos hacer cosas que antes no podíamos. Y en el caso de bacterias patógenas como Agro, son también capaces de inyectar parte de esos plásmidos en las células que infectan.

Y es aquí donde volvemos a la enfermedad de la agalla en corona y a nuestro Agro. Agro es una bacteria patógena vegetal, que infecta transmitiendo a la célula infectada un plásmido, denominado Ti, que es el que provoca la enfermedad de la agalla en corona. Es decir, la bacteria en sí no provoca la enfermedad. Agro tan solo es la portadora del plásmido Ti, el verdadero responsable de la enfermedad, que provoca cuando parte de sus genes son introducidos en la célula atacada. A esos genes se les llama *T-DNA*. Una vez dentro de la célula infectada, el T-DNA busca el núcleo y se inserta en el genoma de la célula. De esta manera, queda integrado como si fuera un conjunto de genes más de la propia célula, que la propia célula lee junto con los suyos de verdad. Y seguidamente, ejecuta las instrucciones que dictan los genes del T-DNA, a la vez que hace lo propio con las de sus propios genes. Y aquí empieza la infección. Entre otras instrucciones, los genes del T-DNA codifican la síntesis de una serie de sustancias (denominadas hormonas vegetales o *fitohormonas*) que hacen que las células crezcan muy rápido y se dividan muchas veces, acumulándose. Y así es como se forma el tumor, la agalla.

Tras todas estas explicaciones sobre genoma y patología vegetal, puede que todavía no se vea claramente la relación entre Agro y la biotecnología vegetal. Lo que es seguro es que cuando Smith y Townsend en 1907 comenzaron a estudiar todo este proceso de infección por *Agrobacterium tumefaciens* y de desarrollo de la enfermedad de la agalla en corona, tampoco sospecharon en qué podía acabar su trabajo. Tras ellos, otra serie de científicos fueron poco a poco, a lo largo de 40 años, poniendo cerco a la composición de la molécula concreta (el T-DNA) contenida en Agro. Así, 70 años después de que Smith y Townsend publicaran su trabajo pionero, quedó establecido el mecanismo mediado por el cual *Agrobacterium tumefaciens*, su plásmido Ti, y el T-DNA que contiene provocaban la enfermedad. Tres años más tarde, cuando ya se habían hecho suficientes avances en el campo de la transformación genética (introducción de genes exógenos) en bacterias y se conocía bien la estructura del T-DNA[17] de Agro, surgió una brillante idea: ahora que ya se puede, si se aísla el plásmido Ti de Agro, se «desarma» quitándole todos los genes tumorales que provocan el crecimiento descontrolado de las células infectadas, y se sustituyen por otros genes de interés, será posible introducir esos genes de interés en una célula vegetal. Dicho y hecho. Tan solo dos años más tarde comenzaron a publicarse trabajos en los que se demostraba que esta idea de sustituir los genes responsables de la enfermedad por otros genes a voluntad, era posible. Y no solo posible, sino fácil y sobre todo útil. Los primeros de estos trabajos los publicó como primer autor el científico mexicano Luís Herrera Estrella[18], [19]. Durante su estancia en el departamento de genética de la Universidad de Gante (Bélgica) con los profesores Marc Van Montagu y Jeff Schell, demostraron que mediante esta técnica se podían introducir en células de tabaco genes que les conferían resistencia frente a una serie de antibióticos a los que en condiciones normales son sensibles. De esta forma, si se aplicaban estos antibióticos a una célula normal, la célula moría. Pero si se aplicaban a una célula transformada de este modo, sobrevivía. Había comenzado una nueva forma de utilizar las plantas para que fabriquen las sustancias que nosotros queramos. Y estos científicos pasarían a la historia como los *padres inventores* de las plantas transgénicas. Veremos muchos ejemplos de este tipo de plantas a lo largo de los próximos capítulos. A partir de este momento, se sucederían los trabajos en los que se utilizaban variantes de esta y otras técnicas para conferir a las plantas características nuevas mediante la inserción de transgenes.

Un nuevo salto cualitativo en este proceso se ha dado recientemente, con el descubrimiento de la tecnología CRISPR/Cas para la edición genómica. Se trata de un procedimiento algo

---

17 Garfinkel DJ, Simpson RB, Ream LW, White FF, Gordon MP, Nester EW (1981). Genetic analysis of crown gall. Fine structure map of the T-DNA by site-directed mutagenesis. Cell. 27: 143-153.

18 Herrera-Estrella L, Depicker A, Van Montagu M and Schell J. (1983). Expression of chimaeric genes transferred into plant cells using a Ti-plasmid-derived vector. Nature, 303(5914), 209-213.

19 Herrera-Estrella L, Vandenbroeck G, Maenhaut R, Van Montagu M, Schell J, Timko M, Cashmore A (1984). Light-inducible and chloroplast-associated expression of a chimaeric gene introduced into *Nicotiana tabacum* using a Ti-plasmid vector. Nature. 310: 115-120.

largo y complejo de explicar en un libro como este, por lo que remito al lector a literatura específica al respecto, tanto científica[20] como divulgativa[21], [22], para entender su fundamento y funcionamiento. Pero a modo de breve ilustración, baste establecer la siguiente comparación: la modificación genética mediante transgénesis tal como la hemos visto hasta ahora sería como tratar de tapar un agujero en la pared lanzando pegotes de yeso a ciegas. Si se lanzan muchos pegotes, alguno caerá en el agujero y lo tapará, aunque además del yeso necesario para tapar el agujero, habrá mucho más yeso que sobresaldrá de la pared, será innecesario y quedará feo. Habremos conseguido nuestro objetivo, aunque no de la forma más limpia y elegante. Además, muchos otros pegotes habrán caído en zonas de la pared sin agujeros, y no servirán para nada. Puede que alguno sea, incluso, perjudicial, si cae encima de algún enchufe o interruptor, y lo inutiliza. Sin embargo, la edición genómica con el sistema CRISPR/Cas sería ir directo al problema, sería como quitarnos la venda de los ojos para ver perfectamente, tomar una espátula y aplicar el yeso solo a la zona del agujero, eliminando luego el exceso y alisando la zona de forma que al secar, no se note donde estaba el agujero. Hablando de modificar genomas, este sistema permite ir directamente a la zona concreta del genoma a modificar, por pequeña que esta sea, y modificarla de forma precisa y específica. Es evidente que estamos ante un avance de enormes proporciones. De hecho, ya hay quien afirma que estamos ante la técnica genética más importante del siglo. Aunque en los orígenes de la investigación básica que dio lugar a este sistema hay un científico español, el Dr. Francis Mojica, que tuvo un papel muy relevante[23], las descubridoras de la aplicación en sí han sido las Dras. Emmanuelle Charpentier y Jennifer Doudna. Tal parece el alcance de su descubrimiento que en 2015 recibieron el Premio Princesa de Asturias, han sido recientemente conside-

---

20 Sander JD, Joung JK (2014). CRISPR-Cas systems for editing, regulating and targeting genomes. Nature Biotechnology, 32(4):347-355.

21 CRISPR para principiantes. http://sabemosdigital.com/pop/5265-crispr-para-principiantes

22 ¿Qué es la tecnología CRISPR/Cas9 y cómo nos cambiará la vida? http://dciencia.es/que-es-la-tecnologia-crispr-cas9

23 El español olvidado que vislumbró la técnica genética más importante del siglo (16/01/2016). El Confidencial. http://goo.gl/idp7cJ

radas como unas de las 100 personalidades más influyentes del momento, y son firmes candidatas a recibir el Nobel a no tardar mucho. Por lo reciente de esta aplicación, todavía no constan aplicaciones prácticas, al menos en el campo de la biotecnología vegetal (aunque sí en otros campos como la biomedicina). Pero está cantado que en breve empezaremos a ver resultados también en este campo.

En resumen, ya disponemos de las herramientas para separar un fragmento o célula individual de una planta, añadirles si queremos el gen o grupo de genes que nos interese, y regenerar *in vitro* una planta completa con dichos genes. Ya tenemos llena la caja de herramientas. A partir de ahora veremos cómo se han utilizado estas herramientas, todas a la vez o por separado, para resolver problemas concretos.

BIOLOGÍA Y BIOTECNOLOGÍA DE LA REPRODUCCIÓN

Los seres vivos nos caracterizamos por reproducirnos, por perpetuarnos como especie a través de la generación de nuevos individuos semejantes pero no idénticos a nosotros. Es la manera que tenemos de mantener nuestra especie a través de los siglos, aunque nuestros cuerpos individuales tengan fecha de caducidad. En el caso de las plantas, esto no es una excepción. Pero si que es cierto que tienen varias formas de conseguir este mismo fin. Para empezar, son capaces de reproducirse con sexo, como nosotros, pero también sin él. Y esto nos abre muchas vías de aprovecharnos de ellas. En este capítulo veremos cómo se reproducen, y cómo podemos aprovecharnos de ello.

REPRODUCCIÓN SEXUAL

Las células y los órganos implicados en la reproducción sexual de las plantas son bastante distintos a los de los animales. Por ejemplo, las células reproductoras masculinas. A todos nos suena de algo el polen. El polen es una de las estructuras vegetales que más impacto tiene sobre la población humana. Muchos de nosotros sufrimos sus efectos cada primavera cuando ciertas plantas comienzan a florecer y a producir y dispersar su polen. Debido a las sustancias que presenta en su cubierta externa, el polen es una de las principales causas de reacciones alérgicas en la población, y por eso ha recibido una considerable atención por parte de los alergólogos, especialistas médicos encargados de tratar las alergias, sus causas y su tratamiento. Pero además, el polen es la

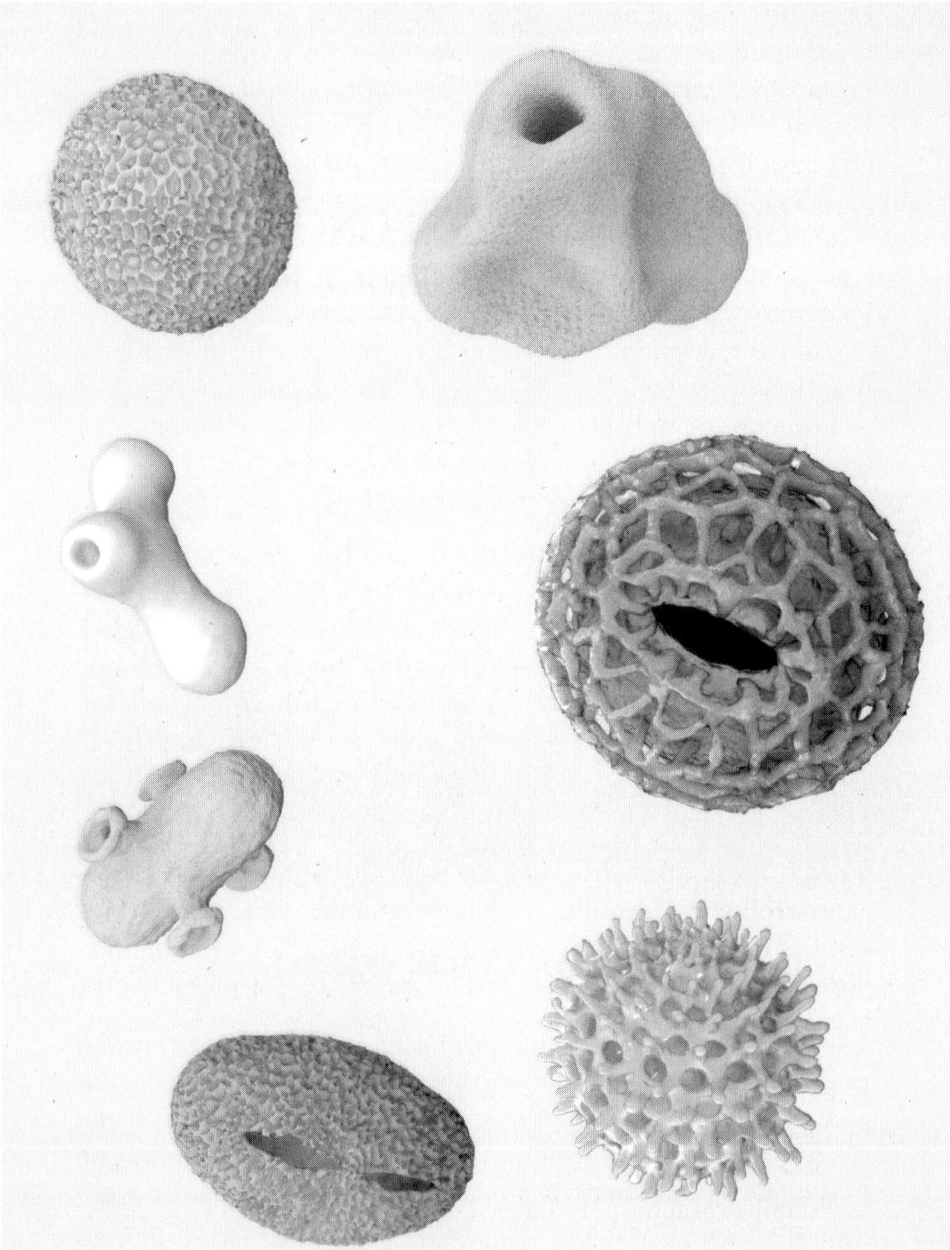

Granos de polen de diversas especies.

estructura vegetal propia del sexo masculino que interviene en la reproducción, pero que en contra de lo que algunos piensan, no son los gametos masculinos de las plantas. El polen es, por así decirlo, el vehículo donde viajan las *espermátidas,* los auténticos gametos masculinos. Está diseñado así para paliar la imposibilidad de desplazamiento que tienen las plantas.

Del mismo modo que hemos visto que el polen no es el gameto masculino, el óvulo de las plantas tampoco es el gameto femenino, a pesar de que se utiliza el mismo nombre que define al gameto femenino en animales. El óvulo es el lugar donde se desarrolla el gameto femenino (*ovocélula* o *célula huevo*), y posteriormente el embrión, dentro del saco embrionario, una vez haya habido fecundación. Y conforme va creciendo el embrión, el óvulo crece también y se transforma, dando lugar a la semilla, algo que todos conocemos.

Todos sabemos que una planta *sirve* para producir semillas. Es su modo de propagar su descendencia. Todos tenemos más o menos claro lo que es una semilla. Cuando comemos pipas de girasol o calabaza, o cacahuetes, avellanas, legumbres o arroz, estamos comiendo semillas. Igual que el útero es donde se gesta y desarrolla el embrión de las especies vivíparas como la humana, o que los huevos contienen los embriones de las especies ovíparas (aves, anfibios, reptiles, peces), la semilla es el recipiente que utilizan las plantas para albergar sus embriones en formación y desarrollo. Hay semillas de todos los tamaños, formas y colores. Las hay que apenas son visibles a simple vista, y pesan unos pocos miligramos, como las de las orquídeas. Pero también las hay enormes, que pesan varios kilogramos. Es el caso de la semilla de la palmera *Lodoicea maldivica,* la «nuez de las Maldivas», contenida en frutos enormes de hasta 20 kilogramos de peso. Y sin llegar a tan grandes proporciones, tenemos el coco. Un coco, que puede ser tan grande como la cabeza de un niño, es tan solo una semilla. Muchas semillas se comen, como hemos visto antes. Y algunas, hasta se beben, como el propio caso del coco, cuyo endospermo es parcialmente líquido, bebible y está muy rico. De otras se extraen sustancias de gran interés alimentario como aceites (de girasol, oliva, colza...) o harinas (trigo, maíz, arroz, centeno...).

Semilla gigante de *Lodoicea*.

Aunque sean muy diferentes, lo cierto es que todas las semillas sexuales tienen un mismo origen: la *fecundación*. Es decir, la fusión de un gameto masculino proporcionado por el «padre» (parental masculino) con uno femenino en el ovulo de la «madre» (parental femenino). Y para que haya fecundación, ambos parentales han de cruzarse. Es lo que se denomina *hibridación*. Por su gran peso en el ámbito de la mejora, y por todas las posibilidades aplicadas que de ella se derivan para mejorar una variedad, trataremos el tema de la hibridación con mucha mayor profusión de detalles cuando hablemos de la mejora genética, en el capítulo 5. En animales el concepto de cruzamiento es más gráfico, pues en la mayoría de los casos es necesario un contacto físico entre los órganos sexuales masculinos y femeninos previo a la fecundación. Pero en plantas no. Los gametos masculinos son transportados dentro del polen desde el aparato reproductor masculino hasta el femenino por el aire, el agua, o mediante algún animal, sin que haya contacto físico entre ambos aparatos reproductores. A esto se le llama *polinización*. Una vez en el aparato reproductor femenino, se funden los gametos de ambos sexos, se da la fecundación, y surge así un nuevo cigoto, que dará lugar a un embrión sexual, cigótico.

Hasta aquí, en cuanto a reproducción, ninguna sorpresa, pasa más o menos lo mismo que en los animales. Con otros mecanismos, que pueden llegar a ser increíblemente más complejos que en animales[24], pero acaba pasando lo mismo: dos parentales de sexos distintos, cada uno aporta un gameto, y se forma un embrión que combina las características genéticas de cada parental al 50%. Los seres humanos tenemos asumido que la sexualidad es cosa de dos. Para crear una nueva vida hace falta que los dos progenitores, uno masculino y otro femenino, aporten sus gametos. No se concibe una mujer embarazada sin espermatozoides masculinos. Hasta hace poco, aún era más impensable oír hablar de un hombre capaz de generar él solito un embrión. En 2008 se pudieron leer en el periódico noticias sobre

24 Se puede encontrar una relación de los distintos mecanismos y estrategias reproductivas que utilizan las plantas en Seguí Simarro, J.M. (2010) Biología y biotecnología reproductiva de las plantas. Editorial de la Universitat Politècnica de València. ISBN: 978-84-8363-613-8.

un supuesto hombre que se había quedado embarazado[25], [26]. Incluso a comienzos de 2010 era noticia su tercer embarazo[27]. Pero estas noticias tienen truco. Legalmente se trata de un hombre —transexual— pero biológicamente, en términos estrictamente reproductivos, su sexo es femenino. Y por eso pudo quedarse embarazado/embarazada. Es decir, se confirmó la regla antes mencionada. Pero en plantas, no necesariamente tendría que ser así. En algunas plantas no hace falta encomendarse a la cirugía para alcanzar la transexualidad. El sexo es fácilmente manipulable, tan solo basta con saber cómo.

DETERMINACIÓN SEXUAL EN PLANTAS

La determinación del sexo en plantas, igual que en los animales, es un carácter controlado genéticamente. De hecho, en maíz se conocen algunos de esos genes. Pero además, la determinación del sexo en algunas especies vegetales puede regularse mediante la aplicación de reguladores de crecimiento (*fitohormonas*). Por ejemplo, si pulverizamos auxinas sobre plantas masculinas de marihuana, inducimos la aparición de flores femeninas. Hay algunas variedades de pepino en las que en condiciones normales primero aparecen las flores masculinas y luego las femeninas. Si les añadimos auxinas o etileno a las hojas de plantas jóvenes, se acelera la transición hacia la producción de flores femeninas. Es decir, parece que en algunas especies, las auxinas y el etileno favorecen la determinación del sexo femenino. Y lo opuesto ocurre con otro tipo de fitohormonas, las giberelinas, que parecen favorecer la determinación de sexo masculino. Así, en la variedad de pepino de antes, si en lugar de aplicar auxinas aplicamos giberelinas, aumenta la producción de flores masculinas frente a las femeninas. Otras variedades de pepino tienen normalmente

25 *Un transexual logra quedarse embarazado en EE UU.* El País, 26/03/2008. http://www.elpais.com/articulo/sociedad/transexual/logra/quedarse/embarazado/EE/UU/elpepusoc/20080326elpepusoc_13/Tes

26 *¿El primer hombre embarazado?* El Mundo, 28/03/2008. http://www.elmundo.es/elmundosalud/2008/03/26/medicina/1206561500.html

27 El primer 'hombre embarazado' espera su tercer hijo. El País, 11/02/2010. http://www.elpais.com/articulo/sociedad/primer/hombre/embarazado/espera/tercer/hijo/elpepusoc/20100211elpepusoc_5/Tes

individuos solo con flores femeninas. Pero al aplicarles giberelinas, aparecen también flores masculinas. Además de curiosos, para los agricultores estos datos son también útiles, pues les permiten manejar el sexo de estas variedades a voluntad, según lo que les interese en cada momento.

BIOTECNOLOGÍA FLORAL

La flor es la piedra angular sobre la que gira toda la biología reproductiva sexual de la planta. Es la parte de la planta que alberga los órganos reproductores, tanto masculinos como femeninos. Es la estructura donde se van a llevar a cabo todos los procesos esenciales que tengan que ver con la reproducción sexual, como la producción de los gametos, la fecundación y la formación de semilla y fruto. Sus formas, aromas y colorido tienen una función biológica muy clara y definida, que no es otra que atraer a los distintos agentes polinizadores (insectos y aves principalmente) y de este modo asegurar el transporte del polen de una flor a otra. Pero además, estas mismas características hacen que para el ser humano pocas cosas en la naturaleza sean tan evocadoras como una flor. Todos hemos regalado algún ramo de flores alguna vez, en el día que una madre da a luz, algún familiar o amigo se casa, o cumple años, o simplemente el día de los enamorados. La belleza de las flores ha sido desde siempre fuente de inspiración de pintores, compositores, poetas y escritores en general. Las flores han inspirado desde cuadros de valor incalculable como *Los girasoles* de Van Gogh hasta perfumes de precio calculable, pero muy elevado. En definitiva, todas las connotaciones que las flores tienen en nuestra sociedad han hecho de la floricultura un boyante negocio. Y aquí, también, la biotecnología tiene un importante papel en algo que se ha dado en llamar la biotecnología floral.

En la actualidad es mucho lo que ya se conoce sobre el control genético del desarrollo floral, y sobre el papel que distintos genes tienen en control del tiempo de floración o en el control de la propia floración, entendiendo como tal la transición de un ápice de la planta que se desarrolla de modo vegetativo, produciendo ramas y hojas, y que en un momento dado pasa a ser floral. Se sabe también bastante sobre qué genes determinan el hecho de que en una flor los sépalos verdes aparezcan por fuera, seguidos de los pétalos coloreados y en el interior estén los órganos sexuales. A esto contribuyeron de forma decisiva los científicos Enrico Coen y Elliot Meyerowitz, quienes en 1996 desarrollaron un modelo denominado ABC[28] por el cual, toda esta disposición de los órganos florales es controlada por tres tipos de genes, los A, los B y los C. Con el paso de los años, este modelo ha sido ampliado, refinado y matizado, pero sus bases siguen intactas. La identificación de los genes responsables de la identidad de cada órgano floral, y su manipulación para expresarlos donde no lo hacen de forma natural, o para reprimirlos donde deberían expresarse, permite la obtención de nuevos tipos florales por modificación genética. Por ejemplo, flores con mayor número de pétalos, o sin alguno de los órganos reproductores del interior de la flor (estambres o pistilo).

Uno de los aspectos que más interés despierta en el mundo de

Ejemplos de silenciamiento génico en flores de plantas transgénicas de *Petunia*. La flor izquierda es una flor normal, no transformada. La central y derecha están transformadas con transgenes que provocan la supresión zonal del pigmento morado típico de estas flores, generando áreas blancas por ausencia de pigmento. Imagen de M.A. Matzke, A.J.M. Matzke; J. Kooter, N. Doetsch y R. Jorgensen, publicada bajo licencia *Creative Commons Attribution* 2.5 en [30]

la floricultura es el color de los pétalos. O dicho de un modo más técnico, las rutas de biosíntesis de los distintos pigmentos que se combinan para dar el color final de los pétalos. En la actualidad también se conoce mucho a este respecto. Por ejemplo, se sabe que

28 Coen, E.S., Meyerowitz, E.M. (1996). The war of the whorls: genetic interactions controlling flower development. Nature. 353: 31-37.

el color de las flores se debe principalmente a tres tipos de pigmentos, los *flavonoides*, los *carotenoides* y las *betalaínas*. Se conocen también algunos de los genes implicados en sus rutas biosintéticas. Sin embargo, estas rutas son tan complejas y están tan influenciadas por el entorno que rodea la planta, que en la práctica se hace muy complicado modificarlas para generar nuevas combinaciones de colores. Pero hay otras aproximaciones biotecnológicas que sí funcionan. Por ejemplo, insertar genes que produzcan otros pigmentos distintos, atractivos, y que enmascaren los naturales. Esta es la estrategia utilizada por la empresa Florigene[29] para producir claveles con distintas gamas de azul gracias a la inserción de un gen de pensamiento que permite la síntesis del pigmento *delfinidina*. Otra estrategia para conseguir nuevos colores es «apagar» uno de los genes que contribuyen a producir un determinado pigmento, para que surja una nueva combinación de pigmentos que dé un nuevo color o distribución de colores a la flor. Esta técnica se denomina *silenciamiento génico*. Consiste en insertar un transgen cuyo efecto sea interferir en la función del gen que se quiere silenciar, con lo cual su producto final no llega a producirse.[30]

Otro aspecto también de gran interés para la floricultura es el marchitamiento de la flor. Es lo que se conoce en biología como *senescencia floral*. En el momento en que se corta una flor de la planta para hacer un ramo o colocarla en un florero, la flor comienza a marchitarse, a perder sus vistosos colores, y finalmente a morir. Incluso sin cortarla, las flores tienen un ciclo por el cual si no son fecundadas, entran en senescencia y acaban cayendo. Sería muy interesante impedir o tratar de retrasar al máximo este proceso, para que las flores duren más con un aspecto turgente y saludable. También en este caso, la biotecnología nos brinda herramientas para conseguirlo[31]. Por un lado, esto se ha venido haciendo mediante la aplicación a la flor de sustancias inhibidoras de la síntesis de *etileno*, una fitohormona responsable de la senescencia y caída (*abscisión*) de las flo-

29 Se puede consultar su catálogo de productos en http://www.florigene.com/

30 Matzke MA, Matzke AJM (2004) Planting the Seeds of a New Paradigm. PLoS Biology 2(5): e133 http://dx.doi.org/10.1371/journal.pbio.0020133.

31 En esta revisión se da una panorámica de las distintas estrategias biotecnológicas utilizadas para retrasar la senescencia: W.R. Woodson, M.L. Jones (2003): In Search of Eternal Youth: The Delay of Postharvest Senescence in Flowers. Acta Horticulturae. 624: 305-314.

res y también de las hojas y los frutos. Al impedirse la síntesis de etileno, la flor tarda más en marchitarse. Más recientemente, mediante la tecnología de silenciamiento génico antes mencionada también se ha conseguido. En este caso, el transgen que se inserta interfiere en la ruta de síntesis del etileno.

También se ha utilizado la ingeniería genética para modificar no solo el color o la senescencia, sino la forma de las flores y de las propias plantas. Se comprobó que la inserción del gen rolC de la bacteria *Agrobacterium rhizogenes* en diversas especies vegetales de interés tanto ornamental como agronómico, provocaba un gran número de efectos en la planta[32], muchos de ellos de valor ornamental. Por ejemplo en geranios, la introducción del gen rolC hizo que las plantas transformadas presentaran un menor tamaño, flores más pequeñas y pétalos y hojas modificadas[33].

En definitiva, la transformación genética tiene en la actualidad una clara aplicación real y un enorme éxito en el campo de la biotecnología floral. De hecho hay ya muchas empresas como la citada Florigene que se dedican a la obtención de nuevas variedades ornamentales mediante modificación genética. Este éxito viene en gran medida propiciado por el hecho de que las plantas transgénicas ornamentales, sobre todo aquellas destinadas a producir flores de corte, no son mal vistas por la opinión pública. Como no nos las comemos, y su cultivo está confinado a los invernaderos que las producen, muchas de las consideraciones que impiden el uso de cultivos transgénicos para otros fines no tienen tanto sentido aquí. De hecho, en marzo de 2015 la Comisión Europea autorizaba[34] la comercialización de dos nuevos tipos de claveles transgénicos al corte, ambos de Florigene.

---

32 En esta revisión se sintetizan los principales efectos del gen rolC en el fenotipo de diversas especies: Gardner, N., Melberg, T., George, M., Smith, A.G. 2006. Differential expression of r*olC* results in unique plant phenotypes. Journal of the American Society for Horticultural Sciences. 131: 82-88.

33 Boase, M.R., Winefield, C.S., Lill, T.A., Bendall, M.J. (2004). Transgenic regal pelargoniums that express the rolC gene from *Agrobacterium rhizogenes* exhibit a dwarf floral and vegetative phenotype. *In vitro* Cellular & Developmental Biology-Plant. 40: 46-50.

34 Summary report of the regulatory committee under directive 2001/18/ EC (16/03/2015). http://ec.europa.eu/transparency/regcomitology/index.cfm?do=Search.getPDF&ppP5Cx14y1sSE67rPlOiA1qBB7fI4EnisQ1BdEUO8vC5SVAw47eF02NzJJLXFBE7MymAolL+DBgWkUQAUSR0vEUBA1Uxa7mJl1GidS+HNzw=

BIOTECNOLOGÍA DE LA SEMILLA Y EL FRUTO

En el contexto de la biotecnología de la reproducción sexual cabe mencionar el papel fundamental de las semillas y los frutos en la alimentación humana y animal y en la industria actual. Sin embargo, desde un punto de vista estrictamente reproductivo, hay que tener en cuenta que tanto unas como otros son meras estructuras accesorias de la reproducción. No son más que vehículos para proteger y asegurar la dispersión y germinación de los embriones, que es lo que verdaderamente importa a efectos reproductivos. Más allá de su utilización como alimento, las aplicaciones biotecnológicas de semillas y fruto tienen que ver con su composición, con las sustancias que almacenan, y no con sus funciones biológicas. Pero no por ello dejan de tener un papel muy relevante.

La explotación comercial de las semillas tiene un gran peso en la economía actual. Se utilizan semillas tanto para consumo en fresco (guisantes), secas (legumbres), tostadas (frutos secos) o procesadas para obtener carbohidratos (fundamentalmente en forma de harinas) o aceites. Durante miles de años el ser humano utiliza la harina obtenida de moler granos de trigo, centeno, avena o maíz entre otros cereales para elaborar pan, tortas, tortillas, etc. Existe una gran industria establecida alrededor del procesado de los cereales que empuja el avance en este sector. Por ejemplo, se mejoran variedades de trigo mediante mejora genética para obtener harinas con nuevas propiedades, y se diseñan métodos alternativos de procesado para las harinas y las masas panarias. Igualmente sucede con las semillas de especies oleaginosas como la oliva, colza, soja, maíz o girasol, entre otras. Estas semillas son sometidas a procesos de extracción para obtener aceites para consumo humano y uso industrial. Tal es el peso que tiene la industria de la obtención de aceite a nivel global, que las grandes compañías de producción de semilla transgénica se han fijado en estos cultivos para producir semilla mejorada con transgenes. De hecho, de los cuatro principales cultivos transgénicos a nivel mundial en 2014[35], el principal cultivo era

35 International Service for the Acquisition of Agri-biotech Applications (ISAAA). http://www.isaaa.org

la soja, el segundo lugar era para el maíz y el cuarto para la colza. En la práctica totalidad de los casos, los transgenes que se utilizan son genes que confieren o bien tolerancia a herbicidas o bien resistencia a plagas (como el gen que codifica para la toxina Bt, extraído originalmente de *Bacillus thuringiensis*), o bien una combinación de ambas características. Los genes Bt se verán con mayor profundidad en el capítulo 7.

El potencial del grano de maíz no se limita tan solo a la harina y el aceite. Desde hace ya años se está explotando la posibilidad de obtener materiales plásticos y textiles a partir de maíz. De, hecho, ya se están utilizando bioplásticos derivados de maíz para fabricar embalajes y bolsas. Grandes cadenas de supermercados, capitaneadas por el gigante estadounidense Wal-Mart apostaron hace unos años por la utilización de bioplásticos procedentes de los granos de maíz, aunque no sin polémica[36]. Además de Wal-Mart, Marks & Spencer los usa para los embalajes de muchos de sus alimentos preparados. En la industria alimentaria, McDonald's y Del Monte también los usan. Básicamente, del maíz elaboran un derivado del ácido láctico que se denomina *polímero de ácido poliláctico* (PLA). Posteriormente, también ha sido posible sintetizarlo a partir de otros materiales como el arroz, la remolacha azucarera, la caña de azúcar, el trigo y el boniato. En cuanto a sus propiedades, resulta muy parecido al tereftalato de polietileno (PET) convencional, que es el plástico que desde hace ya años forma parte de las botellas de agua y refresco que consumimos. Además es biodegradable. Y paradójicamente, ese es su problema. Muchas compañías además de las que hemos mencionado antes, se lanzaron inicialmente a promover su uso, basándose en estas propiedades biodegradables. Se generaron grandes expectativas en cuanto a que el PLA fuera el sustituto del PET derivado del petróleo. Sin embargo, pronto se dieron cuenta de que en la práctica, la biodegradabilidad no era tal, pues se necesitaban unas instalaciones y unas condiciones de temperatura complejas para su reciclado o compostaje[37]. En realidad, pocos países podían hacer frente a este tipo de ins-

---

36 *'Sustainable' bio-plastic can damage the environment.* The Guardian. 22/04/2008. http://www.guardian.co.uk/environment/2008/apr/26/waste.pollution

37 *Bioplastics: Potential growth and limits.* Agrion. 9/11/2009. http://www.agrion.org/world_debate/agrion-en-Bioplastics_Potential_growth_and_limits.htm

talaciones de forma masiva. En definitiva, los residuos de PLA comenzaron a acumularse en los vertederos, en los que tarda un tiempo en degradarse, y el interés general sobre las bondades del PLA se ha ido enfriando paulatinamente.

El segundo caso de explotación del grano de maíz resulta verdaderamente curioso. Se trata de la insospechada aportación de la biotecnología vegetal al mundo de la moda y la alta costura. La empresa estadounidense NatureWorks LLC[38] ha inventado un material textil llamado *Ingeo* que deriva del PLA visto anteriormente. Marcas prestigiosas en la alta costura como Armani y Versace han incorporado ya este material como parte de sus diseños. Oscar de la Renta, entre otros diseñadores, participó con sus diseños elaborados con Ingeo en un desfile de modelos durante el 4º Congreso Mundial de Biotecnología Industrial y Bioprocesos, celebrado en Toronto en 2006[39], [40].

Sin salir del contexto de la industria textil, mención especial merece el caso de las semillas de algodón (*Gossypium* sp.), de cuya cubierta se extraen las fibras con las que se elabora la tela de algodón. Se han descrito 35 especies pertenecientes a este género, aunque actualmente el 95% de la producción mundial es de tipo *G. hirsutum* y el 5% restante es *G. barbadense.* Mirando a nuestro alrededor, todos podemos hacernos rápidamente una idea del impacto que tiene la tecnología textil basada en el algodón en nuestra sociedad. Además, si hay un cultivo susceptible de ser transformado genéticamente es el algodón, pues su finalidad última no es el consumo humano ni animal. De este modo, muchos de los problemas éticos de la opinión pública en cuanto al consumo de transgénicos quedan superados. De hecho, el algodón era en 2014 el tercer cultivo transgénico a nivel mundial en términos de superficie cultivada, representando las variedades transgénicas el 68% del total del algodón cultivado[35]. También en este caso, la modificación consiste en la inserción del gen Bt de resistencia a plagas de insectos, o del gen de resis-

38 http://www.natureworksllc.com/

39 Prendas de Versace hechas con maíz GM. http://tex-eco-sost.blogspot.com.es/2006/09/textiles-y-ecodiseo_13.html

40 Biotech Fashion Show Highlights Designer Fashions Made with Biotech Fabrics. Bio.org. 13/07/2006. https://www.bio.org/media/press-release/biotech-fashion-show-highlights-designer-fashions-made-biotech-fabrics

Semilla de algodón sobre fruto maduro, abierto.

tencia a herbicidas, o de ambos. Un caso particular de éxito en el cultivo de algodón transgénico ha sido India, país en el que el 95% del algodón sembrado en 2014 era transgénico (Bt)[35]. 7,7 millones de pequeños agricultores lo utilizaron, contribuyendo a un espectacular incremento en la implantación de este cultivo, que en 2002 ocupaba 50.000 hectáreas y en 2014, 11,6 millones de hectáreas. O lo que es lo mismo, su uso aumentó 230 veces. Algo sin precedentes.

Al igual que sucede con las semillas, los frutos frescos son esenciales para la alimentación humana. Aunque en menor medida que las semillas, tienen también un papel industrial relevante como procesados. De momento, el cultivo de plantas transgénicas para utilizar sus frutos como alimento no ha sido autorizado en las mismas proporciones que el de las plantas en las que lo que se aprovecha es la semilla. No obstante, algunos países como la India y China, con evidentes problemas de superpoblación, ya hace tiempo que consideraron seriamente esta posibilidad[35], aunque con frutos de especies herbáceas. En los últimos años destaca el papel que los cultivos transgénicos están teniendo en los países en vías de desarrollo. Por ejemplo, Bangladesh, uno de los países más pequeños y más pobres del mundo, aprobó en 2014 y comercializó en un tiempo récord (menos de 100 días tras la aprobación) una variedad de berenjena Bt[35]. Hay que tener en cuenta una salvedad a este respecto, y es que muchos de los frutos más consumidos provienen de árboles frutales, que requieren de muchos años hasta estar en condiciones de producir frutos. Este motivo hace que a la hora de diseñar un programa de obtención de variedades frutales transgénicas, haya que esperar mucho hasta que el árbol transgénico produzca frutos. A día de hoy muchas de las aproximaciones biotecnológicas a la obtención de mejores frutos pasan por la transgénesis, y dado el rechazo social existente, están todavía en fase experimental, confinadas a los laboratorios. Sin embargo, esto no significa que no haya avances. Los hay y muchos, sobre todo en la obtención de frutos con propiedades de resistencia a patógenos, organolépticas, madurativas o nutracéuticas mejoradas. Por ser estas unas de las principales aplicaciones de la transformación genética, las veremos en más detalle cuando hablemos específicamente de ello en el capítulo 7.

PARTENOCARPIA: FRUTOS SIN SEMILLAS

Las plantas tienen una facultad adicional relacionada con la reproducción sexual de la que se puede sacar mucho provecho. Se trata de la *partenocarpia*. La partenocarpia es la formación de frutos sin semilla. O lo que es lo mismo, frutos formados sin polinización ni fecundación previa, y por tanto sin formación de semilla ni de embrión dentro de ella. En realidad su relación con la reproducción sexual es nula, pues es obvio que sin embrión y sin semilla, no va a haber reproducción sexual. Sin embargo, sí tiene interés en la agricultura, como veremos a continuación. La partenocarpia es algo que sucede en algunas especies, de forma natural, o inducida por algún factor ambiental. Por ejemplo, los plátanos comestibles son frutos desarrollados de modo parteno-

Sandía (*Citrullus lanatus*) estenospermocárpica.
Obsérvese la escasa presencia y el reducido tamaño
de las semillas (abortadas).

cárpico de forma natural. Otras especies, como los pimientos, desarrollan partenocarpia cuando son sometidos a bajas temperaturas. Esta característica esta bajo control genético, lo cual quiere decir que si se conoce el gen o genes implicados se puede manipular la presencia o no de semillas en el fruto. De hecho, hay laboratorios que están trabajando en la identificación de los genes implicados, como primer paso para transferirlos a otras especies no partenocárpicas en principio, pero que sería deseable que lo fueran.

Dicho esto, inmediatamente surge una pregunta: ¿Por qué son deseables los frutos partenocárpicos? La respuesta está en el mercado, o mejor dicho en los consumidores, que por lo general prefieren que ciertos frutos no contengan semillas. Por ejemplo, los citricultores de la cuenca mediterránea le tienen pánico a lo que en la Comunidad Valenciana se denomina *la pinyolà*, que no es más que la aparición de una partida de naranjas polinizadas y por tanto con pepitas (*pinyols*). Saben que esa partida no va a poder ser comercializada, o si lo es, será a precios ridículos. A la gente no le gustan las naranjas con pepitas. Ni las sandías, ni la uva. ¿Quien no ha tenido problemas con algún grano de uva en nochevieja, cuando la tradición manda tomarse 12 uvas —con sus correspondientes pepitas— en los 12 últimos segundos del año? Al masticar rápido, las pepitas molestan, y más de uno hubiera deseado que las uvas no tuvieran pepitas. Una opción es el deshuesado mecánico, pero en muchas ocasiones se altera el fruto de tal manera que quedan poco apetecibles para el consumo. Mejor si vienen ya de origen sin pepitas. Estas son las razones por la que se trata de obtener frutos de algunas especies sin semillas.

En el caso concreto de la uva y de las sandías, la propiedad que se utiliza para obtener frutos sin semillas o con pocas semillas es la *estenospermocarpia*. Es algo diferente a la partenocarpia en cuanto a que sí hay polinización y fecundación. Sin embargo, el embrión formado aborta. En la uva de mesa sin pepitas, aborta en unos estadios muy tempranos de desarrollo, dando lugar a una semilla diminuta, imperceptible en el grano de uva. En el caso de la sandía, el aborto se da en unos estadios algo más avanzados, que sí generan semillas, pero pequeñas y blandas, que no molestan al comer la pulpa o al tragarlas.

El geranio se reproduce por esquejes con facilidad.

REPRODUCCIÓN ASEXUAL

La regla de que hacen siempre falta dos para generar un tercero no siempre ha de cumplirse necesariamente así en la naturaleza. Muchas especies animales y vegetales son capaces de reproducirse sin necesidad de que un gameto femenino sea fecundado por otro masculino para formar un embrión. Un ejemplo típico es el de la estrella de mar, a la que si se le corta una pata, el cuerpo restante regenera la pata que le falta, y la pata cortada es capaz de regenerar otro individuo completo. Donde había uno, ahora hay dos. Ha habido reproducción, aunque no sexual. Quizá menos conocido, pero igual de llamativo puede ser el ejemplo de la hidra, animal marino que si es troceado en varias partes, es capaz de regenerar un nuevo individuo completo de cada una de esas partes. Ahora, de donde había sólo uno, se han generado muchos. Ha vuelto a haber reproducción, y tampoco ha sido sexual. Ha sido *asexual*, porque no ha sido necesaria la existencia de sexos diferenciados.

La reproducción asexual es un carácter presente en algunos organismos, y que curiosamente tiene algo que ver con la evolución. Es un carácter frecuente en organismos menos evolucionados, más cerca de la base en la escala evolutiva, y muy poco frecuente, vestigial, en especies muy evolucionadas. Así, no se conocen casos como los descritos de regeneración completa en vertebrados, y mucho menos en mamíferos. Lo más parecido que se conoce es el caso de las lagartijas, que regeneran la cola si la pierden, o los ajolotes (*Ambystoma mexicanum*), que pueden regenerar sus miembros. Conservan cierta capacidad regenerativa, lo cual los hace tremendamente útiles como modelos experimentales para el avance del conocimiento en campos tan apasionantes como el de la medicina regenerativa. Pero no podemos hablar de reproducción asexual. Antes había una lagartija, y después seguimos teniendo una lagartija. Con cola nueva, pero una sola lagartija. En definitiva, si cuanto más evolucionado eres, menos capacidad de reproducción asexual tienes, podríamos pensar que descendiendo en la escala evolutiva, encontraríamos más y más casos de reproducción asexual. Y así es, hasta el punto de que organismos unicelulares como las bacterias se reproducen sencillamente partiéndose en dos por la mitad. Al parecer, éste carácter se ha ido perdiendo a lo largo de la evolución, a medida que los organismos se van haciendo más y más complejos.

Las plantas han evolucionado, al igual que los animales, a partir de un ancestro unicelular común. Han evolucionado de forma paralela, pero diferente. En el reino vegetal se puede observar también una tendencia a perder capacidad regenerativa. Las plantas más evolucionadas presentan menor capacidad de reproducción asexual que las plantas más primitivas. No obstante, la planta más evolucionada tiene infinitamente más capacidad de reproducirse asexualmente que el animal más evolucionado, el ser humano, cuya capacidad es nula. De hecho, en el reino vegetal es donde se pueden encontrar los mayores y mejores ejemplos de reproducción asexual. Cualquiera de nosotros puede cortar un trozo (*esqueje*) de geranio y tan solo con plantarlo en un tiesto con sustrato, regarlo e iluminarlo, en poco tiempo podremos disfrutar de un geranio tan bonito como el original. Esto se debe a la capacidad de reproducirse asexualmente de la que hacen gala, en mayor o menor medida, todas las especies vegetales.

Este ejemplo no es el único. Las plantas, desde que lo son, vienen desarrollando múltiples estructuras que utilizan para reproducirse asexualmente en su entorno natural, en la naturaleza, sin necesidad de que les cortemos un esqueje. Por ejemplo los *estolones*, tallos largos y delgados que surgen de la base del tallo principal, y que al crecer a ras del suelo enraízan de forma espontánea, generando un nuevo individuo. Un ejemplo típico de reproducción por estolones serían las fresas y fresones (*Fragaria spp.*). Las plantas pueden también reproducirse asexualmente mediante *rizomas*, tallos engrosados subterráneos, de los cuales surgen nuevos brotes apicales y raíces que dan lugar a nuevas plantas. Es típico de gramíneas y juncos. Este modo de reproducción asexual permite una propagación muy rápida, lo que en ocasiones puede significar un problema para el hombre cuando se transforman de este modo en malezas muy invasivas, como en el caso del sorgo de Alepo (*Sorghum halepense*). Los plataneros se han especializado tanto en la reproducción mediante tallos subterráneos que carecen de reproducción sexual. Sus frutos, los plátanos, se forman sin fecundación, y por tanto no llevan dentro semilla ni por supuesto embrión. Son frutos partenocárpicos. Más familiar resulta el modo de reproducción por *tubérculos*. Son engrosamientos de la raíz en los que además de acumularse reservas, como el almidón de las patatas (*Solanum tuberosum*), surgen pequeñas yemas —los conocidos como *ojos* de las patatas— de las que se regeneran plantas completas. Podemos destacar también el fenómeno de la *apomixis*, por el cual se forma un embrión dentro de la semilla, pero procedente de células no gaméticas, es decir, de células que no son las propiamente sexuales femeninas, sino que proceden de otras partes del saco embrionario. Y por supuesto, sin fecundación ni aportación masculina alguna. Obtendremos embrión y semilla, pero la planta resultante será un clon de la madre, pues proviene exclusivamente de una de sus células. Ejemplos de apomixis los podemos encontrar, entre otras, en especies de cítricos y de gramíneas.

Estolón de fresa.

Tubérculos de patata (*Solanum tuberosum*) germinados.

Esta capacidad de las plantas para reproducirse asexualmente tiene su base en el concepto biológico anteriormente citado de la *totipotencia celular*. De hecho, la capacidad de reproducirse asexualmente de una especie está íntimamente relacionada con la capacidad totipotente, y ésta última también disminuye cuanto más evolucionado (complejo) es el organismo, sea animal o vegetal. Así, las células de los embriones humanos en sus estadios más inmaduros son altamente totipotentes, pues ellas han de dar lugar a todos los tipos celulares de cualquier tejido u órgano del individuo. Pero en un humano adulto, solo un número muy reducido de tipos celulares retienen esa «milagrosa» capacidad. Éste es un campo puntero y prioritario de la investigación biomédica, y por fortuna, cada día se avanza un poco más al respecto. Pero lo cierto es que a día de hoy, pocas células madre se pueden encontrar en un humano adulto. En cambio, las plantas adultas tienen la enorme ventaja de que cualquiera de sus células, aunque ya esté diferenciada para ser parte de una hoja, raíz o tallo, es capaz de revertir el proceso de diferenciación original y volver a un estado «embrionario», totipotente, si se dan las condiciones adecuadas, como ya hemos visto. Por tanto, cuando plantamos la rama que hemos cortado del geranio, en las células contiguas al corte se dispara una respuesta fisiológica que hace que esas células dejen de ser «células de rama» y se desdiferencien, para después convertirse en «células formadoras de raíz», que es justo lo que necesita el esqueje para agarrarse al sustrato, incorporar agua y nutrientes, y convertirse en una nueva planta completa, independiente y funcional, un clon de la planta original obtenido por una vía de reproducción asexual.

UTILIDAD DE LA REPRODUCCIÓN ASEXUAL DE LAS PLANTAS

Este ejemplo del geranio clónico ilustra cómo podemos sacar partido de la totipotencia vegetal para nuestros propios intereses, obteniendo un geranio como el original y gratis, sin tener que ir a comprarlo a la tienda. Pero este ejemplo es solo uno más de los muchos con los que contamos para sacarle partido a la totipotencia de las células vegetales. Además de estas formas naturales de reproducción asexual, los agricultores saben desde hace siglos que existen técnicas para hacer que las plantas se multipliquen asexualmente, y utilizan tradicionalmente esta característica para propagar sus cultivos por medio de esquejes, bulbos, troceado de tubérculos, hijuelos, acodos, injertos o rizomas. Y además, desde que se descubrió el cultivo *in vitro* de tejidos vegetales, se dispone de una herramienta más, y muy poderosa por su aplicabilidad a un gran número de especies y por su alto rendimiento.

La reproducción asexual de las plantas tiene un enorme impacto en la agricultura, o lo que es lo mismo, en el modo en que el hombre se sirve del reino vegetal para su propio beneficio. Por ejemplo, sirve para que podamos comer siempre el mismo tipo de manzanas. Si cruzáramos (por reproducción sexual) dos manzanos de frutos muy sabrosos nunca tendríamos la garantía de tener descendientes con frutos igual de sabrosos, del mismo modo que de un hombre y una mujer, ambos de ojos negros, no siempre nacen hijos de ojos negros. Si has tenido un hijo y ese ha sido tu caso, no sospeches de nadie. Puede pasar. Son las cosas de la genética. En cambio, si propagamos nuestro manzano de forma asexual, generaremos nuevos manzanos genéticamente

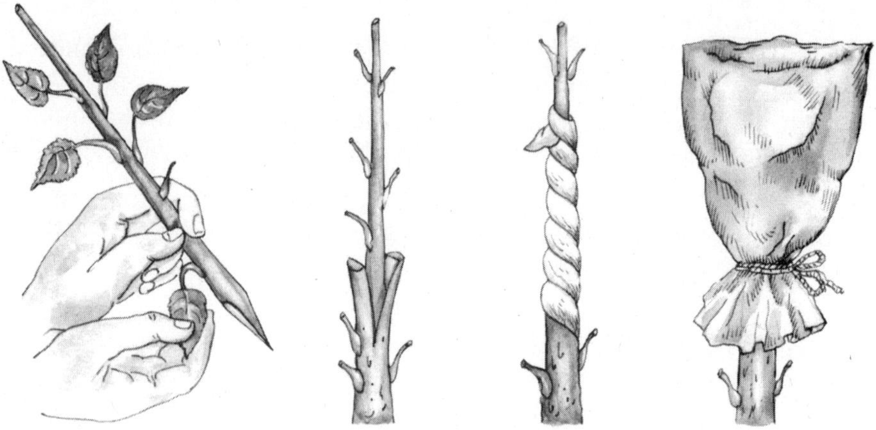

Técnica de injerto.

idénticos al parental, con lo que el carácter «fruto sabroso» se mantendrá a través de generaciones. Esta es la base para la reproducción de muchas especies vegetales de interés agronómico. Además de permitirnos perpetuar los caracteres de interés evitando que se diluyan en la descendencia, la vía vegetativa (asexual) resulta a menudo mucho más barata que la vía sexual. Un buen ejemplo de ello es el cultivo de la patata. La patata tiene sus flores y sus mecanismos de reproducción sexual. Sin embargo, los agricultores desde hace siglos cultivan la patata troceando los tubérculos de modo que en cada trozo haya una pequeña yema, —un ojo—, y sembrando los trozos para que cada uno regenere una nueva mata. ¿Por qué? Porque les resulta más rápido y eficaz que utilizar semillas. Las semillas producirían plantas más heterogéneas —la genética otra vez—, que tardarían más en llegar a la fase adulta, y que mientras tanto serían más propensas a contaminarse por virus o pulgones. Razones más que suficientes.

Otra utilidad de la reproducción asexual es la de mantener mutaciones deseables, beneficiosas. Las mutaciones son cambios en la información que los individuos llevan en sus genes. Cambio muy pequeños, apenas perceptibles, pero que cuando se traducen de genes a caracteres observables, pueden dar lugar a un extenso abanico de consecuencias, desde ninguna en absoluto, hasta malformaciones leves o graves, problemas funcionales leves o graves, o incluso la muerte. Por fortuna, muchas de las mutaciones que sufren los seres vivos no acaban expresándose en ninguno de estos rasgos tan negativos. La naturaleza ha provisto de mecanismos de reparación de errores en los genes que corrigen el problema antes de que sea transmitido a la descendencia. De hecho, y a modo de curiosidad, el Premio Nobel de Química de 2015 fue concedido a tres científicos precisamente por el descubrimiento y estudio de estos sistemas de reparación de errores[41]. Y si aún a pesar de estos mecanismos alguna mutación perjudicial acaba escapándose al control, manifestándose y transmitiéndose a la descendencia, la selección natural se encargará de ir poco a poco eliminando a dichos individuos. También hay algunas mutaciones que son positivas, que hacen que el individuo mutado adquiera una nueva característica beneficiosa para él como individuo o para la pervivencia o adaptación de la especie. Poco a poco, la selección natural va haciendo que estos individuos con «mejores» genes sean seleccionados frente a los otros. Esta es la base de la teoría de la evolución de las especies. Pero además hay otra serie de mutaciones, que desde el punto de vista de la adaptación o la perpetuación de la especie no aportan nada, ni positivo ni negativo. Digamos que son neutras. Y aquí es donde entra en juego el ser humano y su afición por domesticar animales y plantas. Algunas de estas mutaciones son neutras para la supervivencia de la especie en la naturaleza, pero desde el punto de vista de la agricultura puede que proporcionen alguna característica que sí sea interesante o beneficiosa para el agricultor, el consumidor o ambos. Estas mutaciones neutras se acabarían diluyendo tras sucesivas generaciones, pero si propagamos la especie en cuestión mediante métodos asexuales, nos aseguraremos de mantener ese carácter singular a lo largo de generaciones.

Podemos ilustrar esta idea de las mutaciones de interés agronómico con el ejemplo de las *naranjas de ombligo.* En general, las naranjas suelen presentar en la parte distal del fruto una pequeña cicatriz, como un pequeño agujerito, producto de la transformación de la flor en fruto. Al parecer, una variedad de naranjas sufrió una mutación espontánea consistente en la aparición de una protuberancia en forma de ombligo, originada por

41 http://www.nobelprize.org/nobel_prizes/chemistry/laureates/2015/press.html

el desarrollo de una segunda naranja, en el interior de la primera, que pronto se atrofia y deja de desarrollarse. La presencia de esta especie de ombligo es un carácter demandado por el consumidor, y que por tanto al agricultor le interesa mantener. Y una buena forma de mantenerlo es por reproducción asexual. Esta mutación es la que al mantenerse dio lugar a la variedad '*Navel*' (ombligo en inglés), de la que luego se han derivado incluso otras como la '*Navelina*', de corteza fácil de pelar, o la '*Navel-late*' o Navel tardía. Otro ejemplo curioso es el de las zanahorias, cuya raíz solía ser blanquecina, amarilla o púrpura en las especies salvajes. Al parecer, las actuales zanahorias de color naranja son el producto de una mutación seleccionada a lo largo de años por mejoradores holandeses. Lo curioso del tema es que parece ser que escogieron los mutantes anaranjados porque ese era el color de la Casa de Orange-Nassau, que reinó en Holanda durante un tiempo.

Naranjas «Navel».

ANDROGÉNESIS: HIJOS SIN MADRE

Las plantas aún nos deparan más sorpresas en cuanto a su capacidad de reproducirse sin necesidad de fecundación. ¿Alguien imagina que a partir tan solo de un espermatozoide, un hombre fuera capaz de engendrar su propio hijo, sin necesidad de mujer alguna? Las plantas pueden. Existe un fenómeno, denominado genéricamente *androgénesis*[42], por el cual un grano de polen[43] puede ser desviado de su programa de desarrollo original, que es la formación de los gametos masculinos, y ser reprogramado hacia la formación de callos o embriones de los que en su momento se podrán regenerar nuevas plantas, provenientes exclusivamente del polen del padre. Este fenómeno de la androgénesis puede provocarse en el polen cuando todavía se encuentra almacenado en la antera, el órgano sexual masculino de la flor. En 1964, unos investigadores descubrieron que este extraño fenómeno sucedía en una planta, *Datura innoxia*, cuando se extraían las anteras de la flor y se cultivaban *in vitro*[44]. De una sola antera, podían salir varias plantas. Y si en lugar de cultivar las anteras, se extraía el polen que contienen y se cultivaba directamente, en lugar de unas pocas, se podían obtener cientos de plantas de una sola antera. Pronto estos y muchos otros investigadores se dieron cuenta del enorme potencial que presentaba este fenómeno, como ahora veremos.

Las empresas que se dedican a producir semillas para vender a los agricultores se basan en la producción de semilla híbrida, es decir, proveniente de un cruce (sexual) entre dos parentales distintos y genéticamente estables para todos sus caracteres, denominados líneas puras. De este modo, todas las semillas de primera generación producidas al cruzar las dos líneas puras van a ser genéticamente idénticas, van a tener las mismas características, incluyendo las que le interesan al agricultor. Así el agricultor se asegura que toda su producción será uniforme en cuanto

42 Seguí-Simarro, J.M. (2010). Androgenesis Revisited. The Botanical Review. DOI: 10.1007/s12229-010-9056-6

43 En realidad, más que el grano de polen, lo inducible sería la etapa justo anterior a él, la *microspora*, aunque se use el término polen por simplificar.

44 Guha, S., Maheshwari, S.C. (1964). *In vitro* production of embryos from anthers of Datura. Nature. 204: 497.

a calidad, tamaño, producción, etc. Pero cuidado, si el agricultor decide obtener sus propias semillas, provenientes de su cultivo de primera generación, para sembrarlas y obtener un cultivo de segunda generación, se encontrará con la desagradable sorpresa de que aparecerá una enorme e indeseable variabilidad: frutos grandes y muy pequeños, mayor y menor coloración, mejor y peor sabor, plantas muy productivas y otras muy poco, cultivos más y menos resistentes a una determinada plaga, etc. En definitiva, un surtido muy variado del cual solo podrá comercializar una pequeña parte. De nuevo, las cosas de la genética. Esta es la manera que tiene el productor de semillas de asegurarse de que al año siguiente el agricultor volverá a comprarle más semilla, pues solo él tiene las líneas puras capaces de dar semilla 100% uniforme en todos sus caracteres. En resumen, el sistema actual de producción comercial de semilla híbrida se basa en la obtención previa de líneas puras.

Las líneas puras se han venido obteniendo tradicionalmente mediante la fecundación de una planta por si misma (autofecundación) una y otra vez, mediante muchas plantas a lo largo de muchas generaciones. Esto le supone al productor una enorme inversión en tiempo (años), extensiones de cultivo y recursos económicos que luego traslada al precio final de la semilla, encareciéndola notablemente. Pero desde que se descubrió la androgénesis, es posible obtener la misma línea pura en tan solo una generación: extraes el polen de la planta donante, lo induces a formar un embrión o un callo que regenera una planta androgénica, duplicas su genoma haploide si no lo hace ella espontá-

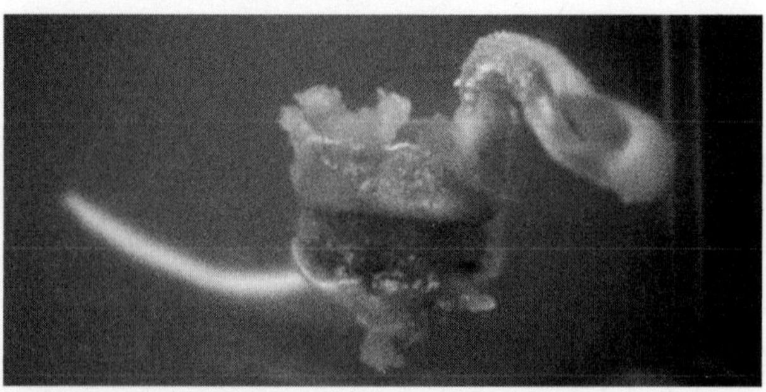

Plántula androgénica germinando directamente dentro de una antera de pimiento cultivada *in vitro.*

neamente, y ya está. No voy entrar en el complicado fundamento genético que hay detrás de este fenómeno, pero el hecho, a efectos prácticos, es que esta planta androgénica (*doble haploide*), obtenida en tan solo una generación *in vitro* (pocos meses), es tan genéticamente uniforme o más que las líneas puras obtenidas por métodos tradicionales. Es por tanto una forma rápida y barata de obtener líneas puras. Como se puede deducir, si el productor de semillas decide obtener sus líneas puras mediante androgénesis, el ahorro económico va a ser considerable. Muy considerable. Además, el fenómeno de la androgénesis presenta otras ventajas desde el punto de vista experimental, como sistema modelo que permite el estudio de diversos aspectos de la biología vegetal que hasta ahora habían sido muy difíciles, sino imposibles de estudiar. Esto ha hecho que en los últimos diez años el estudio y la aplicación práctica de la androgénesis a la mejora genética de especies vegetales se hayan disparado en todo el mundo. Sin embargo, no todo es tan bonito, por desgracia. Muchas de las especies más interesantes se resisten con uñas y dientes a que su polen sea inducido a androgénesis. De hecho, hay casos de cultivos tan importantes en términos económicos a nivel mundial como el tomate, los melones, pepinos, calabazas y calabacines (cucurbitáceas en general), y muchos frutales (casi todos), en los que estas técnicas no pueden aplicarse con éxito.

GINOGÉNESIS: HIJOS SIN PADRE

No solo existe la androgénesis como forma de obtener hijos a partir de un solo progenitor. También es posible la ginogénesis, que sería la versión femenina de la androgénesis. Es decir, inducir embriogénesis directa a partir de células sexuales femeninas en lugar de masculinas. Esta alternativa está menos estudiada y se utiliza mucho menos, pues el número de células sexuales femeninas es mucho menor que el de masculinas, y tienen más difícil acceso a los tratamientos experimentales. No compensa. Por ello, la ginogénesis sólo se utiliza en especies en las que la androgénesis o no funciona, o funciona poco. Su utilidad es exactamente la misma que la de la androgénesis: producir líneas puras rápida y fácilmente.

¿REPRODUCCIÓN SEXUAL O REPRODUCCIÓN ASEXUAL?

Después de ver tantas opciones para que una planta se reproduzca asexualmente, cabe preguntarse ¿por qué entonces las plantas, tras millones de años de evolución, siguen manteniendo mecanismos de reproducción sexual? Para responder a esta pregunta, comparemos las ventajas evolutivas de ambos modos de reproducción. La reproducción sexual es el secreto para el éxito reproductivo a largo plazo, es decir, para la perpetuación de la especie, gracias a la generación de variabilidad genética. El hecho antes comentado de que de dos manzanos de frutos muy sabrosos no siempre salga un descendiente con frutos igual de sabrosos puede ser un problema para el agricultor, pero es la clave para que una especie sobreviva a lo largo de millones de años a los innumerables cambios que sufrirá su entorno. La reproducción sexual permite el intercambio de variantes génicas (*alelos*) entre individuos de la misma especie, creando así nuevas combinaciones genéticas. La genética de nuevo. Por ejemplo, si dos poblaciones de una misma especie están sometidas a condiciones climáticas distintas, es lógico pensar que con el tiempo cada una se adaptará a sus condiciones particulares. Si existe la posibilidad de cruce entre ambas poblaciones (por ejemplo, en la zona de contacto entre ambas), existirá la posibilidad de intercambio de la información genética que permita la adaptación a ambas condiciones climáticas. Por tanto, si por algún avatar del destino, las condiciones climáticas cambiaran bruscamente y fueran iguales para las dos especies, las dos estarían preparadas para sobrevivir. Una, porque ya vivía en esas condiciones. Y la otra, porque ahora tiene la información genética para hacerlo. Se la ha transmitido la población vecina a través de cruces sexuales. En definitiva, las dos poblaciones tienen más variantes génicas, y por tanto, una base genética mayor. Y a mayor base genética, mayor posibilidad de adaptación y de supervivencia de la especie a largo plazo.

Y como no puede ser de otra manera, a menor base genética, menor posibilidad de adaptación, hasta el punto de que se compromete la supervivencia como especie. Desde una perspectiva evolutiva esto no es ninguna broma. Las vías asexuales suelen ser más rápidas que las sexuales, de modo que son útiles a corto plazo para colonizar un nuevo hábitat antes de que lo hagan las especies competidoras. Un individuo acaba antes propagándose vegetativamente que esperando a ser polinizado y fecundado, a formar fruto y semilla dentro de él, y después dispersar y germinar la semilla. Por eso, desde el punto de vista del agricultor, cuanto más rápido y controlado, mejor. Y además, al estrecharse la base genética de la especie, los nuevos individuos salen todos más uniformes entre sí. Se parecen mucho más, y esto es otra ventaja para el agricultor, que desea que la cosecha le salga lo más uniforme posible. Una ventaja adicional es que no depende de la presencia de agentes polinizadores como los insectos, que pueden incluso representar un problema, como en el caso que hemos visto de la *pinyolà*. Pero desde el punto de vista de la supervivencia de una especie a largo plazo en condiciones naturales, esto no es ninguna ventaja, como ya sabemos. Es un riesgo de extinción. Por eso tras muchos años de selección basada en lo que le interesa al agricultor y no a la especie, en muchas especies se ha llegado al desarrollo de variedades de interés agronómico que ya no son capaces de crecer por si mismas en un entorno natural, salvaje, y que necesitan para sobrevivir de la ayuda del ser humano, responsable por otra parte de esa pérdida de adaptación al medio.

Veamos un caso curioso: la banana. Es importante resaltar que la banana es un cultivo con una base genética muy estrecha, debido a que desde hace ya tiempo optó por la reproducción asexual exclusivamente. En un momento dado, durante la historia evolutiva de esta especie, las flores femeninas pasaron a ser estériles, con lo que se perdió la vía reproductiva sexual y por tanto la posibilidad de formar embriones y semillas híbridas. De este modo, la única posibilidad de variación genética que le quedó a las variedades cultivadas consistía en la acumulación de genes mutantes, que como ya hemos visto, pueden en algún caso ser beneficiosos, pero en otros perjudiciales. También hemos visto que la reproducción sexual es también una vía para diluir el efecto de las mutaciones negativas. Pero en este caso esta vía no existe. Se acumulan, por tanto. En definitiva, se ha llegado a un punto en el que los cultivos son extremadamente uniformes a nivel genético. O lo que es lo mismo, tienen una base genética extremadamente estrecha. Y esto ha provocado que los cultivos de banana estén sujetos a grandes epidemias y enfermedades causadas o transmitidas por hongos, insectos o virus, que han llegado a exterminar variedades enteras. Una de estas enfermedades es la *enfermedad de Panamá* o *fusariosis del banano*[45], causada por el hongo *Fusarium oxysporum* que ataca las raíces de algunas variedades de banano. La resistencia del hongo a los fungicidas, y la imposibilidad de encontrar ninguna fuente de resistencia genética dentro de la especie ha hecho que esta enfermedad sea la mayor plaga de la historia del cultivo del banano, y una de las más severas de la historia de la agricultura, exterminando por completo algunas variedades particularmente susceptibles.

Volvamos a la pregunta inicial: ¿Reproducción sexual o asexual? La respuesta es bien sencilla: las dos, porque cuantas más, mejor. Desde el punto de vista de la especie en su entorno natural, sin la interferencia del ser humano, cuantas más opciones para reproducirse haya, más alternativas tendrá la especie para perpetuarse a corto y largo plazo, resistir al cambio de condiciones del hábitat, o colonizar hábitats nuevos con nuevas condiciones ambientales. Y desde el punto de vista del agricultor, es decir del aprovechamiento humano de un vegetal, cuantas más mejor también. Asexual para tener cosechas más rápidas y uniformes, pero también se necesita de la diversidad natural y la base genética que proporcionan los cruces sexuales, por si cambian las condiciones de cultivo. Para ello, se hace necesaria la conservación de esa diversidad en lugares especializados para ello, a los que se puede acudir cuando se quiere ensanchar la base genética de nuestro cultivo. Estos lugares son los denominados *bancos de germoplasma*. Los veremos más adelante cuando hablemos de la conservación de los recursos fitogenéticos y la mejora genética.

En definitiva, hoy en día sabemos que la reproducción sexual es esencial para la pervivencia de una especie vegetal, pero no es el único modo de reproducción sino una de las distintas opciones que una especie vegetal tiene. En función de lo que le convenga en un momento evolutivo u otro, optará por la vía sexual o por la asexual. Gracias a la capacidad totipotente de las célu-

45 Se puede encontrar un completo informe sobre esta enfermedad y sus consecuencias en http://bananas.bioversityinternational.org/files/files/pdf/publications/disease5_en.pdf.

las vegetales, la reproducción asexual presenta multitud de alternativas reproductivas para la planta y puede llegar a ser incluso la forma principal de reproducción en un momento dado. Esta capacidad, además, abre enormes horizontes biotecnológicos para el desarrollo de la agricultura del futuro, pues supone una poderosísima herramienta de propagación y creación de variedades mejoradas o nuevas sin necesidad de manipulación genética. En los próximos capítulos se verá hasta qué punto se puede sacar provecho de esta propiedad para el progreso de la agricultura y en definitiva del ser humano.

BIOTECNOLOGÍA Y MEJORA GENÉTICA VEGETAL

Es obvio que la principal utilidad de las plantas es su consumo como alimento. Como la alimentación es una actividad inexcusable para el ser humano, desde hace ya muchos siglos éste viene tratando de sacar cada vez más provecho de las plantas como alimento. A los humanos no nos basta con que los tomates se puedan comer. Igual nos bastó en algún tiempo. Pero llegó un momento en que nuestros antepasados se cansaron de esa acidez que algunos tienen, y desearon que no la tuviera. Y en otro momento desearon que además, fueran más grandes. Quizá porque eran más atractivos y por tanto más fáciles de vender en el mercado. Y también quisieron que fueran más dulces. Y con el crecimiento de la población, llegó un momento en que las plantas disponibles no eran suficientes para satisfacer las necesidades de comercialización, y el agricultor deseó que las matas de tomate fueran capaces de crecer más, en menos tiempo y en menos espacio. Y que resistieran a más inclemencias meteorológicas, y a más enfermedades. Y que los tomates no se pudrieran tan pronto. Y que no tuvieran manchas. Y que... La curiosidad del ser humano no tiene límites, y si por algo se caracteriza como especie la humana, es por tratar de ir siempre más allá de sus propios límites, y de los límites de lo que le rodea. Por ejemplo, los límites de los tomates que le rodean. Y de las lechugas, naranjas, melones, manzanas, etc. Y este es el motor que ha impulsado la mejora vegetal desde que el ser humano se dedica a la agricultura.

La mejora genética vegetal[46] es una de las disciplinas cuyo nombre explica mejor en qué consiste: la mejora genética vegetal consiste en mejorar genéticamente los vegetales. Tan sencillo como eso. Más allá de simplificaciones, la mejora genética se basa en utilizar los principios de la genética clásica para producir variedades mejoradas con características más deseables, tales como una mayor resistencia frente a plagas o enfermedades, mayores rendimientos, mayores o mejores propiedades nutricionales, texturas, aromas, colores o sabores más agradables o intensos, etc. En pocas palabras, se dedica a mejorar lo que ya hay previamente. Durante milenios se ha estado tratando de hacer mejora de forma intuitiva, sin saber muy bien cómo se hacía. De hecho, las primeras evidencias de domesticación de una planta datan del noveno milenio antes de Cristo, en las colinas sobre el río Tigris, y hacia el año 3000 a.C. ya se habían domesticado todos los cultivos importantes del mundo antiguo[47]. A principios del siglo XIX, una serie de científicos ingleses y alemanes trataron de poner algo de orden en todo esto. Comenzaron a experimentar con cruces entre plantas con caracteres opuestos, y a observar y analizar las características resultantes de los descendientes (híbridos) más prometedores en cuanto a caracteres de producción. Pronto se dieron cuenta de que si se seleccionaban una y otra vez los mejores híbridos de entre una descendencia, llegaba un punto en el que ya no se producía progreso alguno en la mejora. Se estaban sentando las primeras bases de la mejora. Fue un poco más tarde, algo pasada la mitad del siglo XIX, cuando Gregor Mendel, el famoso monje austriaco cuyos guisantes muchos de nosotros conocimos en clase de ciencias durante nuestra época escolar, sentó las bases de la Genética como ciencia[48]. Una vez sus leyes fueron redescubiertas al principio del siglo XX, en breve comenzaron a aplicarse a

46 Para profundizar en el conocimiento de la mejora genética vegetal, uno de los mejores libros de consulta disponibles por su sencillez es José Ignacio Cubero. (2013). *Introducción a la Mejora Genética Vegetal* (3ª edición). Editorial Mundiprensa, Madrid. ISBN: 9788484766551.

47 Se puede encontrar una completa cronología de los hitos más significativos relativos a la domesticación y la mejora vegetal en http://cuke.hort.ncsu.edu/cucurbit/wehner/541/hs541hist.html

48 Los trabajos pioneros de Mendel se puede encontrar, junto con otra serie de datos, notas, glosarios, ejercicios y enlaces a otras webs relacionadas en http://www.mendelweb.org/, una web dedicada a la obra de Gregor Mendel.

la obtención de mejores vegetales, mediante métodos racionales y reproducibles, basados en esas leyes. Había nacido la mejora genética. Por supuesto, todos los avances que posteriormente experimentó la genética, con el establecimiento de nuevas subdisciplinas como la genética de poblaciones, o la genética cuantitativa, entre otras, fueron también contribuyendo a la extensión de la base teórica de la mejora genética, así como de las posibilidades prácticas que ésta ofrece.

La mejora genética no tiene por objetivo crear nada radicalmente nuevo. Esta es una de las diferencias fundamentales con las modernas técnicas de transformación genética que veremos en el capítulo 7, y que son capaces de hacer que, por ejemplo, una planta de tabaco produzca una hormona humana. Algo impensable cuando se desarrollaron las leyes que rigen la mejora genética. En mejora, de lo que se trata es de partir de algo que ya existe, una especie vegetal en la que estamos interesados, y basándonos en las leyes de la genética, tratar de mejorar algunos de sus caracteres que no se ajustan a nuestros propósitos. Y que lógicamente, sabemos cómo mejorar.

Fruto de la mejora, en ocasiones se obtienen nuevas variedades que incorporan nuevas características, que antes no tenían. ¿Cómo se compadece esta aparente contradicción con lo dicho anteriormente? Ciertamente, con la mejora genética es posible incorporar una característica que nuestra variedad o nuestra población no tenía. Pero esa característica proviene de otra variedad, otra población, u otra especie relacionada con la nuestra, que sí presenta la característica, y con la cual vamos a cruzar, a *hibridar* la nuestra. Es decir, con la mejora genética clásica no vamos a ir más allá de lo que nos permite la reproducción sexual. Si otra especie tiene lo que queremos para la nuestra, y ambas son sexualmente compatibles (se pueden cruzar), con tiempo, paciencia y un buen conocimiento de las leyes de la genética y de las particularidades de esas variedades, podremos transferir esa cualidad a nuestra variedad. Sino, no. Hoy en día se utilizan muchos y muy variados métodos para la producción de nuevas y mejores variedades. Pero básicamente, la mejora genética clásica se basa en dos grandes métodos: la selección y la hibridación.

SELECCIÓN NATURAL

Todos sabemos lo que es seleccionar. De entre un surtido, elegir lo que más nos interesa. Esto mismo es lo que sucede en la naturaleza con la *selección natural.* La selección natural, una de las aportaciones de Charles Darwin a la humanidad a través de su teoría de la evolución de las especies, no es sino un proceso de mejora genética que la naturaleza realiza a lo largo de muchas, muchísimas generaciones. En este proceso, las condiciones del entorno donde vive una población seleccionan a aquellos individuos que tienen las mejores características para sobrevivir y reproducirse en ese entorno, permitiendo que tengan más y mejor descendencia. Igualmente, elimina poco a poco a aquellos menos favorecidos, cuyo número se ve progresivamente reducido hasta que desaparecen. Es decir, el entorno establece unos criterios de selección (las condiciones climáticas, de competencia por los nutrientes, de depredadores, etc.), y aplica a la población una *presión de selección* consistente en que «*si no eres capaz de cumplir con las condiciones que te impongo, tu estirpe desaparecerá; Quizá tú, o sino tus hijos, o sino tus nietos, pero al final desapareceréis*». ¿Y cuáles son estas condiciones/criterios que impone la selección natural? La eficacia biológica, o en último término, la supervivencia de la especie. Es decir, aquellos individuos cuyas características proporcionen mayores posibilidades a la especie de perdurar como tal en su entorno, serán seleccionados positivamente, siendo más fácil que tengan más y mejor descendencia y más rápido. Aquellos menos aptos, que no aporten tanto a la supervivencia de la especie, poco a poco (o drásticamente) irán viendo reducida su capacidad de generar descendencia, hasta que ese linaje acabará desapareciendo. En pocas palabras, la selección natural es una consecuencia de la lucha de los seres vivos por la propia existencia, lo que da lugar a la supervivencia de aquellos más aptos. Estas características son así transmitidas a los descendientes, que obtienen mejores genes para enfrentarse a la vida en mejores condiciones. Visto con los ojos del humano, animal caracterizado por su capacidad para la compasión, la selección natural es uno de los fenómenos más crueles y despiadados que se conocen. Claramente inhumano. Pero no se nos puede olvidar que la vida —salvo la humana— es así en el entorno natural.

SELECCIÓN ARTIFICIAL

Los supervivientes de la selección natural, aquellos adaptados a su entorno, son el material de base para la mejora genética, a partir del cual se han desarrollado las variedades híbridas actuales. Sin embargo, en muchos casos difieren mucho de las primeras. En algunos, no se parecen en nada. Uno de los ejemplos más espectaculares de transformación de un vegetal por causa de la acción humana es el maíz. Desde hace 10.000 años el ser humano ha ido cruzando y seleccionando de entre la descendencia de un cereal originario de América llamado *teocintle,* aquellos individuos que más le interesaban. El teocintle original presentaba unas espigas muy pequeñas, con pocos granos y recubiertos de una escama que dificultaba su recogida. Tras todos estos años, hoy en día disfrutamos de mazorcas de maíz mucho más grandes y repletas de granos, perfectamente ordenados en hileras. Además estos granos son más grandes, dulces y jugosos (antes de secarse), y la escama ha desaparecido, de modo que quedan perfectamente expuestos para que podamos recogerlos fácilmente o bien hincarles directamente el diente si lo que nos gusta es consumir la mazorca tierna. La diferencia impresiona.

En definitiva, el agricultor/mejorador durante muchos años ha venido seleccionando aquellos individuos que tienen las mejores características para ser cultivados como, donde y cuando él quiere, y elimina a los demás. Y así, generación tras generación. Es decir, el ser humano ha jugado a *ser la naturaleza* en cuanto que ha establecido unos criterios de selección y ha aplicado a las poblaciones en cultivo una presión de selección consistente en que «*como no cumplas mis criterios de selección, te arranco del campo y te tiro a la basura*». Lo mismo que sucedía con la selección natural. Solo que aquí, los criterios son radicalmente distintos: son exclusivamente los intereses del agricultor o mejorador. Esto es lo que se conoce como *selección artificial,* que tiene como consecuencia la *domesticación* de una especie. La domesticación se refiere al desarrollo de nuevas formas de la planta más adecuadas al cultivo por el hombre y al uso por el mismo. En capítulos anteriores se han visto algunos ejemplos de caracteres beneficiosos para la especie salvaje que no lo son tanto para el cultivo domesticado. Veamos algunos más, para hacernos idea de hasta

Mejora del maíz. A lo largo de 10.000 años la selección artificial ha ido transformando las pequeñas espigas con frutos cubiertos del teocintle original (izquierda) en grandes mazorcas de maíz con granos dulces, jugosos y expuestos en su superficie (derecha).

qué punto la domesticación derivada de la selección artificial puede cambiar las características adaptativas de un vegetal, en sentido totalmente opuesto al que marcaría la selección natural.

— A NIVEL DE SEMILLAS. Algunas especies silvestres desarrollan semillas con pelos, espinas o ganchos en su cubierta por dos motivos principales: para protegerse de animales que pudieran utilizar esa semilla como alimento, y para favorecer su dispersión, al quedarse prendidas del pelaje o plumaje de los animales, cuando se rozan con la planta. Esto favorece el éxito evolutivo de la especie... pero es muy molesto para el agricultor, que se pincha con ellas al sembrar. A lo largo de las generaciones, el agricultor soluciona este problema seleccionando aquellas sin pelos o espinas. Desde un enfoque agrícola, consigue su propósito, unas semillas más fáciles sembrar. Desde un enfoque biológico, esta especie estaría desfavorecida en un entorno silvestre frente a otras que protegen más su semilla y favorecen más su dispersión. Este y otros ejemplos de modificaciones inducidas en las semillas apuntan a que los cambios producidos por la domesticación han sido mayores en aquellos cultivos en los que lo importante o aprovechable es la semilla. Véase sino el caso del maíz antes expuesto.

— A NIVEL DE INFLORESCENCIAS O FRUTOS. Algunas especies silvestres desarrollan inflorescencias o frutos que se rompen de la rama muy fácilmente, o que se disgregan con poco viento que haga. Esto favorece mucho la dispersión de las semillas incluidas en los frutos, pues caen al suelo fácilmente. Sin embargo, a ningún agricultor le agrada llegar a su parcela y ver que un viento suave ha dejado la mitad de su cosecha en el suelo. Por tanto, luchará contra ello seleccionando aquellas plantas en las que las inflorescencias o los frutos persistan agarrados hasta que llegue él y los recoja todos de una vez. De nuevo, estamos ante una situación que favorecería al agricultor a cambio de ir en sentido totalmente opuesto a la selección natural.

—A NIVEL DE LA MADURACIÓN DEL FRUTO. Este sería un caso parecido al anterior, en el que un fruto que madure y se descomponga fácilmente liberará antes sus semillas para que germinen. Pero también se pudrirá antes en la estantería del supermercado.

—A NIVEL DE LAS PROPIEDADES DE AQUELLAS PARTES DE LA PLANTA QUE SE UTILIZAN COMO ALIMENTO. Algunas plantas sintetizan sustancias tóxicas que las protegen frente a los animales herbívoros. En realidad, no protegen a la planta como individuo, pues la que es devorada desaparece irremisiblemente. Protegen a la población o a la especie. Si el herbívoro asocia que después de comerse cierta planta pasó una mala noche, o varios días con problemas gástricos (o problemas incluso peores), se cuidará de repetir menú en posteriores ocasiones. Así, eliminan la amenaza de un depredador. Pero si el depredador es el ser humano, al cual le gusta esa planta pese al pequeño problemilla de la sustancia tóxica, lo que hará es seleccionar aquellas que no la sinteticen, o que lo hagan a unos niveles lo suficientemente bajos para no molestar. Otra vez, la selección natural va por un lado y la artificial por el opuesto.

En general, estos y otros muchos ejemplos muestran cómo los cambios generados por la domesticación reflejan las necesidades del agricultor, del consumidor, o de ambos. Y también se cumple, como consecuencia de esto, que cuanto mayor es el grado de domesticación alcanzado, mayor es el cambio que experimenta un cultivo respecto de sus formas silvestres, y mayor será su dependencia respecto del ser humano para su desarrollo. Y a la inversa, conforme el ser humano vaya adaptando un cultivo a sus necesidades, mayor será su dependencia como fuente de alimento. Es la pescadilla que se muerde la cola: adaptamos las plantas a nosotros, y luego nos adaptamos a las plantas adaptadas, que serán nuevamente adaptadas, aún más, a nosotros. Y nosotros, aún más a ellas. Y así indefinidamente.

HIBRIDANDO AL REY DE TODOS LOS PIMIENTOS

Hibridar consiste en fecundar dos individuos de distinta constitución genética. Dicho de otro modo, la hibridación es el cruce de dos variedades o especies diferentes, portadoras de características de interés agronómico distintas. ¿Por qué hibridar? Porque queremos combinar estas características en un mismo individuo. Tras hibridar, obtendremos un individuo (*híbrido*) que combine lo bueno de unas y otras. Pero atención, de la combinación de los caracteres genéticos de los parentales también se derivará la combinación en la descendencia de otros rasgos indeseados, que conviene eliminar. Es por tanto necesario realizar tras la hibridación un proceso de selección artificial eliminando aquellas plantas que continúen presentando rasgos desfavorables a nuestros intereses, para que predominen sólo los deseados. Y tras la selección, volver a hibridar. Y volver a seleccionar. Y a hibridar. Así, hasta que consigamos nuestro propósito.

Veamos un ejemplo de programa de mejora simplificado y figurado. Los datos de localización geográfica, temperaturas y demás no tienen por qué ser necesariamente reales. Han sido inventados de esta manera para ilustrar con un ejemplo sencillo para qué sirve y cómo se usa en la práctica la hibridación. Imaginemos que disponemos de una variedad de pimiento que da unos frutos con un sabor estupendo, revolucionario. Y que además los produce muy grandes, y muy rápido. El rey de todos los pimientos. Pero tiene una pequeña pega, no resiste el tremendo calor que hace en nuestra huerta. En cambio, sabemos que hay una variedad de pimiento que crece cerca del desierto de Atacama, en Chile, que produce unos pimientos ridículos y malísimos, pero es capaz de aguantar picos de calor de hasta 50°C. Y además, ambas variedades son sexualmente compatibles. Si fuéramos mejoradores viajaríamos a Chile, y recogeríamos semillas del pimiento malo pero resistente. Al volver, hibridaríamos ambas variedades. El híbrido de primera generación que obtendríamos presentaría una mezcla de caracteres de ambos

Valle de la Luna en el desierto de Atacama.

progenitores. 50% del rey de los pimientos, y 50% del malo pero resistente. A continuación, los dejaríamos crecer en la parcela, expuestos al sol de justicia y al calor que hace todos los días. Estaríamos aplicando la presión de selección artificial. Con el tiempo, aquellos que no hubieran incorporado la resistencia al calor, irían mostrando síntomas, y los eliminaríamos, quedándonos con los resistentes.

¿Habríamos acabado? No. El rey de los pimientos daba unos ejemplares fantásticos, de exposición, y los seleccionados en esta primera generación resisten el calor, pero dan unos frutos penosos. ¿Qué hacemos? Crucemos los híbridos otra vez con los mismos individuos tan grandes y tan buenos, los reyes de los pimientos. A esta operación de cruzar un hijo con su «padre/madre» se le denomina *retrocruce* en mejora. Obtendremos una segunda generación, en la que sus genes ya no vendrían al 50% de los parentales originales, sino que tras dos cruces con el rey de los pimientos, la contribución de éste sería del 75%, y la del pimiento ridículo pero resistente solo del 25%. Seleccionemos de nuevo los resistentes al calor de la parcela. Y los que resistan, retrocrucémoslos de nuevo con el rey de los pimientos. Volvería a aumentar el porcentaje de genes del rey frente a los del malo pero resistente. Eso si, en todo momento estamos seleccionando para no perder la resistencia que nos interesaba. Y volvamos a seleccionar. Y a retrocruzar. Y a seleccionar. Y a retrocruzar... Al cabo de muchas generaciones de sucesiva hibridación y selección, obtendremos un individuo cuyos genes procederán en un 99% de nuestro rey de los pimientos original, y tan solo un 1% corresponderá al malo pero resistente. Con tan solo un 1%, la influencia del genoma de la variedad mala pero resistente será mínima, y los frutos ya no serán tan malos. De hecho, serán tan buenos como los de nuestro rey de los pimientos, de quien incorpora casi todo su genoma. Y además, seguirá siendo resistente, porque nos hemos encargado de ir manteniendo esos genes de resistencia al calor mediante selección, generación tras generación. Y así obtendríamos nuestra variedad mejorada, rica, rápida, y resistente. A partir de aquí, una opción para mantener nuestros cultivos en temporadas sucesivas podría ser propagarlo por alguna de las vías de reproducción asexual.

Sin embargo, lo que se suele hacer para una producción a gran escala es generar líneas puras, genéticamente estables, y después cruzarlas para obtener semilla híbrida de nuestra variedad mejorada, que es la que se vende al agricultor. Hablábamos de las líneas puras en el capítulo 4, cuando hablábamos de la androgénesis. Como vimos allí, mediante autofecundaciones y selecciones a la manera de la mejora genética clásica, tardaríamos mucho más tiempo, y costaría mucho más trabajo y dinero. Pero eso sí, nos aseguraríamos obtener líneas puras. Esta vía, pese a sus desventajas es más segura porque es muy fácil autofecundar y seleccionar en la mayoría de especies. Pero es mucho más difícil inducir la androgénesis en muchas especies interesantes, como veíamos hace unas páginas. Por eso, si se conoce cómo llegar a las líneas puras mediante androgénesis, se utilizan estas vías sin dudarlo. Pero en el resto, en la mayoría de especies en las que no se puede, o se puede pero la eficiencia no es lo suficientemente alta como para implementar esta técnica a escala industrial, se recurre a la mejora clásica, porque es la que funciona siempre, aunque se tarde más y sea más cara.

BANCOS DE GERMOPLASMA: ALMACENES DE GENES

Volviendo a la historia de nuestros pimientos, habíamos por fin obtenido una nueva variedad que combinaba las excelentes cualidades del rey de los pimientos con una buena resistencia a las altas temperaturas del terreno. Por tanto, parece que teníamos una nueva variedad con las características que nos interesaban, y que funcionaría muy bien. A partir de ahora, ¡a producir y a vender! Pero de repente… la desdicha se cierne de nuevo sobre nuestros pimientos. Por alguna razón surge una terrible plaga de caracoles provenientes de los huertos de más allá de las montañas, que comienzan a esquilmar nuestros maravillosos pimientos. Obviamente, no cabe esperar de los pimientos ningún tipo de resistencia a la plaga. ¿Qué podemos hacer? Al poco tiempo nos enteramos de que hay una variedad de pimiento salvaje cerca del lago Titicaca, en el altiplano entre Perú y Bolivia, que resiste de maravilla estas plagas de caracoles. Así que la solución ahora pasa por desplazarse de nuevo, esta vez al altiplano, y conseguir las semillas necesarias. Ponemos en marcha un segundo pro-

Longyearbyen, Svalbard, Noruega, 19 de mayo de 2015. La discreta entrada a la Svalbard Global Seed Vault (Bóveda Global de Semillas de Svalbard), sita en una antigua mina de carbón del ártico. La institución conserva gran parte de la biodiversidad de semillas.

grama de mejora, y tras varios años, obtenemos una nueva variedad que funciona. Resiste a los caracoles. Pero al año siguiente, en lugar de la plaga de caracoles, se trata de una plaga de origen vírico. Y además, el cambio climático hace que llueva menos en el huerto, con lo que el suelo está más seco y las plantas no aguantan tanta sequía. Y por si esto no fuera poco, ahora los consumidores prefieren que los pimientos piquen un poquito más. ¡Y estos no pican nada! ¿Qué hacemos? Seguro que en algún lugar del mundo habrá una especie salvaje de pimiento que tendrá la resistencia que buscamos a los virus, y otra, en otro lugar, que resista la sequía, y otra más picante en un tercer lugar. ¿Hemos de pasarnos la vida viajando y haciendo expediciones a los lugares más recónditos del planeta para encontrar fuentes de resistencia y variabilidad? No, no es necesario. Los bancos están para ayudarnos. Los *bancos de germoplasma.*

En términos sencillos, podríamos definir el concepto de *germoplasma* como *cualquier parte de la planta que puede ser usada para hacer crecer una nueva planta.* Desde un punto de vista de la información genética que contienen las plantas, que es la que más interesa, podríamos decir que el germoplasma es *el conjunto de genes (genoma) de las especies vegetales silvestres y no modificadas genéticamente de interés para la agricultura.* Básicamente, estamos diciendo lo mismo de las dos formas. Por tanto, un banco de germoplasma será una colección de genes clasificados por especies. Simplificando, una colección de material vegetal muy diverso, que se mantiene en las condiciones adecuadas para que pueda conservarse durante mucho tiempo. Por *material vegetal muy diverso* entendemos colecciones de material de una especie vegetal, recogido de muchos y muy variados lugares donde esta especie se desarrolla en estado salvaje, sin domesticar, y expuesta a unas determinadas condiciones ambientales, distintas en cada lugar.

En cuanto al material en sí, nos referimos fundamentalmente a semillas. Las semillas son las estructuras ideales para recolectar y conservar en los bancos de germoplasma. Las semillas son las estructuras creadas por las propias plantas para dispersar y almacenar su material genético. Contienen toda la información genética del individuo dentro de sus embriones, y además están diseñadas para permanecer viables, con capacidad de germinar y dar lugar a una nueva planta, durante intervalos más o menos largos de tiempo, según la especie. Además son muy fáciles de manejar y conservar y ocupan mucho menos espacio que la planta completa (o el árbol). Una vez recogidas, se desinfectan por si pudieran llevar algún agente patógeno, y por lo general se mantienen en cámaras a baja temperatura y humedad. En algunos casos en los que se trate de semillas muy delicadas, que duren poco en estas condiciones, se pueden utilizar técnicas más sofisticadas como la desecación y la *crioconservación* congeladas en nitrógeno líquido (a –196°C).

Pero germoplasma puede también ser un tubérculo, un esqueje, una pequeña plántula o un explante conservado *in vitro* o los granos de polen. Por ejemplo, hay especies cuyo polen es tan sumamente resistente que puede durar años mantenido a 4°C. En estos casos, se puede utilizar el polen como material a conservar en los bancos de germoplasma. Todas estas formas «alternativas» de germoplasma suelen utilizarse cuando la conservación de semillas no es viable, bien porque sean extremadamente delicadas, o porque la especie no produzca semillas al haber optado por una vía reproductiva asexual. De todas estas

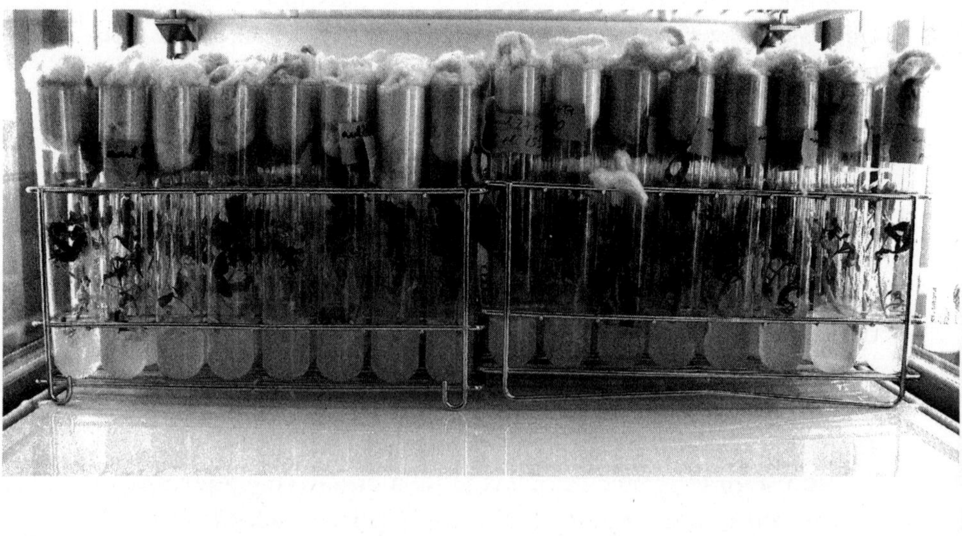

Germoplasma vegetal conservado *in vitro* en forma de plántulas.

alternativas, la más viable hoy en día es la conservación *in vitro*. Los avances en la tecnología de regeneración *in vitro* de plantas enteras a partir de células somáticas y sexuales permiten que el mantenimiento *in vitro* de plantas o de alguna de sus partes sea también una alternativa para la conservación de germoplasma. Mediante cultivo *in vitro* se pueden mantener a largo plazo (años) suspensiones celulares, ápices (brotes), embriones asexuales e incluso plántulas jóvenes. Si bien los cultivos *in vitro* no resultan tan fáciles de mantener como las semillas, al menos siguen ocupando menos espacio que la planta (o árbol) entero.

La conservación del material genético de las especies vegetales silvestres se ha convertido en un tema de extrema importancia. Y para ello, las mejor opción en la actualidad es almacenar germoplasma en lugares especializados y en condiciones controladas. Hoy ya no es suficiente con tener un bellísimo jardín botánico en la ciudad. Para conservar los recursos genéticos naturales de las plantas se hacen necesarios los bancos de germoplasma. Los centros de investigación que cuentan con bancos de germoplasma, cada cierto tiempo organizan expediciones a zonas salvajes, sobre todo de América Central y América del Sur, Asia y África, y van recolectando semillas de todas aquellas plantas de la especie en que están interesados. Suelen buscar y escoger aquellas plantas que mejor se han adaptado a condiciones adversas, para ser luego utilizadas como fuentes de resistencias a dichas condiciones. Interesan también aquellas que tienen un determinado sabor, aroma, color, etc., desconocidos en los lugares de origen de los expedicionarios. En general en las expediciones se trata de buscar semillas de plantas que por haber vivido en otras condiciones tienen otras combinaciones de genes, otras características, distintas a las que se conocen. Al volver, en el banco se caracterizan para saber qué propiedades tienen, y qué se puede esperar de ellas. Finalmente se almacenan en las condiciones de temperatura y humedad adecuadas. En otras palabras, un banco de germoplasma es un banco de diversidad genética vegetal. Un banco de genes. De esta manera, cuando alguien tiene necesidad de mejorar un determinado cultivo, no es necesario que deambule por el mundo buscando aquella planta salvaje y misteriosa que tiene lo que busca. Lo más sensato es contactar con los distintos bancos de germoplasma, y tratar de colaborar con ellos para poder beneficiarse de toda la diversidad presente en el material vegetal conservado en ellos.

El ejemplo de antes, el de los pimientos y sus problemas sucesivos, trata de ilustrar cómo se enfocaron los primeros programas de mejora. Surgía una necesidad y se organizaba una expedición para tratar de encontrar la fuente de variabilidad requerida. Las expediciones lógicamente se dirigían hacia las regiones geográficas de máxima diversidad de una especie. A estas zonas se les denomina centros de origen de las especies cultivadas. El científico sovietico Nikolai Ivánovich Vavílov es considerado el padre de este concepto y de la conservación de germoplasma, y fue el primero en definir ocho grandes centros principales de origen de la mayoría de las especies cultivadas actuales. Durante el primer tercio del siglo XX Vavílov organizó diversas expediciones de recogida de semillas por todo el mundo mientras desarro-

Sello postal conmemorativo con la de
Nikolai Ivánovich Vavílov (1887-1943)(Rusia).

llaba su teoría de los centros de origen de las plantas cultivadas y creaba la mayor colección de germoplasma del mundo. Los trabajos de Vavílov cambiaron el enfoque de la mejora y abrieron la puerta al establecimiento de los bancos de germoplasma. Como Vavílov, diversos investigadores tenían sus propias colecciones en las que incluían el material que ellos mismos habían recolectado. Se iban de expedición, y hacían acopio de material en áreas donde la diversidad de la especie era máxima o en áreas donde se encontraban las especies silvestres relacionadas con los diferentes cultivos de interés. Se recolectaba todo el material posible sin saber si se utilizaría más tarde o no. Posteriormente se comenzó además a intercambiar material con otros investigadores que habían hecho expediciones similares, pero a otros lugares y recogiendo materiales distintos. Las colecciones de material comenzaron entre 1930 y 1940, pero rápidamente se incrementaron al comprobarse que los cultivos con una base genética estrecha (poca variabilidad genética) eran más susceptibles a sufrir enfermedades. Algo similar a lo que hemos visto con la banana, su estrecha base genética y su propensión a enfermedades. Hoy en día, las colecciones son imprescindibles para afrontar los nuevos retos que se le plantean a la agricultura en el medio y largo plazo.

Las variedades modernas de alto rendimiento representan la máxima adaptación de unas plantas a nuestras necesidades actuales. Sin embargo sabemos que lo que es bueno hoy puede no serlo tanto mañana. Los objetivos de los mejoradores cambian continuamente en función de las necesidades de los agricultores, los distribuidores, los consumidores, el mercado y los nuevos desafíos impuestos por el ambiente. Por ejemplo, los desafíos del cambio climático. Actualmente, el cambio climático y sus efectos en el incremento de dióxido de carbono y el efecto invernadero han puesto de manifiesto la necesidad de pensar en la creación de variedades adaptadas a estas condiciones. Para poder cumplir con sus objetivos, los mejoradores deben buscar variabilidad genética fuera de la base genética de las variedades cultivadas actuales, y la única salida posible la ofrecen las variedades locales, silvestres, y las especies relacionadas.

LA MEJORA GENÉTICA ES UN ARMA DE DOBLE FILO

En un principio, las colecciones y caracterizaciones de material vegetal se veían como una parte imprescindible de los programas de mejora, más que como una forma de conservar unos recursos que ciertamente deberían conservarse. Pero gracias a las sucesivas expediciones de recolección, pronto los investigadores se dieron cuenta de que se estaba originando un problema: la *erosión genética.* Como hemos visto, la mejora de cualquier cultivo comienza utilizando variedades silvestres, naturales, que poco a poco se empiezan a modificar. Con el tiempo, llega un punto en que el cultivo original se ha modificado de tal modo que puede que apenas se parezca al original. Pero además, al adaptarlo tanto a nuestros intereses, hemos estrechado su base genética tanto que apenas le queda *plasticidad genética* para reaccionar ante un cambio en las condiciones de cultivo. Hemos creado una población «artificial» y uniforme. Y útil para nuestros intereses como agricultores. Por eso, cuando el agricultor de la parcela de al lado se da cuenta de lo bien que va nuestra variedad mejorada, uniforme, decide que él va a utilizarla también. Y el de la parcela del otro lado, también. Y el de la región contigua también. Y uno que está a diez kilómetros, también. Poco a poco se han ido sustituyendo variedades locales con una gran base genética, poco uniformes en forma, color, altura, vigor o rendimiento, por variedades comerciales, uniformes y de alto rendimiento para el agricultor, pero con muy poca base genética. Y en muchos casos sin posibilidad de cruce con otras, silvestres, que compensen la pérdida de variabilidad. La consecuencia ha sido que se ha perdido mucha diversidad genética en muchas partes cultivadas de la tierra. Centrándonos en especies concretas, si se sustituyen las diversas variedades locales, cada una con sus características de adaptación a esa localidad, por una misma variedad única y uniforme, lo que se consigue es reducir notablemente el conjunto de variantes génicas alternativas presentes, y potencialmente disponibles en conjunto para esa especie. Esto es lo que se conoce como *erosión genética.* Y esto, a su vez genera una situación un tanto paradójica: cuanto más se destruyen y se erosionan los recursos genéticos de una especie, justamente más se necesitan, pues mayor es la necesidad de encontrar nuevas fuentes de variabilidad.

El siguiente dato puede darnos una idea de hasta qué punto se empezó a considerar la erosión genética como un problema serio. En 1965, debido por un lado a la alarma internacional surgida como consecuencia de la necesidad de crear nuevas variedades, y por otro lado a la poca variabilidad existente debido a la erosión genética, la FAO creó una pequeña unidad destinada a la conservación ecológica de los recursos fitogenéticos, con el fin de promover la recolección y conservación de semillas en condiciones adecuadas. Pronto los recursos disponibles para esta unidad se quedaron cortos. En 1974 se creó una organización científica internacional y autónoma que promueve la recolección, conservación, documentación, evaluación y uso de los recursos genéticos de las plantas cultivadas, y actúa como coordinadora de una red internacional de centros de conservación de recursos fitogenéticos. Esta institución es el IBPGR (*International Board for Plant Genetic Resources*), que desde 2006 se engloba dentro de *Bioversity International*[49]. En la actualidad múltiples centros de investigación y universidades cuentan ya con bancos de germoplasma propios donde almacenar y sobre todo conservar los recursos fitogenéticos de muchas especies. Es decir, los bancos de germoplasma no son solo una herramienta para que los mejoradores no tengan que hacer expediciones en busca de fuentes de variabilidad. Son también una manera de conservar, aunque sea en un bote y dentro de una cámara refrigerada, la variabilidad natural de las especies, y de este modo contribuir a paliar los efectos de la erosión genética provocada por la expansión de los cultivos mejorados genéticamente.

HÍBRIDOS VIGOROSOS Y CONSANGUÍNEOS DEPRIMIDOS

Hace algunas páginas hemos visto que hibridar sirve para transferir genes entre individuos estrechamente relacionados.

---

49 Se puede encontrar más información al respecto en: http://www.bioversityinternational.org.

Además, la hibridación tiene una segunda gran utilidad: sirve también para sacarle partido al *vigor híbrido* o *heterosis*. Veamos qué es esto volviendo a los animales, entre los que hay algún ejemplo bastante común. Todos sabemos que no es bueno que los hermanos tengan hijos entre ellos. Dejando aparte consideraciones éticas o morales, la descendencia entre hermanos, cuya información genética es muy parecida, tiene mayor probabilidad de acumular problemas cognitivos, de desarrollo, o de padecer retrasos mentales. Y no ha de ser necesariamente entre hermanos únicamente. Algo parecido sucede entre familiares cercanos. Son bastante conocidas las historias de algunas dinastías monárquicas que suelen emparentar entre ellas, y que de vez en cuando han tenido descendientes con trastornos de muy distinta índole. Son los problemas de la consanguinidad.

Y ahora el caso opuesto, las mulas. Las mulas son unos animales parecidos a los caballos y también a los burros, con características físicas de ambos, pero que realmente no son ni una cosa ni otra. Son algo intermedio, un híbrido. De hecho, son un cruce entre una yegua y un burro, dos especies distintas. Un cruce dirigido, «forzado» por el ser humano. Y ¿para qué? ¿Qué provecho hay en cruzar un burro y una yegua? Como bien saben los agricultores tradicionales, una mula es un estupendo animal de carga y arrastre. Más fuerte y resistente que los propios caballos o burros de los que proviene. Es decir, supera las características iniciales de cada una de las dos especies de las que proviene el híbrido. Solo tiene una pequeña pega: en su gran mayoría, suelen ser estériles. Es decir, para tener una mula, hay que cruzar (hibridar) siempre un burro con una yegua. No vale que la mula tenga «mulitas». No pueden.

Estos dos ejemplos nos sirven para extraer una conclusión: al cruzar dos individuos por vía sexual, cuanto más cerca estén en términos genéticos, más probable será que tengan problemas de desarrollo, de muy diversa índole. El caso más extremo sería el de un cruce endogámico, entre individuos hermanos, en el que sería más fácil la aparición de estos problemas derivados de la consanguinidad. Y al contrario, cuanto más lejos estén, más difícil será que aparezcan estos problemas. Y el caso más extremo será el de un cruce entre individuos tan distintos que ni tan siquiera pertenecen a la misma especie, sino a especies distintas —como el caballo y el burro— o incluso a géneros dis-

Caravana de mulas.
[The Library of Congress]

tintos. Serían casos de cruces híbridos (hibridaciones) *interespecíficos* o *intergenéricos*, respectivamente, en los que se puede observar en los híbridos un comportamiento o algunas características incluso mejoradas con respecto a sus progenitores. Esto es lo que en términos de mejora se denomina *vigor híbrido*.

¿Y todo esto por qué es así? Este fenómeno tiene una base genética similar a la que vimos cuando hablamos de las ventajas de la reproducción sexual frente a la asexual. Recordemos que la reproducción asexual consistía en generar un individuo genéticamente idéntico a su progenitor, mientras que con la sexual se permitía la mezcla de información genética para producir nuevas y distintas combinaciones genéticas. Hablábamos de *plasticidad genética*. Pues bien, en el caso de la consanguinidad, aunque se crucen dos individuos distintos por vía sexual, la información de cada uno es enormemente parecida. Por tanto, las posibilidades de generar nuevas combinaciones genéticas, capaces de dar lugar a nuevas características funcionales en los híbridos, son muy reducidas. Y si esto sucede durante varias generaciones endogámicas, al final todos tendrían una misma base genética común, en la que no habría lugar para las nuevas combinaciones. No habría variabilidad genética ni por tanto plasticidad genética. Es lo que en mejora genética se denomina *depresión por consanguinidad*, y que consiste en una disminución, un estrechamiento de la base genética de la población.

Por el lado contrario, la situación sería la opuesta. Al cruzar dos individuos genéticamente distintos, se intercambia y mezcla mucha información distinta, con lo que pueden aparecer nuevas combinaciones de genes que incluso superen las características que tenían los progenitores. Híbridos más vigorosos, vigor híbrido. Y si los progenitores a cruzar son tan distintos que incluso pertenecen a especies distintas, más posibilidades. Y si todavía son más diferentes, de géneros distintos, más posibilidades aún. Esta es la base del vigor híbrido, o *heterosis*. Y esto es así no solo para animales. Sucede igual en el reino vegetal, donde también tiene un gran interés para obtener individuos híbridos más vigorosos, con un mayor porte y producción. En la imagen contigua se ilustra un experimento en el que se cruzó una cucurbitácea de tipo zucchini (*Cucurbita pepo* subespecie pepo) de porte bajo (enmarcada dentro de un rectángulo menor) con otra de tipo scallop (*Cucurbita pepo* subespecie texana), de porte más alto (enmarcada dentro de un rectángulo medio). Detrás de estos dos parentales se puede observar (enmarcado en un rectángulo mayor), el híbrido entre ambos, de porte mucho mayor que cualquiera de sus progenitores. En definitiva, los híbridos suelen mostrar mayor vigor que los parentales, lo cual redunda en un mayor rendimiento productivo. A modo de ejemplos prácticos, la heterosis se ha utilizado para la producción a gran escala de ciertos cultivos de cereales, hortalizas y también ornamentales de gran importancia económica.

Heterosis en *Cucurbita pepo*. Ver el texto para una explicación detallada.
Imagen cortesía de Pablo Salas Aragón.

HIBRIDACIÓN INTERESPECÍFICA

Las premisas que acabamos de dar en cuanto a beneficios de la heterosis tienen un rango limitado de aplicación. Si cuanto más alejados estén los individuos a cruzar más vigor tendrán los híbridos, ¿por qué no cruzamos un elefante con una hormiga, para tener la fuerza de la hormiga en el tamaño del elefante? ¿Por qué no cruzamos una lechuga con una palmera, para tener hojas de lechuga del tamaño de las hojas de palmera? A nadie se le escapa que estos cruces son imposibles. Existen barreras que impiden que especies tan distantes como una hormiga y un elefante se crucen. En este caso hay una muy obvia, el tamaño de ambos. Pero en otros casos, el tamaño no sería una barrera evidente. ¿Un gorila con un chimpancé? ¿Un caniche con un gato? ¿Por qué no un hipopótamo con un rinoceronte? Volvamos al ejemplo de los pimientos de nuestra huerta. Imaginemos que la fuente de resistencia al calor, en lugar de estar en una variedad dentro de la misma especie, resulta que estaba en la calabaza, otra especie distinta. Trataremos de cruzarlas, como hemos hecho en el caso anterior del pimiento. Pero como cabría esperar, son sexualmente incompatibles y no se produce semilla híbrida. Es lo que suele suceder cuando se trata de hibridar dos especies distintas. Tan distintas como un caniche y un gato, como un hipopótamo y un rinoceronte, o como un pimiento y una calabaza. A la hibridación entre dos especies distintas se le denomina *hibridación interespecífica.*

La naturaleza crea sus propias reglas para que las especies mantengan una cierta coherencia como tales. Con estas reglas nos referimos a las *barreras reproductivas* a la hibridación interespecífica. Hay que ponerlo fácil para que los individuos dentro de una especie puedan cruzarse, y así intercambiar variantes génicas, como hemos visto. Pero igualmente hay que ponerlo difícil para que entre especies distintas no sea tan fácil cruzarse. Porque sino, se acabarían las especies como tales. Si un mono pudiera cruzarse con un caballo, y un caracol con un calamar, y luego los engendros resultantes pudieran cruzarse entre ellos, en pocas generaciones desaparecerían los caballos, los monos, los caracoles y los calamares, dando paso a algo mixto, híbrido entre las cuatro, y cuya anatomía costaría imaginar. Si la naturaleza fuera un «todos para todos», ya no habría especies. Se iría justo en el sentido contrario al que ha seguido la naturaleza desde que los seres vivos habitan la tierra. Desde el momento en que surgió un primer ancestro común a todos los seres vivos, la evolución ha consistido en ir separando poblaciones, que evolucionaban independientemente hasta que adquirían una serie de diferencias que hacían incompatible la reproducción entre ellas. En ese momento, había surgido una nueva especie. De hecho, uno de los criterios que los biólogos utilizan actualmente para determinar si dos individuos muy parecidos son de la misma o distinta especie, es ver si son capaces de cruzarse. Es lo que se denomina el *concepto biológico de especie.* Y tras muchos milenios de separaciones mediante aislamiento reproductivo y evolución divergente, se ha llegado a la diversidad de organismos actual.

Y llegados a este punto, la naturaleza ha tomado una serie de medidas para que no todos nos podamos cruzar con todos, y se mantengan las especies como tales. Se denominan barreras reproductivas. En general funcionan, y por eso no se puede cruzar todo con todo. En general las barreras impiden que se crucen especies distintas, y por supuesto géneros distintos. Y las barreras funcionan entre otras cosas porque nunca hay solo una presente, existen varias a la vez, por si alguna falla. Muy de vez en cuando, estas barreras son superadas de forma natural y aparece una nueva especie *mixta* por convergencia entre dos preexistentes, en lugar de la divergencia que viene siendo lo habitual. Tras siglos de agricultura y ganadería, y guiándose por su afán de curiosear en las reglas de la naturaleza, el ser humano ha descubierto que hay ocasiones en que se pueden salvar las barreras reproductivas y conseguir algún híbrido interespecífico, como en el caso de la yegua y el burro o, centrándonos en el reino vegetal, el caso del *triticale*, un cereal forrajero fruto de una hibridación entre el trigo (*Triticum aestivum*) y el centeno (*Secale cereale*). Pero por lo general, en la naturaleza estas barreras suelen ser insalvables.

¿Insalvables? Aquí es donde entran en juego las modernas herramientas biotecnológicas. Las barreras reproductivas son insalvables para la madre naturaleza, pero no para el biotecnólogo vegetal. Existe todo un abanico de técnicas basadas en el cultivo *in vitro* y la transformación genética que nos permiten saltarnos las barreras y conseguir nuestro objetivo. En función del

Triticale.

tipo de barreras, se utilizarán unas técnicas u otras. Las barreras a la hibridación se pueden dividir en dos grandes grupos, según actúen antes o después de la fecundación y por tanto, de la formación del cigoto. Si se dan antes, se denominan *precigóticas*, y si se dan después, *postcigóticas*. Veamos unas cuantas.

De entre las precigóticas, las más comunes son la separación espacial y la temporal. La separación espacial consiste en que las dos especies habiten en lugares tan separados que se haga imposible el contacto entre sus gametos. La separación temporal se basa en que las especies florezcan y desarrollen sus gametos en distintas épocas del año, de manera que cuando una es fértil, la otra todavía no, o ya no. Para solucionar esto, hoy en día lo tenemos muy fácil. Tomamos semillas de ambas y las cultivamos juntas en invernaderos o cámaras de cultivo con las condiciones adecuadas. Para la separación temporal, también podemos extraer el polen de una en el momento en que es fértil, y almacenarlo en condiciones de baja temperatura y humedad hasta que la otra sea fértil. Finalmente polinizamos de modo manual. Otra opción es cultivar ambas en cámaras de cultivo separadas que simulen las condiciones ambientales del tiempo de floración de cada una, de modo que florezcan ambas en un mismo momento.

En ocasiones las barreras son más complejas. Cuando el aparato reproductor femenino es polinizado, éste dispara una serie de mecanismos de reconocimiento del polen para ver si «es de los suyos» o no. Si lo es, se deja polinizar. Si no, no. Una manera de saltarnos la barrera es tratar de «engañar» a la planta utilizando una mezcla de su propio polen junto con el polen de la otra especie. A esta estrategia se le conoce como el uso de *polen mentor*. Así, reconocerá parte de la mezcla como polen de su especie, y desactivará los mecanismos de protección. Y entonces polinizará el polen extraño. Para esto, un paso previo esencial es inactivar el polen propio, el considerado como mentor. Mediante radiaciones u otros tratamientos, es posible quitarle la capacidad de germinar, y por tanto de fecundar, pero sin matarlo. De éste modo actúa de señuelo, pero no fecunda. En otros casos, lo que se hace es directamente cortar las partes del aparato femenino (denominadas *estigma* y *estilo*) donde se da ese reconocimiento del polen como propio o extraño, y polinizar a mano en la herida dejada por el corte. O bien lo que se denomina *injerto estilar*, que consiste en reemplazar esas partes por sus correspondientes de la otra especie. Así, el polen se reconocerá como propio por una parte de su propia flor, insertada en la flor de la otra especie. También se puede tratar de polinizar directamente el ovario de la flor. Para entendernos, sería algo similar a la inseminación artificial en la especie humana. Y al igual que en humanos, también tendríamos la *fecundación in vitro*, en la que extraeríamos el gameto femenino y el gameto masculino, y en un tubo de ensayo les induciríamos a que se fusionasen dando un cigoto. De este modo, yendo directamente a formar un cigoto habríamos borrado de un plumazo todas aquellas barreras previas a la fecundación. Es obvio que si esto fuera fácil, no se utilizarían las demás soluciones, que en mayor o menor grado son parciales. Por desgracia, la fecundación *in vitro* en plantas no está tan avanzada como en humanos, y solo está desarrollada para algunas especies, como el maíz por ejemplo[50].

En cuanto a las barreras postcigóticas, la gran mayoría de ellas permiten la formación del cigoto y el desarrollo del embrión, pero tarde o temprano, el embrión aborta. Por tanto, la manera de salvar este tipo de barreras es rescatar el embrión antes de que aborte y continuar su desarrollo *in vitro*. A esto se le conoce como *rescate de embriones*. El tipo de técnica de rescate a utilizar va a depender de la etapa en la que el embrión híbrido aborta: si el aborto se da en los primeros momentos del desarrollo del embrión es muy difícil rescatarlo y mantenerlo *in vitro*, por lo cual se opta por cultivar los óvulos o los ovarios enteros; si el aborto se da más tarde, cuando el embrión está más formado, se puede extraer el embrión y directamente cultivarlo *in vitro*, hasta que germine. En algunos casos no se sabe bien si las barreras son pre o postcigóticas, pero sí se sabe que si inoculando a la planta reguladores del crecimiento (fitohormonas), se hace posible la hibridación.

Existe por último una manera de conseguir hibridar dos especies distintas que se caracteriza por ir directamente a la raíz del problema. En el fondo, todas las técnicas expuestas anteriormente se basan en tratar de llevar a buen puerto la repro-

50 Se puede encontrar un buen ejemplo de fecundación *in vitro* en maíz en Kranz, E., Lorz, H. 1993. *In vitro* fertilization with isolated, single gametes results in zygotic embryogenesis and fertile maize plants. Plant Cell 5: 739-746.

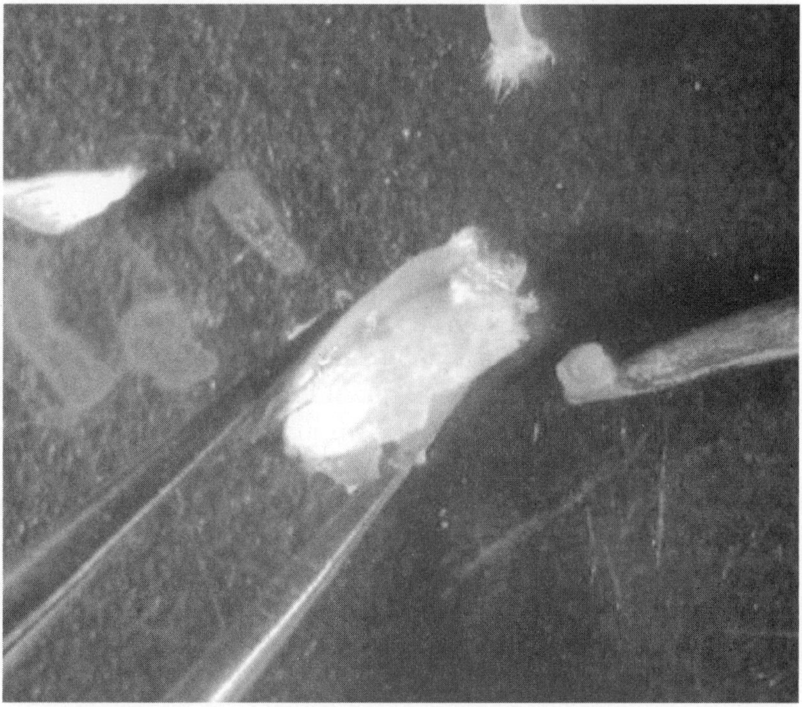

Rescate de embriones. Con la pinza de la izquierda, el operario está sujetando una semilla híbrida interespecífica de trigo con *Thinopyrum intermedium*. Con la pinza de la derecha ha extraído el embrión prematuro para rescatarlo en medio de cultivo *in vitro*. Imagen de Lee R. DeHaan bajo licencia *Creative Commons Attribution 3.0 Unported*.

ducción sexual, facilitando o bien la formación del embrión, o bien su posterior desarrollo. Pero siempre dentro de los parámetros que nos marca la reproducción sexual. Pero, ¿y si saltamos directamente la reproducción sexual? A esto se le llama *cultivo de protoplastos*. Un protoplasto no es más que una célula *somática* y *desnuda*. Somática, porque es una célula no involucrada en la reproducción sexual. Es decir, una célula de la hoja, la raíz, el tallo, etc. Y desnuda, porque mediante tratamientos químicos se le ha eliminado la pared celular, la celulosa que las rodea, y que les da a las células somáticas vegetales su típica apariencia rígida y poligonal. Y que, por otra parte, impediría una fusión entre dos células somáticas. Así, si tomamos dos células somáticas de dos especies distintas y las desnudamos, las convertimos en protoplastos. Una vez desnudas, ya podemos fundirlas en una sola, como si fueran gametos en la fecundación *in vitro*. Y a partir de ahí, gracias a la totipotencia de las células vegetales, podemos cultivarla *in vitro* para regenerar un híbrido interespecífico, mezcla de las dos especies, con el cual proseguir nuestro programa de mejora.

En definitiva, hoy en día existen multitud de formas de hacer un híbrido a nuestra medida, cruzando individuos genéticamente parecidos, pertenecientes a la misma especie, e incluso cruzando individuos poco parecidos, de especies distintas, e incluso de géneros distintos en algún caso. Esto, traducido a la práctica, ha hecho que la mejora genética adquiera un tremendo potencial de hacer variedades híbridas *a la carta*. Y lo mejor de todo esto es el potencial de futuro que tienen estas técnicas, pues muchas de ellas están todavía muy poco exploradas.

LOS MARCADORES MOLECULARES EN LA MEJORA GENÉTICA

Hace unos años, los medios de comunicación nos informaban de que Borja, el hijo de la baronesa Thyssen, se haría una tercera prueba de paternidad por presión de su madre. Julio Iglesias durante 10 años se vino negando sistemáticamente a someterse a las pruebas de paternidad que aclararían las dudas sobre su supuesta paternidad de un joven valenciano. En España se realizan entre 2.500 y 4.000 pruebas de paternidad al año y sus resultados, en un porcentaje que supera el 25% de los casos, confirman que el padre legal no es el biológico. Estos datos tienen poco que ver con la biotecnología vegetal. Pero no por ello dejan de sernos útiles. Gracias a este tipo de noticias se ha popularizado el concepto de pruebas de paternidad, también conocidas popularmente como *la prueba del ADN*. Este parece uno de los pocos conceptos biotecnológicos que ha calado en la sociedad, y que cuando aparece en una tertulia de barra de bar, a muchos les suena. Aunque no sepamos en qué consiste, sí sabemos que es una suerte de prueba que sirve para conocer, con certeza, si dos personas están emparentadas.

Esta certeza la da el hecho de que ciertas partes del genoma son muy parecidas sino idénticas entre individuos emparentados, y a su vez distintas entre individuos no emparentados. Por tanto, si encontramos la manera de identificar estas partes del genoma, y de leer lo que pone en ellas, podremos comparar el genoma de dos personas, por ejemplo del hijo y del supuesto padre del hijo. Las partes a leer se denominan *marcadores moleculares*, que como su propio nombre indica, están elegidas a conciencia para detectar la secuencia genómica que se quiere identificar. Y no se utiliza un solo marcador, se utilizan varios. Una vez identificados, si lo que pone en todos ellos coincide en los dos casos, es que el padre no es tan supuesto, porque está demostrado que la probabilidad teórica de que dos seres humanos tengan la misma información en esas mismas partes sin estar emparentados es tan sumamente baja que en la práctica es cero. En esto se basan las pruebas de paternidad. Pero no es lo único que se puede hacer con los marcadores moleculares. Por ejemplo, gran parte de las pruebas diagnósticas de enfermedades hereditarias, de base genética, se basan en ver si el genoma del individuo da positivo a una prueba con marcadores moleculares diseñados para detectar la presencia de dichas enfermedades. En otras palabras, si en ese genoma están presentes las secuencias de los genes que provocan tales enfermedades.

Y como todos los seres vivos tenemos ADN y genoma, lo mismo se puede hacer para las plantas. En el caso de las plantas los análisis con marcadores moleculares son muy útiles para detectar casos de polinización cruzada de una parcela a otra, con lo que la descendencia no sería la esperada. O para detectar casos de polinización cruzada entre cultivos transgénicos y no transgénicos, en los que la secuencia a detectar será la del transgen añadido. O para detectar en los cultivos de anteras mencionados en el capítulo 4, si el regenerante que se obtiene proviene del polen, o del tejido de la antera, genéticamente distinto al polen. O para reconstruir árboles genealógicos, y determinar si dos especies están genéticamente cercanas, con lo que su hibridación sería posible, o realmente no están cerca en el árbol evolutivo. Incluso sirven para determinar cómo de cerca o de lejos están. Con el análisis sistemático de todas las especies relacionadas dentro de una familia o de un género, se pueden llegar a construir árboles evolutivos que ilustran cómo una especie ha derivado de otra anterior.

Estos han sido tan solo unos ejemplos concretos. Pero la mayor utilidad de los marcadores moleculares está en el ámbito de la mejora. Se trata de la *selección asistida por marcadores moleculares*. A lo largo de este capítulo hemos hablado de selección artificial antes de hibridar, de caracterizar las semillas recolectadas en las expediciones para el banco de germoplasma, etc. Imaginemos que estamos seleccionando naranjos que produzcan las naranjas más dulces. Comenzamos nuestro programa de mejora cruzando dos naranjos, sembramos la semilla, esperamos que crezca el naranjo... y tras muchos años esperando a que salgan de su fase juvenil, puede que podamos probar alguna naranja. Y esto ha sido tan solo el primer cruce, para obtener la primera de las varias generaciones necesarias, como hemos visto. Es muy posible que no seamos nosotros quienes veamos finalizar el programa de mejora del naranjo que comenzamos. En definitiva, el mensaje es que hay muchos caracteres de interés, sobre todo los relativos al fruto, en los que hace falta esperar mucho para que se expresen, y entonces poder identificarlos y seleccionar en consecuencia. Si disponemos de unos marcadores moleculares capaces de identificar el gen o genes responsables de tal característica, podemos seleccionar nada más brote la plántula de la semilla, y quedarnos con las buenas y descartar las otras. Es enorme la cantidad de tiempo y de dinero que puede ahorrarse detectando estas características precozmente. Algo semejante al diagnóstico prenatal en humanos, pero en plantas y con otro tipo de características genéticas.

Y en lugar de utilizar marcadores para detectar un gen en concreto, se pueden también utilizar marcadores con un propósito más general, por ejemplo, sometiendo una muestra a una batería de marcadores y ver cuales de ellos dan positivo. De ese modo podemos caracterizar nuestra muestra, por ejemplo de semillas, para guardarla en nuestro banco de germoplasma sabiendo que tienen unas características determinadas que nos pueden ser útiles en un futuro para un programa de mejora. A esto se le llama *caracterización molecular*. Por ejemplo, sometemos las semillas que hemos traído de nuestra expedición a una batería de marcadores que detectan genes de resistencia a determinados tipos de virus. Si 10 años después necesitamos semillas de una especie que tenga resistencia a uno de esos virus, ya las tendremos identificadas y no necesitaremos irnos de expedición cada vez que necesitemos algo.

En resumen, hemos visto que en la actualidad la mejora genética es mucho más que cruzar dos tomateras y quedarse con la que dé los tomates más grandes. Hoy en día se utilizan muchas técnicas modernas basadas sobre todo en la biología molecular y el cultivo *in vitro*, que hacen posible lo que tan solo 100 años atrás era ciencia-ficción. Esto hace pensar que aún no lo hemos visto todo. Que en el futuro, aún se puede ir más allá en la utilización de las plantas para solucionar problemas humanos. Y no ya en el futuro, sino algo más cerca, hoy en día. Lo veremos en el capítulo de la transformación genética.

Norman Borlaug toma notas de campo en una parcela control en la actual estación CENEB del CIMMYT (Centro Internacional de Mejoramiento de Maíz y Trigo).

LA REVOLUCIÓN VERDE

Una vez hemos visto las distintas herramientas, básicas y avanzadas, que proporciona la mejora genética, es el momento de ilustrar el potencial de cambiar la sociedad que tienen estas herramientas haciendo un recorrido por lo que supuso el hasta hoy mayor programa de mejora genética llevado a cabo a nivel mundial, que se dio en denominar *la revolución verde.* Vale la pena dedicar un tiempo a hacer un recorrido histórico por sus fundamentos y sus consecuencias, pues es de los pocos proyectos biotecnológicos y multidisciplinares que se han llevado a cabo desde el sector público a nivel mundial con un claro objetivo humanitario. Son muchas las enseñanzas que nos ha dejado la revolución verde, y que no convendría dejar en el olvido.

La mejora genética ha puesto a disposición de los científicos un conjunto de herramientas para poder transformar las plantas que nos rodean en otras mejores, más adaptadas a nosotros y a nuestras necesidades. Pero solo con esto no basta. Es necesario tener una idea. Además de cómo, es necesario saber qué hacer, qué características se pretenden conseguir en la nueva variedad. Y un porqué, una razón para embarcarse en programas de mejora que duran años y cuestan mucho dinero. Y sobre todo, hay que tener el empuje y la decisión para no desfallecer hasta conseguir el objetivo.

No es fácil juntar en el tiempo y en el espacio buenas ideas, un buen equipo para desarrollarlas, buenos planteamientos de objetivos, y un fin loable y humanitario que justifique todo ello. Pero cuando se consigue juntar todo, surgen proyectos que cambian el curso de los acontecimientos. Esto es lo que sucedió a mediados del siglo XX con la revolución verde.

La revolución verde es el término con el que se conoce al proceso de desarrollo y expansión de semillas mejoradas genéticamente y técnicas agrarias de alta productividad que tuvo lugar durante los años 60 y comienzos de los 70, bajo el impulso de un plan de la FAO en diferentes países de las regiones más desfavorecidas del mundo. El objetivo era conseguir que estas regiones, caracterizadas en muchos casos por pobreza, hambrunas y baja productividad de sus cultivos, llegaran a autoabastecerse de alimentos de origen vegetal.

NORMAN BORLAUG, EL PADRE DE LA REVOLUCIÓN VERDE

En 1941, la Fundación Rockefeller de los EE.UU. decidió iniciar un programa junto con el Ministerio de Agricultura Mexicano para combatir la pobreza en México y hacer a este país autosuficiente en la producción de trigo. En este programa se enroló en 1944 el científico estadounidense Norman E. Borlaug (1914-2009), y fue nombrado director del programa tan solo tres años después. El principal problema del trigo en México eran las infecciones recurrentes por un hongo denominado roya. El Dr. Borlaug inició un programa de mejora genética del trigo mexicano[51] por el que tras decenas de miles de cruces con distintas variedades, se desarrollaron finalmente variedades resistentes a la roya y útiles para su cultivo. Solo tenían un problema: cuando crecían en suelos fértiles, adquirían una notable altura, con lo que era muy fácil que sus tallos se quebraran por causa de la lluvia o el viento. Así, a partir de 1954 Borlaug inició cruces con variedades asiáticas de trigo enano para tratar de obtener variedades resistentes y además cortas, de tallo rígido y de alto rendimiento. Para 1956 lo había conseguido. Las nuevas semillas mejoradas fueron repartidas gratis entre todos los agricultores mexicanos que las solicitaron. Viendo los resultados, fueron

51 Se puede encontrar una sencilla y amena descripción de las revolucionarias innovaciones del Dr. Borlaug en el campo de la mejora genética del trigo en: *Norman Borlaug, el padre de la 'revolución verde'.* (14/9/2009). El País.com. http://www.elpais.com/articulo/Necrologicas/Norman/Borlaug/padre/revolucion/verde/elpepinec/20090914elpepinec_1/Tes?print=1

muchos los que se decidieron a solicitarlas. Se había conseguido cuadruplicar la producción de trigo y que México fuera autosuficiente en cuanto al abastecimiento de trigo a su población. En poco tiempo estas semillas se expandieron más allá de México, hacia el resto de Latinoamérica.

El siguiente *encargo* que recibió el Dr. Borlaug de la Fundación Rockefeller —a la que se unieron la Fundación Ford y los gobiernos de Pakistán y la India— fue tratar de repetir el *milagro* mexicano en India y Pakistán. Su equipo comenzó a entrenar científicos asiáticos para ello, y trasladó 450 toneladas de *su* trigo a estas zonas. El éxito fue sonado, y en pocos años estas naciones triplicaron su producción de trigo, alcanzando también el autoabastecimiento. Posteriormente se pensó en exportar el modelo de desarrollo del trigo mexicano al arroz del sudeste asiático. Nació en 1961 el Instituto Internacional para Investigaciones del Arroz *(International Rice Research Institute,* IRRI) en Filipinas. En 1966 las fundaciones Rockefeller y Ford establecen el *International Maize and Wheat Improvement Center* (Centro Internacional de Mejoramiento de Maíz y Trigo, CIMMYT) en México, al mando del Dr. Borlaug. Pronto, otros centros internacionales de investigación en cultivos aparecieron por todo el mundo, encaminada a reproducir los procedimientos del Dr. Borlaug aplicados a distintos cultivos y regiones. Estaba desarrollándose una revolución agrícola sin precedentes que iba a cambiar el panorama de la agricultura mundial. A esta revolución se le denominó la *revolución verde*[52].

En 1970 El Dr. Borlaug fue premiado con el Premio Nobel de la Paz, como cabeza visible de todo el gran equipo humano que había hecho posible la revolución verde. En su conferencia ante el Comité Nobel del Parlamento Noruego afirmó[53]: «*Cuando el Comité del Premio Nobel de la Paz me designó como ganador del premio por mi contribución a la 'revolución verde', creo que estaban designando a un individuo como símbolo del papel fundamental de la agricultura y la producción de alimentos en un mundo hambriento, tanto de pan*

52 En un discurso en 1968, William Guad, Director de la Agencia de los EE.UU. para el Desarrollo Internacional (USAID) afirma que en el sur de Asia está ocurriendo una revolución, pero no roja como la de la Unión Soviética de principios de siglo XX, sino verde, basada en el trabajo del Dr. Borlaug. El término pronto se popularizó y así ha llegado hasta hoy.

53 http://nobelprize.org/nobel_prizes/peace/laureates/1970/borlaug-lecture.html

como de paz. No soy más que un miembro de un vasto equipo formado por muchas organizaciones, funcionarios, miles de científicos, y millones de agricultores —en su mayoría pequeños y humildes— que durante muchos años han estado luchando en una guerra silenciosa y muchas veces infructuosa, en el frente de la producción de alimentos».

RESULTADOS TRAS 20 AÑOS DE REVOLUCIÓN VERDE

El objetivo que ha guiado la revolución verde durante todos estos años ha sido el tratar de erradicar el hambre en estas regiones mediante el cultivo de variedades de alto rendimiento. La idea de partida era que muchos de estos países no explotaban todo su potencial agronómico y por tanto no se producía alimento suficiente. Como resultado de la revolución verde, las cosechas de cereales crecieron en los países en desarrollo a un ritmo en torno al 2% anual (2'7% para el trigo y 1'6% para el arroz) entre 1960 y 1980. Se calcula que durante los primeros 10 años de la revolución verde, el uso de las modernas variedades mejoradas de distintos cultivos, junto con las técnicas agronómicas correspondientes alcanzó el 9% en 1970, y llego hasta un 29% en 1980. En 1990 ya era de un 46%[54]. En 1998, algo más de dos de cada tres (68%) semillas en el mundo eran de alto rendimiento, mejoradas. Este dato puede dar claramente una idea de hasta qué punto ha tenido impacto el uso de estas nuevas tecnologías de mejora genética vegetal en la agricultura mundial. En cuanto a producción, en los 40 años transcurridos entre 1960 y 2000 la producción media de todos los países en vías de desarrollo se incrementó en un 208% para el trigo, un 109% para el arroz, un 157% para el maíz, un 78% para la patata y un 36% para la yuca[55]. Todo esto se tradujo también en cambios notables para la población. Uno de los principales fue la caída de los precios de

54 En este artículo se hace un completo análisis del impacto que tuvo la revolución verde durante sus primeros 20 años sobre todo: Evenson R.E., Gollin D. (2003). Assessing the impact of the green revolution: 1960-1980. Science. 300: 758-762.

55 Pingali P, Raney T. (2003). From the Green Revolution to the Gene Revolution: How will the poor fare? ESA Working Paper No. 05-09. FAO. http://www.fao.org/docrep/008/af276e/af276e00.htm

los alimentos, con lo que para muchos consumidores de países pobres fue más fácil el acceso a la alimentación.

La revolución verde no tuvo gran trascendencia en las zonas del mundo más desarrolladas como Europa y los EE.UU. Al fin y al cabo, el hambre y la pobreza no son allí un grave problema. En cambio, en los países más pobres evitó una conmoción económica, transformó a mejor la vida de muchas personas y sobre todo, salvó millones de vidas abocadas al hambre y las enfermedades[56]. Más de mil millones solo en Pakistán y la India[57]. Según Kenneth Quinn, presidente del *Premio de la Fundación Mundial de Alimentos*, las décadas de los 60 y 70 fueron «*el periodo más grande de producción de alimentos en la historia de la humanidad*».

Más allá de los resultados deseados y esperables, con el paso de los años ha sido posible analizar los efectos de la revolución verde con una perspectiva más global, mediante la cual se han detectado algunos problemas que a buen seguro no fueron previstos por los *padres de la revolución*. Estos problemas han acarreado críticas y objeciones de ciertos sectores[58] de la sociedad, que en algunos casos han llegado a cuestionarse incluso la idoneidad de todo este proceso. Veamos algunas de ellas.

RENDIMIENTO DE LAS NUEVAS VARIEDADES

Los espectaculares rendimientos obtenidos con la revolución verde se basaban en el uso de semillas de variedades mejoradas genéticamente, pero también en la adopción de unas determinadas condiciones de cultivo, óptimas para favorecer el rendimiento. Para ello, era necesaria la utilización de grandes cantidades de fertilizantes, agua de riego y pesticidas para mantener las plagas bajo control. También era esencial adoptar la técnica

56 Khush G.S. Green revolution: the way forward. Nature Reviews Genetics. (2001). 2:815-822.

57 http://www.america.gov/st/develop-spanish/2009/September/20090916121833akllennoccm0.5483972.html

58 Un ejemplo de estas críticas es el informe *The Great Rice Robbery — A handbook on the impact of IRRI in Asia* (2007), de la Pesticide Action Network Asia and the Pacific. En este informe se detallan las consecuencias —muy negativas según esta organización— que tuvo la implantación del IRRI en Filipinas sobre el cultivo del arroz en toda Asia. Se puede consultar en http://www.panap.net/11.0.html

del monocultivo, o dicho de otro modo, grandes extensiones de terreno sembradas con una única variedad. Si no se hacía así, las variedades tradicionales resultaban más productivas.

CALIDAD DE LAS NUEVAS VARIEDADES

Por ser fruto de una exhaustiva selección artificial, las nuevas semillas mejoradas disponían de una base genética muy estrecha, lo cual tenía importantes consecuencias cualitativas. Por ejemplo, al estar muy adaptadas a las condiciones óptimas, si se sembraban en condiciones subóptimas como en suelos marginales o con riego insuficiente, no se conseguían grandes resultados. Además eran muy vulnerables a cualquier tipo de plagas, ya que en general carecían prácticamente de resistencia natural. La calidad de estas variedades era también considerada inferior alimentariamente y daban mayores problemas de almacenamiento.

DAÑOS MEDIOAMBIENTALES

La estrecha base genética de las nuevas variedades era en sí un problema en cuanto a pérdida de biodiversidad. Pero además, su uso en forma de monocultivo en grandes extensiones de terreno hizo que se eliminaran de ellas un gran número de especies distintas para ser sembradas con un único cultivo, de una misma variedad. En ocasiones, la necesidad de más suelo cultivable hizo que algunas áreas de zonas especialmente ricas en biodiversidad como las selvas se transformaran en terrenos de cultivo[59].

Quizá una de las mayores reticencias a estas técnicas de alto rendimiento viniera por la necesidad de mecanización y sobre todo de grandes cantidades de agua, fertilizantes y pesticidas químicos, cuyo consumo en los 70 se dobló en el caso de los fertilizantes y se quintuplicó en el de los pesticidas A la larga, esto llevó a la contaminación de muchos suelos y acuíferos subterráneos. La mecanización produjo problemas de compactación

59 Davies P. (2003). An historical perspective from the green revolution to the gene revolution. Nutrition Reviews 61, Suppl. 1: 124–134.

de suelos, y su uso intensivo generó agotamiento de suelos. La expansión de los regadíos provocó en algunos casos la salinización de los suelos y en otros el agotamiento de los acuíferos, sobre todo en zonas con escasos aportes pluviales. En julio de 2008 el portal USNews.com publicaba un reportaje[60] en el que agricultores de diversas regiones de la India expresaban sus quejas por la masiva contaminación de sus tierras de cultivo debido al uso intensivo de pesticidas. De entre todas las preocupaciones que argumentaban, la más significativa era el aumento de casos de cáncer que según ellos habían registrado estas regiones debido a la exposición a productos químicos y a su acumulación en los acuíferos de la zona, de los que se surtían para el riego y también para el consumo humano.

CONSECUENCIAS SOCIALES Y ECONÓMICAS

En un principio, la revolución verde se basó en la distribución gratuita de semillas a todos aquellos agricultores de países desfavorecidos que las solicitaran. Sin embargo, las explotaciones basadas en este tipo de agricultura requieren aportes externos como los antes mencionados, además de formación y grandes extensiones de terreno. Es decir, se favorecía la agricultura a gran escala. En muchas ocasiones, estos requisitos estaban fuera del alcance de los campesinos más pobres, que por adoptar estas técnicas vieron empeorar su situación de endeudamiento y acabaron obligados a enajenar sus tierras. En otros casos los agricultores experimentaron pérdidas importantes debidas a la revolución verde. Aquellos cuyas tierras estaban ubicadas en zonas agroecológicas menos favorables, no pudieron beneficiarse de todo el potencial de incremento del rendimiento que permitía el uso de las variedades mejoradas. Sin embargo, los precios cayeron también para ellos. Muchos de ellos se arruinaron.

A la larga, en algunos de los países receptores de las nuevas semillas se incrementó la vulnerabilidad del agricultor y se agravaron las diferencias sociales, pues solo los grandes terratenientes

---

60 http://www.usnews.com/articles/news/world/2008/07/07/the-toxic-consequences-of-the-green-revolution.html?PageNr=1

podían disponer de las extensiones necesarias. Además, la limitada disponibilidad de recursos hizo que el sector público fuera poco a poco perdiendo terreno en investigación agronómica frente al sector privado. Comenzaron a aparecer compañías locales y transnacionales productoras de semillas de alto rendimiento de estos y otros cultivos, que se posicionaron en este mercado emergente. Los agricultores aumentaron su dependencia de estas compañías, que a su vez comenzaron a incrementar los precios. Esto poco a poco hipotecaría a muchos pequeños agricultores.

Incluso desde un enfoque demográfico ha habido críticas a la revolución verde. Desde un punto de vista malthusiano[61], se adujo que el gran aumento de la producción de alimentos gracias a la revolución verde ha provocado los niveles actuales de superpoblación del planeta. Al eliminar el cuello de botella que suponía la escasez de alimentos en determinadas zonas, ya no había grandes inconvenientes para un aumento desmesurado de la población mundial, que volverá a agotar estos nuevos recursos aumentados. Sea esta o no la causa, lo cierto es que la desnutrición y la pobreza siguen siendo frecuentes en las zonas de Asia donde se desarrolló la revolución verde. La FAO (organización de la ONU para la alimentación y la agricultura) estimó que 854 millones de personas en todo el mundo permanecían entre 2001 y 2003 en un estado de desnutrición[62]. Y esto puede agravarse de acuerdo con las previsiones de la propia ONU[63], por las que para 2050 la población mundial aumentará hasta los 9.200 millones de habitantes.

La distribución de alimentos sigue siendo desigual, especialmente en los hogares con familias sin tierra, pequeños agricultores y trabajadores en general. Los estratos más acomodados de la sociedad rural han obtenido mayores ingresos gracias al mayor acceso a la tecnología, mientras que los estratos más pobres han

61 El economista inglés Thomas Malthus publicó en 1798 su ensayo *An Essay on the Principle of Population* (Ensayo sobre el principio de la población). En él argumentaba que siempre habrá personas hambrientas porque la población humana crecía en progresión geométrica mientras que la producción de alimentos se incrementaba en proporción aritmética. La falta de alimentos era por tanto el factor limitante de una explosión demográfica.

62 The State of Food Insecurity in the World. (2006). Economic and Social Development Department. FAO. http://www.fao.org/docrep/009/a0750e/a0750e00.htm

63 Previsiones demográficas mundiales. Revisión de 2006. Departamento de Asuntos Económicos y Sociales. División de Población. http://www.un.org/esa/population/publications/wpp2006/Spanish.pdf

tendido a disminuir sus ingresos comparados con los que tenía antes de la introducción de las técnicas de alto rendimiento. Esto ha llevado al reconocimiento por parte de diversos organismos internacionales, incluida la FAO, de la necesidad de formular una «Revolución Verde» más equitativa y sostenible con el objetivo de mejorar la seguridad alimentaria en las zonas rurales más pobres. Gran parte del éxito de este nuevo enfoque dependerá de su capacidad para responder a las necesidades reales y concretas de la gente de estas zonas, más allá de planteamientos globales.

LA REVOLUCIÓN PENDIENTE DE ÁFRICA

Si hay algún continente claramente deprimido y candidato a recibir los beneficios que puede proporcionar a revolución verde, ese es el africano. Tras abandonar el CIMMYT en 1983, en 1986 el Dr. Borlaug se embarcó en un nuevo gran proyecto, el *Sasakawa Global 2000 Program* para tratar de mejorar la agricultura en África, donde hasta entonces no había tenido un gran impacto la revolución verde. A este proyecto se dedicó hasta que en 2009 falleció. Pese a los 23 años dedicados por el Dr. Borlaug a África, los cierto es que el impacto de la revolución verde en este continente ha sido otra de las grandes críticas al proyecto. El continente africano no se ha beneficiado de la revolución verde en la medida que lo hicieron otros continentes. Mientras que la producción de alimentos se ha incrementado notablemente en zonas deprimidas de Sudamérica y Asia en los últimos 40-50 años, la producción africana sigue estancada. Únicamente parece constatado un *oasis* de revolución verde dentro del panorama general de *fracaso verde* africano. Es el caso de Malawi. De acuerdo con sus propias estadísticas, en tan solo dos años en Malawi se ha pasado de una situación de hambruna a otra de excedentes alimentarios. Al parecer, el facilitar el acceso de los pequeños agricultores a nuevas variedades mejoradas, fertilizantes, sistemas de irrigación y nuevas técnicas de rotación de cultivos y manejo del suelo, han obrado el *milagro*[64].

64 *Seeking Africa's green revolution*. 8/10/2008. BBC News. http://news.bbc.co.uk/2/hi/science/nature/7651977.stm

Un hombre vende maíz en la carretera Kamandura Mai-Mahiu Narok, cerca del Gran Valle del Rift en Kenia, África.

De todos modos, este parece ser un caso aislado dentro de un panorama general de fracaso. Distintos analistas han atribuido las causas de este menor impacto a la falta de infraestructura previa de muchas zonas, a la corrupción endémica y generalizada de las administraciones de la mayoría de las naciones africanas, y a la inseguridad también presente en esos pueblos. Desde distintos foros se ha urgido a la necesidad de dar con la forma de promover una *Revolución Verde Africana*[65]. De hecho, algunas fundaciones y agencias internacionales ya adoptaron iniciativas a este respecto. En un artículo de febrero de 2010 de la revista Science[66] se daban una serie de pautas de actuación interesantes tanto a nivel local como institucional e internacional. De todos modos, será difícil alcanzar algún objetivo en este sentido si no se alcanza antes una mínima estabilidad social y política en muchos países africanos. El propio Borlaug mencionó a este respecto lo siguiente: «*Solo la paz podría ayudar a los gobiernos africanos a desviar los gastos armamentísticos hacia la investigación en agricultura. Agricultores y científicos no podrán aumentar la producción de alimentos si no hay paz.*»

65 Sachs J.D. (mayo de 2008). *The African Green Revolution*. Revista Scientific American. http://www.scientificamerican.com/article.cfm?id=the-african-green-revoluion.

66 Ejeta G. (2010). African Green Revolution Needn't Be a Mirage. Science, 327(5967): 831.

¿VALIÓ LA PENA LA REVOLUCIÓN VERDE?

En este capítulo se han visto datos objetivos del claro beneficio de la revolución verde en ciertos aspectos, y datos igualmente claros del efecto negativo de la misma en otros aspectos. Más allá de los datos objetivos, la revolución verde se ha visto por algunos como una gran esperanza de futuro, casi como una panacea, y por otros como la causa de muchos de los males actuales, y como un claro factor de agravamiento de los problemas que se suponía que debía resolver. Después de todo esto, cabe preguntarse: *Entonces, ¿la revolución verde fue buena o mala?*

Lo cierto es que no estamos ante un debate que pueda zanjarse con un rotundo *sí* o un contundente *no*. Tiene matices. En primer lugar, está claro que la revolución verde sirvió para aumentar la eficiencia de los cultivos y para aumentar la cantidad de alimento disponible para la población. El aumento en la producción de grano contribuyó a la caída de sus precios a nivel mundial, y de esto se beneficiaron prácticamente todos los consumidores en el mundo. La ingesta media de calorías aumentó como resultado de estos menores precios. Se avanzó en salud y esperanza de vida. En términos económicos, en los países en vías de desarrollo muchas familias cuya subsistencia se basa en la agricultura a mediana e incluso pequeña escala también se beneficiaron de la revolución verde, cuando su productividad aumentó más de lo que cayeron los precios. Pero ¿fue esto suficiente? ¿Acabó esta mayor cantidad de alimentos más baratos llegando a la población que los necesitaba? ¿Benefició a todos la caída de los precios?

A la vista de los datos disponibles, parece ser que en muchos casos no. Ahora bien, ¿es esto culpa del proyecto tal como fue diseñado por el Dr. Borlaug y sus muchos colaboradores? La respuesta a esto también es no. Quizá se depositaron demasiadas esperanzas en un proyecto que tenía como objetivo que las naciones se autoabastecieran, pero que no contempló medidas de reparto justo o equitativo de los alimentos de modo que fueran accesibles a quienes más los necesitaban. O quizá sí se contemplaron, pero no se pudieron llevar a la práctica. En el caso de África se ha intentado, y en muchos casos ni tan siquiera se ha llegado a iniciar por las trabas antes expuestas. Hay que tener bien presente que jamás ha habido ninguna iniciativa de cooperación internacional que prospere si las autoridades del país beneficiario no apuestan claramente por ella, y se implican en su correcto desarrollo.

Un segundo grupo de críticas se han centrado sobre los efectos ecológicos de la revolución verde. Es obvio que la sostenibilidad de estos cultivo intensivos se pone en tela de juicio cuando tienen, entre otras, consecuencias como la degradación del suelo, la contaminación química, el agotamiento y contaminación de los acuíferos, y el aumento de la salinidad del suelo. Algunos agricultores cansados de todos estos efectos secundarios, optaron por los cultivos orgánicos[60]. Sin embargo, hay que tener presente también otra serie de consideraciones a la hora de valorar el impacto de los métodos de alto rendimiento. Y una de las primeras consideraciones es si se hizo un uso correcto de estos métodos. En la región de Punjab en India, donde se pusieron en práctica muchas de las técnicas en las que se basa la revolución verde, de unos años a esta parte están observándose elevados índices de contaminación por pesticidas. Además, están surgiendo casos de cáncer relacionados con esto. Junto a esto, los agricultores admiten que no se hacía caso de las indicaciones que se les daba en cuanto a medidas de protección personal como utilización de mascarillas y vestimenta protectora[67]. También se han descrito casos de reutilización de los recipientes en los que se distribuían los pesticidas para uso domestico. No es de extrañar que en estas circunstancias se den más casos de cáncer de lo habitual. En cuanto a la toxicidad de estos compuestos usados como es debido, baste comentar que la tasa de cáncer de los agricultores de muchos países desarrollados, bastante más respetuosos con las medidas de seguridad, es mucho menor que la de la media de sus respectivas poblaciones[68]. Tampoco se respetaban las indicaciones de dosis máximas de pesticidas y fertilizantes a aplicar[67]. Pensaban que cuanto más se le echara al cultivo, más rendimiento daría este.

---

67 *Punjab reaps a poisoned harvest.* (26/4/2008). BBC News. http://news.bbc.co.uk/2/hi/programmes/from_our_own_correspondent/7366899.stm

68 Agricultural Health Study. U.S. National Cancer Institute. http://www.cancer.gov/cancertopics/factsheet/risk/ahs.

Sea cual sea el motivo, lo cierto es que en muchas zonas se han alcanzado cotas de acumulación de pesticidas o de agotamiento del suelo o de pérdida de diversidad biológica que posiblemente no se hubieran alcanzado sin la aplicación de toda esta tecnología. Por tanto, de inmediato surge una nueva pregunta: *¿qué otra cosa se hubiera podido hacer*? No está nada claro qué otro escenario alternativo habría permitido a los países en desarrollo satisfacer las necesidades alimentarias de una población en aumento, con menor impacto ambiental que la revolución verde. Quizás se hayan descubierto en el largo plazo efectos secundarios indeseables, pero en aquel momento los responsables de muchas naciones se vieron en la tesitura de decidir si se ensayaban estas nuevas tecnologías o se dejaba morir a miles de habitantes. No cabe duda de que no es una decisión fácil.

Aunque algo dura, quizá una de las mejores respuestas a muchas de las críticas vertidas a la revolución verde venga de la mano del propio Norman Borlaug: «*muchos de los activistas medioambientales de las naciones occidentales son gente humilde y sin pretensiones, pero muchos otros son elitistas. Nunca han experimentado la sensación física del hambre. Desarrollan su labor de presión desde cómodos despachos en Washington o Bruselas… Si ellos hubieran vivido tan solo un mes entre la miseria que se respira en los países en desarrollo, como yo hice durante cincuenta años, estarían ahora clamando por tractores, fertilizante y canales de irrigación, y estarían indignados con las élites que por moda, están desde sus casas denegándoles todas estas cosas*».

¿TIENE FUTURO OTRA REVOLUCIÓN VERDE?

En las últimas décadas se ha avanzado como nunca antes en el conocimiento de las capacidades de las plantas para, entre otras cosas, producir alimentos. Esto nos está proporcionando hoy en día unas herramientas biotecnológicas inimaginables hace 60 años, cuando comenzó toda esta revolución. Pero esta revolución se gestó desde el sector público y con el apoyo de fundaciones privadas sin ánimo de lucro. En la actualidad, la crisis y la falta de recursos están haciendo que los organismos públicos no dispongan de todos los recursos económicos que necesitarían. A esto hay que unirle el hecho de que muchas veces la opinión pública, o algunos sectores de ella claramente posicionados contra todo este tipo de tecnologías, presionan a los gobiernos para que no inviertan en este tipo de investigación, con lo que se desvían fondos hacia otras de las muchas prioridades. Y en este contexto el sector privado gana terreno. Pero no podemos esperar que las empresas solucionen el problema del hambre en el mundo. Ni tan siquiera que tengan un cierto impacto sobre la producción o el bienestar social en la mayoría de las regiones del mundo en desarrollo. Las empresas privadas no se crean para eso. Seguirá siendo necesario un papel destacado del sector público, en forma de proyectos de investigación nacionales e internacionales.

En definitiva, la revolución verde no resultó al final ser el milagro que al principio muchos creyeron. Pero tampoco una catástrofe. Millones de seres humanos sobrevivieron gracias a ella. Norman Borlaug lo definió así: «*La revolución verde es un cambio en la dirección correcta, pero no ha transformado el mundo en una utopía*[69]». En lugar de hacer una crítica destructiva de un proyecto bienintencionado y que demostró un gran potencial, quizá una buena estrategia de cara al futuro sería tratar de aprender de todos los errores, que los hubo y muchos, y poner los medios para que no vuelvan a ocurrir. Esto pasaría por dos vías principales. En primer lugar, establecer unos marcos sociales y económicos adecuados para que los alimentos, ahora suficientes, lleguen a toda la población. Pero esto no está en manos de los científicos. Y en segundo lugar, evitar los problemas inherentes a la propia tecnología. Esto sí es tarea de científicos, y a ella se están dedicando. En las últimas décadas, y fruto del estudio de todos estos problemas, se están realizando considerables esfuerzos para el desarrollo de sistemas de cultivo y de manejo integrado de plagas, prácticas agronómicas, y otras tecnologías menos agresivas con el medio ambiente y menos dependientes del uso de productos contaminantes[70]. El reto de la agricultura global para las próximas décadas es encontrar maneras para llegar a muchos agricultores que por diversos motivos se vieron perjudicados

69 http://www.agbioworld.org/biotech-info/topics/borlaug/iowans.html
70 Evenson R.E., Gollin D. (2003). Assessing the Impact of the Green Revolution, 1960 to 2000. Science 300 (5620): 758-762.

por la revolución verde. Mediante tecnologías mejoradas —por ejemplo las plantas transformadas genéticamente, que veremos a vuelta de página— capaces de aumentar el rendimiento en condiciones en las que la revolución verde fue incapaz, quizá se pueda conseguir que estas personas escapen definitivamente de la pobreza y el hambre.

TRANSFORMACIÓN GENÉTICA

Las plantas transformadas genéticamente, popularmente conocidas como *transgénicas*, son plantas cuyo genoma ha sido modificado mediante ingeniería genética. La ingeniería genética es el término coloquial que se utiliza para englobar todo el conjunto de técnicas, basadas fundamentalmente en la biología molecular y la microbiología, que permiten manipular las características de un organismo mediante la modificación dirigida de su genoma, sabiendo exactamente el gen o los genes que añadimos, eliminamos o modificamos. Es lo que se denomina la tecnología del ADN recombinante. De este modo, la transformación genética permite introducir directamente en una planta cualquier gen procedente de la misma especie o especies relacionadas, al igual que podíamos hacer mediante técnicas de mejora genética clásica. La diferencia radica en que mediante transformación genética lo hacemos de forma directa, mucho más rápida, sin necesidad de cruces, hibridaciones, autofecundaciones, etc. Y además, lo hacemos de forma específica, introduciendo únicamente lo que queremos, y no como en la mejora clásica, en la que no se podía descartar la posibilidad de que se introdujeran además otros genes no deseados o simplemente, no controlados. Pero sobre todo, lo que hace a estas técnicas revolucionarias frente a las anteriores es la posibilidad de introducir directamente un gen procedente de cualquier otra especie, evitando todas las barreras reproductivas vistas hasta ahora, tanto a nivel de especie, como de género, de familia, e incluso de reino. O sea, genes de plantas en animales, de animales en bacterias, de bacterias en plantas… De esta manera se abre la puerta para conferir a una planta cualquier característica de interés para ella o para el ser humano, que previamente hayamos identificado en otro ser vivo.

Ahora bien, esto es únicamente la teoría de las posibilidades que la técnica nos brinda. En la práctica, la realidad técnica, científica y económica de lo que cuesta generar este tipo de plantas hace que a nadie se le ocurra utilizar estas herramientas para jugar a *ver qué pasa*, probando a meterle a una planta el gen del habla, para ver si las plantas hablan. No se trata de eso. Y si por casualidad a alguien se le ocurriera, encontraría muy serias dificultades para encontrar alguna entidad que financiara semejantes desvaríos. En este capítulo veremos que esto no consiste en fabricar pequeños monstruos de Frankenstein con hojas y raíces, sin más finalidad que la de su propia creación. Aunque hay excepciones algo pintorescas y de dudosa utilidad práctica, como las plantas bioluminiscentes para iluminar las calles[71], lo cierto es que en realidad, la tecnología del ADN recombinante se ha utilizado en plantas fundamentalmente para dos cosas. En primer lugar, para obtener de forma más rápida variedades con características agronómicas de interés. De interés práctico real, tangible, traducible a productos reales concretos con características mejoradas frente a sus predecesores. Por ejemplo, las flores ornamentales con nuevas combinaciones de colores que vimos en el capítulo 4. Y en segundo lugar, para obtener una serie de sustancias típicas de otros organismos no vegetales, que por tanto también se pueden obtener de esos otros organismos, pero cuya obtención en plantas reporta una serie de ventajas añadidas. En todos los casos se trata, en definitiva, de mejorar plantas, como se describía en el capítulo anterior. Podríamos decir que la transformación genética es una forma avanzada de mejora. En este capítulo veremos algunos de los ejemplos más relevantes de aplicación de la transformación genética a la mejora vegetal.

71 Árboles luminosos para sustituir las farolas en las calles de las ciudades (15/02/2016). El País.es http://one.elpais.com/arboles-luminosos-para-sustituir-las-farolas-en-las-calles-de-las-ciudades/ N.d.A.: Aunque la idea reflejada en esta noticia podría parecer, sobre el papel, incluso atractiva, lo cierto es que hoy en día es una quimera pretender que las plantas presenten una bioluminiscencia de una intensidad mínimamente suficiente como para poder utilizarse para iluminar una calle o cualquier otra cosa. Además, el coste de tal producto sería, muy probablemente, inasumible para cualquier administración pública.

PLANTAS MÁS RESISTENTES A PATÓGENOS

Este es un ejemplo de la primera de las dos grandes utilidades expuestas. Esto consiste en tratar de obtener variedades de cultivos idénticas a las existentes en todo salvo en una cosa: que resistan a una o varias plagas, o a herbicidas o a condiciones ambientales adversas. De esta manera podemos ahorrar mucho dinero en costes de producción. En tratamientos fitosanitarios, por ejemplo, porque no harán falta si la planta resiste las plagas por si sola. O bien obteniendo una mayor productividad del cultivo, pues no tendremos los problemas de toxicidad en el cultivo que genera el uso de herbicidas para combatir las inevitables malas hierbas en los cultivos, o no tendremos pérdidas por culpa de las sequías, las heladas, etc. O podremos cultivar variedades en suelos en los que hasta ahora no se podía, porque las variedades no resistían sus condiciones de salinidad, o de presencia de sustancias tóxicas para ellas, o por cualquier otro motivo. Y no solo tiene aspectos positivos en lo económico, sino también en lo ecológico, pues mejor será si no han de utilizarse determinados abonos o tratamientos fitosanitarios (plaguicidas, insecticidas, fungicidas, bactericidas…) que se utilizan en la actualidad como mal menor, pero que no dejan de tener un efecto tóxico en el entorno. Y además, puede ser beneficioso incluso en el contexto de la salud humana, como en el caso del *maíz Bt.*

Una de las primeras aplicaciones prácticas que se llevaron a cabo a este respecto fue la creación de variedades transgénicas de maíz resistentes a plagas de un insecto conocido como *taladro del maíz.* El taladro en su estado adulto es una mariposa, pero antes de la metamorfosis, en su estado de larva, es una oruga que se alimenta haciendo agujeros en los tallos, hojas y mazorcas del maíz. Una vez hecho el agujero, penetra por él y comienza a taladrar, creando galerías que literalmente vacían los tallos. Lógicamente, esto es letal para la planta. El maíz modificado genéticamente para resistir al taladro es conocido como maíz Bt. Se le llama Bt porque lleva un transgen procedente de una bacteria denominada *Bacillus thuringiensis.* Este transgen sirve para que el maíz sintetice la proteína Cry igual que lo hace la bacteria originalmente propietaria del gen. ¿Y por qué queremos que el maíz fabrique esta proteína? Porque esta proteína es tóxica para una de las principales plagas del maíz, el taladro, y es a su vez inocua para mamíferos, aves e insectos, más allá del taladro. Así, al poco de empezar a taladrar, el insecto muere sin apenas provocar daños. De este modo, el maíz Bt se hace resistente a la plaga del taladro.

Veamos ahora la vertiente sanitaria. Las galerías y los orificios creados por el taladro son unos magníficos canales de entrada para una serie de hongos patógenos del maíz, productores de toxinas que si son ingeridas por el ser humano al consumir el grano, pueden ocasionarle problemas tan poco agradables como cirrosis, hemorragias o cáncer hepático. Desde hace más de 30 años se han venido combatiendo los problemas derivados de la plaga del taladro mediante la aplicación de un insecticida muy eficaz, basado precisamente en la toxina Bt. Pero ahora, las plantas pueden combatir el taladro por ellas mismas, sin necesidad de insecticida.

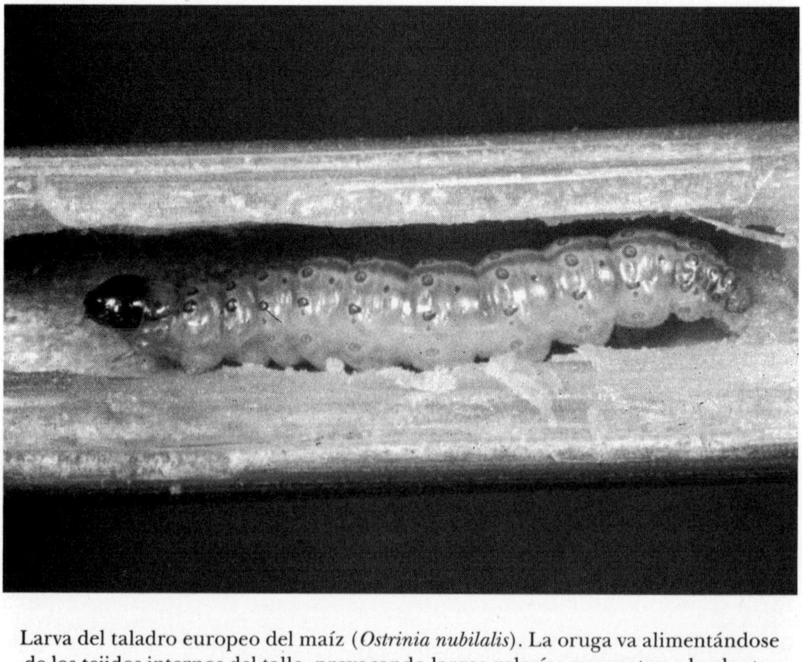

Larva del taladro europeo del maíz (*Ostrinia nubilalis*). La oruga va alimentándose de los tejidos internos del tallo, provocando largas galerías que matan a la planta. Imagen de la Clemson University - USDA Cooperative Extension Slide Series, Bugwood.org, bajo licencia *Creative Commons Attribution* 3.0 US.

Maíz Bt y maíz convencional. Las 8 mazorcas de la imagen estuvieron expuestas al taladro *Helicoverpa zea*. Las cuatro mazorcas de maíz Bt (a los lados) no muestran daño alguno. Las cuatro mazorcas de maíz convencional (arriba y abajo) están muy dañadas. Imagen de Alton N. Sparks, Jr., University of Georgia, Bugwood. org, bajo licencia *Creative Commons Attribution 3.0 US*.

Estas ventajas han llevado a que este tipo de maíz fuera autorizado y haya sido cultivado y comercializado en Europa desde 1998. Desde entonces, se han ido añadiendo variedades a la lista de maíz Bt autorizado[72]. Dos años antes, en 1996 fue autorizado y comenzó a cultivarse en los EE.UU. Desde entonces, y durante cinco años, la Agencia del Medio Ambiente (EPA) de los EE.UU. desarrolló un exhaustivo seguimiento del comportamiento de estos cultivos, para tratar de aclarar muchas de las dudas que se habían creado acerca de su seguridad y sus potenciales peligros. En un informe final[73], concluyeron que la introducción de ADN de las proteínas Cry no mostraba ningún indicio de incidencia negativa sobre la salud humana, ni en cuanto a reacciones alérgicas inmediatas ni retardadas, ni por vía oral, ni por inhalación,

72 http://europa.eu/rapid/pressReleasesAction.do?reference=IP/04/1083&format=HTML&aged=0)

73 Biopesticides Registration Action Document - Bacillus thuringiensis Plant-Incorporated Protectants. EPA. Octubre 2001. http://www3.epa.gov/pesticides/chem_search/reg_actions/pip/bt_brad.htm

ni por exposición de la piel, ni en cuanto a la generación de toxinas o alérgenos para el hombre o animales superiores. Respecto a su posible impacto ambiental, no se observó riesgo significativo alguno en cuanto al paso de genes Bt a parientes silvestres o malezas. Entre otras cosas, porque en los países que cultivan maíz Bt no hay especies silvestres o malezas emparentadas con el maíz. En cuanto a su incidencia en otras especies no emparentadas, tampoco se observaron efectos sobre el entorno (plantas silvestres o invertebrados). De hecho, el informe consideraba que el cultivo de plantas Bt podía conllevar menos impactos negativos que el seguir utilizando los insecticidas químicos que se utilizaban antes de la tecnología Bt. Tampoco se describieron aumentos en la resistencia del taladro por exposición a la toxina Bt transgénica. A nivel local en España, a instancias de la Unión Europea, se han hecho estudios similares[74], que concluyen con idénticos resultados: no se han observado problemas. En cuanto a la acumulación de la proteína Bt en los suelos y sus efectos sobre los organismos, el único problema que se observó es que las proteínas Bt pueden unirse a las arcillas del suelo, y por tanto degradarse lentamente, siempre que el suelo sea ligeramente ácido. Pero esto en la práctica no ocurre, pues el maíz no crece bien en estos suelos. Por ello los agricultores han de reducir previamente la acidez del suelo para poder cultivar maíz, y con ello la proteína Bt se degrada rápidamente. Además, la eliminación de pesticidas sintéticos influía positivamente en la microflora del suelo. Por último, tampoco se observaron problemas de toxicidad sobre insectos distintos al taladro.

Por ser la primera variedad transgénica en autorizarse, el maíz Bt es el *conejillo de indias* de los cultivos transgénicos, el que más se ha estudiado y del que más datos se tienen. A día de hoy, hace ya 20 años que se cultiva el maíz Bt en los EE.UU., y 18 en Europa. Y todavía no se ha observado ningún problema en cuanto al uso controlado de estos cultivos. Aunque su incorporación al mercado no ha sido todo lo rápida que algunos hubieran esperado, los gobiernos de muchos países en los cinco conti-

74 Gómez-Barbero, M., Berbel, J., Rodríguez-Cerezo, E. *Adoption and performance of the first GM crop in troduced in EU agriculture: Bt maize in Spain* (2008). European Comission. http://ftp.jrc.es/EURdoc/JRC37046.pdf

Plantas de cacahuete normal y Bt. Ambas plantas han sido expuestas al taladro del maíz. La de arriba es infectada. La de abajo (Bt) resiste. Imagen de Georgia Tifton, de dominio público.

nentes van aprobando progresivamente el cultivo de variedades de maíz Bt adaptadas a sus regiones. En países en vías de desarrollo estas variedades suponen una forma económica y segura de alimentar a una población con importantes carencias dietéticas. Más cerca de nosotros, en la Unión Europea las variedades de maíz Bt autorizadas son más de 30. En España, hace más de diez años que hay cultivos comerciales de maíz Bt, fundamentalmente destinado a la industria de los piensos para animales.

Poco a poco se han ido creando más variedades con más características beneficiosas. Por ejemplo, en 2008 comenzaron a cultivarse variedades de maíz Bt que además incluían tolerancia al glifosato, uno de los herbicidas de amplio espectro más utilizados. Además de en maíz, la tecnología Bt ha sido aplicada a patatas, tomates, algodón o cacahuete, entre otros. Hay también variedades de tabaco, patata, tomate, pimiento, calabacín, soja, papaya, alfalfa, albaricoquero o ciruelo, por poner tan solo unos ejemplos, que incorporan resistencias a diversos virus o al glifosato, entre otras características. Por ejemplo, la soja resistente al glifosato está autorizada para importación y consumo desde 1996 y se usa en toda la Unión Europea. En los últimos tiempos se está trabajando también mucho en el desarrollo de resistencias a patógenos de tipo vírico, causantes de enormes pérdidas en los cultivos, y muy difíciles de tratar químicamente. Así, se están ensayando diversas estrategias de neutralización del virus en la planta, una vez ha sido infectada, basadas en impedirles su movilidad por la planta o que expresen su propia información genética, mediante la síntesis por parte de la planta transgénica de proteínas o ácidos nucleicos que interfieran con alguna parte del virus implicada en estos procesos. En los laboratorios, a esto se le llama *resistencia derivada del patógeno*. Quizás se le debería llamar *resistencia derivada del conocimiento de las características del patógeno en las que podemos interferir*.

PLANTAS MÁS RESISTENTES A CONDICIONES EXTREMAS

En ocasiones, un cultivo no es productivo sencillamente porque no se cultiva donde se debe. Hace algún tiempo, al agricultor que tenía un terreno poco propicio para sus cultivos, no le quedaba más opción que cultivar allí, sabiendo que su producción nunca sería la óptima. Por fortuna, hoy existen más opciones gracias a la tecnología del ADN recombinante. Hoy es posible cultivar ciertas variedades en zonas demasiado frías, o demasiado secas, o con una composición del suelo inadecuada para otras variedades. Un ejemplo podrían ser las plantas resistentes a las heladas gracias a la introducción de genes de otras plantas, de por sí resistentes. Este fue el caso del maíz resistente que se obtuvo mediante la inserción de genes de *Arabidopsis thaliana* que disparan la resistencia al frío[75]. O el de las plantas de *Eucalyptus globulus* modificada con genes de *Deschampsia antarctica*[76], la única planta capaz de sobrevivir a -30°C. En 2008, unos investigadores españoles del CSIC obtuvieron una patente sobre un gen que confiere propiedades de gran resistencia a las bajas temperaturas y además a la salinidad[77]. El mecanismo proporcionado por este gen es semejante al que permite que los peces sean capaces de permanecer vivos a bajas temperaturas, y que la concentración salina dentro de sus células sea tres veces menor que la que hay en el agua de mar que los rodea.

Existen muchos otros ejemplos de obtención de plantas más resistentes. De entre ellos hay uno especialmente atractivo por el relieve del personaje en cuestión, y sobre todo porque es un buen ejemplo del potencial de la biotecnología para aportar soluciones concretas a problemas concretos. En el capítulo 3 se hablaba de Luís Herrera Estrella como uno de los *padres* de las primeras plantas transgénicas. Una vez cumplido su ciclo doctoral en la Universidad de Gante volvió a su país natal, México, donde trabaja desde entonces. Allí, en Irapuato, durante la década de 1990 se dedicó a la obtención de plantas para eliminar la toxicidad provocada por el aluminio en suelos ácidos. El aluminio es el metal más abundante en la corteza terrestre, en

---

75 Al-Abed, D., Madasamy, P., Talla, R., Goldman, S., Rudrabhatla, S. (2007). Genetic engineering of maize with the Arabidopsis DREB1A/CBF3 gene using split-seed explants. Crop Science 47:2390-2402.

76 Tecnología patentada con la referencia US20050262586. *Low temperature responsive nucleotide sequences and uses thereof.* http://www.freepatentsonline.com/20050262586.pdf

77 http://www.geoscopio.com/est/gmms/ott/Planta_transgenica_RCI5_resistente_al_frio_y_estres_salino_productora_de_TMAO_CSIC_ENV025__96127.htm

la que está presente en forma de compuestos óxidos o silicatos insolubles. Esta abundancia y su facilidad de manejo ha hecho que esté presente en múltiples objetos de nuestra vida cotidiana (envases, botes de refrescos y conservas, partes de automóviles, carpintería, incluso naves espaciales). Por desgracia, tanto producto hecho de aluminio conlleva irremediablemente la generación de numerosos residuos. Cuando se solubilizan, estos residuos provocan un suelo ácido altamente tóxico para las plantas. En el año 2000, el problema más importante de la agricultura, después de la sequía, era el de la toxicidad provocada por el aluminio, que afectaba a casi el 40% por ciento de la superficie cultivable del planeta. Dado que las plantas cultivadas suelen ser en su mayoría susceptibles al efecto tóxico del aluminio, en muchos de estos lugares la producción agrícola es muy baja. Y esto era un problema que afectaba particularmente a determinadas zonas de México. Así que el Dr. Herrera se puso a investigar en ello.

Sus primeras investigaciones en este terreno se centraron en confirmar lo que otros antes habían observado: que aquellas plantas que mostraban una tolerancia natural al aluminio segregaban por las raíces una serie de ácidos orgánicos que neutralizaban la toxicidad del aluminio[78]. Una vez identificada la fuente de tolerancia al aluminio, el segundo paso sería modificar genéticamente las plantas para incrementar su capacidad de producir ácidos orgánicos, y hacerlas así resistentes al efecto tóxico del aluminio[79]. Los hallazgos del Dr. Herrera en este terreno han tenido repercusión en diversas partes del mundo, al permitir el cultivo de grandes extensiones con alto potencial agrícola, pero con suelos ácidos. En regiones con grandes zonas de selva tropical, esta solución permite utilizar nuevos espacios, inservibles hasta ahora, para el cultivo. De esta manera, se podría evitar, al menos durante algunas décadas, la desaparición de suelo de bosque tropical para convertirlo en suelo de cultivo.

El problema de los suelos ácidos no es nuevo. De hecho, exis-

78 De La Fuente, J.M., Herrera-Estrella, L. (1999). Advances in the understanding of aluminum toxicity and the development of aluminum tolerant transgenic plants. Advances in Agronomy, Vol. 66, Academic Press, 103-119.

79 De La Fuente, J.M., Ramirez-Rodriguez, V., Cabrera-Ponce, J.L., Herrera-Estrella, L. (1997). Aluminum tolerance in transgenic plants by alteration of citrate synthesis. Science. 276: 1566-1568.

ten soluciones tradicionales (denominadas *enmiendas*) para el problema: añadir cal (óxido de calcio) al suelo. La cal, una sustancia químicamente *básica*, neutraliza los ácidos, y por tanto los elimina del suelo. Del mismo modo que cuando tomamos bicarbonato de sodio (básico también), eliminamos la acidez del estómago. ¿Para qué entonces necesitamos plantas tolerantes al aluminio? ¿Por qué no seguimos echando cal? Porque con la lluvia, mucha de esta cal va a parar a ríos y lagos, alterando su acidez del mismo modo que en el suelo. Solo que en los ríos y lagos la acidez no necesita ser alterada. Está bien como está. Es decir, que para solucionar un problema en los suelos, se crea otro en ríos y lagos, y en la flora y fauna que los puebla. Y esto se puede evitar con estas plantas que neutralizan la toxicidad del aluminio, permiten el uso de suelos ácidos y además ayudan a evitar problemas ecológicos y medioambientales.

PLANTAS MÁS NUTRITIVAS

Una vez se vio que la creación de plantas más resistentes era posible, podríamos decir que los esfuerzos de la comunidad científica se encauzaron también hacia una segunda generación de plantas transgénicas, que tuvieran características nutricionales y organolépticas mejoradas. Que no solo fueran beneficiosas para el agricultor, sino también para el consumidor. El mayor y mejor conocimiento del metabolismo de las plantas permite mejorar los productos sin necesidad de añadir ninguna característica nueva, tan solo mejorando las que ya hay, sus propias características. El tomate es un buen ejemplo en el que se ha conseguido mejorar su textura y consistencia retardando su maduración. Y esto gracias a la incorporación de genes que dificultan la formación de los enzimas responsables de dicho proceso[80]. Así, los frutos tardan más en reblandecerse y perder la consistencia, y se alarga el periodo de conservación y almacenamiento del fruto en buen estado. También se han conseguido mejorar sus cuali-

80 Meli, V.S., Ghosh, S., Prabha, T.N., Chakraborty, N., Chakraborty, S., Datta, A. (2010). Enhancement of fruit shelf life by suppressing N-glycan processing enzymes. Proceedings of the National Academy of Sciences. 107: 2413-2418.

Tomates morados. Los tomates morados expresan un gen que permite la síntesis de antocianinas. La acumulación de antocianinas es lo que les proporciona el color característico, además de otra serie de propiedades beneficiosas. Los tomates rojos son tomates convencionales, sin modificación genética. Imágenes de Sue Bunnewell and Andrew Davis, cortesía de Cathie Martin, del John Innes Centre.

dades nutritivas, su sabor y otras propiedades mediante la inserción de genes de levaduras que promueven la síntesis de unas moléculas denominadas *poliaminas*[81].

Otro ejemplo no muy lejano en el tiempo fue el de los *tomates morados*[82] obtenidos en el John Innes Centre del Reino Unido. Gracias a la introducción de un gen para la síntesis de *antocianinas* procedente de otra planta rica en ellas, los tomates lucían un sorprendente color morado oscuro. Pero además, y esto es lo importante, eran ricos en antocianinas, moléculas con múltiples propiedades beneficiosas para la salud humana, de entre las que destaca su efecto anticancerígeno[83], [84].

Otro hito en este sentido ha sido conseguido hace relativamente poco tiempo, y sin necesidad de ir muy lejos a encontrarlo. Se trata del trigo apto para celíacos. Los celiacos padecen una intolerancia al gluten (una proteína típica de cereales como el trigo, la cebada o el centeno) que les provoca inflamaciones intestinales, diarreas, vómitos y pérdida de peso. No pueden, por tanto, consumir gluten ni alimentos derivados del trigo o del resto de cereales que tengan gluten. En 2010, el grupo liderado por el Prof. Francisco Barro en el Instituto de Agricultura Sostenible del CSIC, en Córdoba, publicaba en la prestigiosa revista PNAS un artículo[85] en el que demostraba que era posible obtener variedades de trigo con una bajísima toxicidad para los celíacos, gracias a que habían conseguido reducir enormemente la síntesis de gliadinas, unas proteínas que normalmente lleva el gluten del trigo y otros cereales como la cebada o el centeno, y que son las responsables de generar la respuesta inflamatoria

---

81 Matoo A.K., Chung S.H., Goyal R.K., Fatima T., Solomos T., Srivastava A., Handa A.K. (2007). Overaccumulation of higher polyamines in ripening transgenic tomato fruit revives metabolic memory, upregulates anabolism-related genes, and positively impacts nutritional quality. Journal of AOAC International. 90: 1456-1464.

82 Butelli E., Titta L., Giorgio M., Mock H.-P., Matros A., Peterek S., Schijlen E.G.W.M., Hall R.D., Bovy A.G., Luo J., Martin C. (2008). Enrichment of tomato fruit with health-promoting anthocyanins by expression of select transcription factors. Nature Biotechnology. 26: 1301-1308.

83 *EU scientists develop cancer-fighting purple tomatoes.* (27/10/2008). http://cordis.europa.eu/search/index.cfm?fuseaction=news.document&N_RCN=30026

84 Martin C. *How my purple tomato could save your life.* Daily Mail (8/11/2008). http://www.dailymail.co.uk/health/article-1084073/How-purple-tomato-save-life.html

85 Gil-Humanes J, Pistón F, Tollefsen S, Sollid LM, Barro F (2010). Effective shutdown in the expression of celiac disease-related wheat gliadin T-cell epitopes by RNA interference. PNAS 107 (39):17023-17028. doi:10.1073/pnas.1007773107

típica de la enfermedad celíaca. La investigación no quedó en el laboratorio, sino que se llevó a la vida real haciendo catas de pan fabricado con trigo normal, con trigo sin gluten y con harina de arroz. En paralelo, se hacían ensayos clínicos de inocuidad tanto en ratones como en humanos. El pan de trigo sin gluten y el normal eran prácticamente indistinguibles, y mucho más apreciados que el fabricado con harina de arroz. Se había dado con el gran «pelotazo» para conseguir abaratar el precio de los carísimos productos aptos para celiacos, y encima habíamos sido nosotros, los españoles, y gracias a un proyecto financiado con fondos públicos. ¡Qué bien! ¿No? Pues no. En 2016, este trigo aún no ha llegado a la sociedad, ni parece que lo vaya a hacer en breve[86]. Para empezar, el CSIC, dueño de la patente, la vendió en 2013 a una empresa extranjera, pues en España ninguna empresa se ha interesado por ella. ¿Por qué? Quizá por las mastodónticas barreras burocráticas de la Unión Europea que hacen que este tipo de desarrollos biotecnológicos no puedan llegar al mercado. Y eso que en este caso, ni siquiera estamos hablando de un transgénico, pues no lleva ningún gen de otra especie. Tan solo se han silenciado (inactivado) los genes del trigo responsables de la producción de las proteínas tóxicas para los celiacos. Pero da igual. Nuestras autoridades europeas no quieren transgénicos ni nada que se les parezca, aunque esto suponga seguir perjudicando sin motivo a una parte especialmente necesitada de la población para la que supuestamente trabajan.

Quizás el paradigma de las plantas modificadas para obtener alimentos con mejores propiedades nutritivas sea el *arroz dorado*. Como en el caso del maíz Bt, por ser pionero el arroz dorado ha sido el más popular y el más estudiado desde muchas perspectivas. El arroz dorado[87] (*Golden rice*) es una variedad de arroz diseñada por el científico suizo Ingo Potrykus y el alemán Peter Beyer para que sintetice y acumule en el grano comestible *β-caroteno* y otra serie de precursores de la vitamina A necesarios para que el organismo humano produzca dicha vitamina. El

86 La patente española del trigo para celíacos tendrá que buscarse la vida en el extranjero. El Confidencial (25/11/2015). http://goo.gl/iBaOWy

87 Ye X, Al-Babili S, Klöti A, Zhang J, Lucca P, Beyer P, Potrykus I. (2000). Engineering the provitamin A (beta-carotene) biosynthetic pathway into (carotenoid-free) rice endosperm. Science 287:303-305.

β-caroteno es el responsable del color naranja de las zanahorias y también de que este arroz tenga el color anaranjado-dorado que le da nombre.

La idea motora de este proyecto era ayudar a determinados países a solucionar algunos de sus problemas endémicos: el déficit de vitamina A y los problemas de salud que ello acarrea. Algunos países, sobre todo del sudeste asiático basan su alimentación desde hace milenios en el arroz y sus derivados. Una alimentación muy basada en el arroz conlleva déficits en determinadas sustancias esenciales para una buena salud. La falta de vitamina A en la población infantil es un hecho en el sudeste de Asia y ciertas áreas de África y Latinoamérica, y tiene graves consecuencias. Entre ellas, la ceguera. La OMS calcula entre 190 y 250 millones los niños y niñas que en 2012 todavía padecían esta carencia en todo el mundo. Para tratar de solucionar estos déficits, lo más lógico, efectivo y saludable es concienciar a la población para que adopte una dieta con mucha verdura fresca y huevos. Pero la realidad es que muchos de estos países son pobres y el acceso a la verdura fresca es difícil, sobre todo por parte de los sectores precisamente más afectados por estas carencias. Además tienen unos hábitos alimenticios basados en el arroz que son complicados de cambiar en toda la población. Para tener una noción de hasta qué punto el arroz es importante en estas culturas, basta decir que constituye el 30% de la ingesta calórica en Asia[88].

Por tanto, los Dres. Potrykus y Beyer tuvieron la idea de producir arroz modificado con un gen para la síntesis de vitamina A. De este modo se podía paliar el déficit vitamínico sin alterar las costumbres alimenticias de la población. Había surgido el arroz dorado. Cuatro años más tarde, en 2005, apareció una nueva variedad que aumentaba 23 veces la acumulación de betacaroteno frente a su predecesora. Estos científicos, junto con Adrian Dubock (entonces en la compañía Syngenta) y Gary Toenniessen de la Rockefeller Foundation, son considerados los padres del arroz dorado. No sin esfuerzo, consiguieron que la patente del arroz dorado estuviera a disposición de los agricul-

88 Para este y otros datos relativos a la relevancia del arroz: http://www.irri.org/science/ricestat/index.asp

Ingo Potrykus (izquierda) y Peter Beyer (derecha). Imagen cortesía de The Golden Rice Project (http://www.goldenrice.org), reproducida con autorización

tores más pobres de forma gratuita, sin pagar ningún tipo de regalía a las empresas involucradas, para tratar de paliar la malnutrición, su principal objetivo. A lo largo de la última década, distintos estudios científicos han demostrado que el consumo de este arroz no presenta alergias ni efecto secundario adverso alguno, y que es una fuente fiable, segura y abundante de vitamina A[89]. Tan solo esto, su finalidad, su objetivo humanitario y su potencial científicamente comprobado de salvar vidas aportando vitamina A, debería haber bastado para que se permitiera su cultivo al menos en los países más necesitados de él. Pero no

89 Se adjuntan tan solo algunos de estos muchos estudios:
G. Tang, J. Qin, G.G. Dolnikowski, R.M. Russell and M.A. Grusak (2009). Golden Rice is an effective source of vitamin A. American Journal of Clinical Nutrition, 89:1776–1783.
G. Tang, Y. Hu, S. Yin, Y. Wang, G.E. Dallal, M.A. Grusak and R.M. Russell (2012) -Carotene in Golden Rice is as good as -carotene in oil at providing vitamin A to children. American Journal of Clinical Nutrition, 96:658–664.
R.E. Goodman and J. Wise (2006). Bioinformatic analysis of proteins in Golden Rice 2 to assess potential allergenic cross-reactivity. Preliminary Report. University of Nebraska. Food Allergy Research and Resource Program.

ha sido suficiente. Ha habido gestos de apoyo, como el del Papa Francisco, que en 2013 bendijo el arroz dorado. Aunque es tan solo un gesto personal del Papa, que no de la Iglesia como institución, es un gesto importante para los católicos, sobre todo en países como Filipinas, con una alta incidencia de este tipo de avitaminosis, y donde el 80% de los habitantes se declaran católicos. Ha habido más gestos, como el galardón *Patentes para la Humanidad* que la Oficina de Política Científica y Tecnológica de la Casa Blanca y la Oficina de Patentes y Marcas de los EEUU otorgó en 2015 a este proyecto, denominado *The Golden Rice Humanitarian Project*[90]. A día de hoy, todavía se están realizando ensayos de campo en Filipinas o Bangladesh, entre otros. O dicho de otro modo, este proyecto sigue sin ver la luz al final del túnel. Es triste comprobar todo el tiempo que se ha perdido.

El caso del arroz dorado no es un caso aislado. Más bien al contrario, es la norma. Apenas se permiten alimentos modificados genéticamente, y los pocos legalizados suelen serlo bajo la condición de que no se destinen a consumo humano. Existe un elevado grado de rechazo por parte de la opinión pública, al que la clase política no es ajena en absoluto. Y esta es una de las razones fundamentales que ha hecho que estas líneas de investigación destinadas a un consumo final humano, aunque muy prometedoras en un principio, estén siendo progresivamente abandonadas. En el capítulo 13 profundizaremos en las causas y los promotores de este rechazo, y en los argumentos en que se basan.

PLANTAS BIOFACTORÍA

Existe una tercera generación de plantas transgénicas menos conocida que las anteriores hasta hace unos años. De un tiempo a esta parte, su impacto mediático se está incrementando notablemente. Quizá no por el procedimiento utilizado, que ya se conoce pues es básicamente el mismo que se utiliza para los casos anteriores, sino por la utilidad concreta de estas plantas.

90 Se puede encontrar mucha más información sobre el proyecto del arroz dorado, su utilidad y su situación legal actual en la web del Golden Rice Project: http://www.goldenrice.org/.

Estas plantas se modifican genéticamente con el objetivo de producir compuestos de interés para el hombre en el ámbito farmacéutico, biosanitario o industrial. Es decir, la idea es que la planta actúe como una factoría de compuestos de valor añadido, una *biofactoría*. Las plantas no son la única opción como biofactoría. De hecho, incluso antes que ellas se han utilizado microorganismos, bacterias, levaduras, hongos, incluso cultivos de células de mamífero o de insecto. Pero las plantas presentan una serie de ventajas frente a estos otros tipos de biofactorías. La primera es que es más barato cultivar una planta que, por ejemplo, montar un sistema de fermentación bacteriana en un biorreactor de acero inoxidable y en condiciones de esterilidad. La segunda, que la tecnología de recogida del producto ya está disponible: hace mucho tiempo que se sabe cómo cosechar y procesar plantas y sus productos a escala industrial. La tercera es que en algunos casos, en los que la planta biofactoría es una especie comestible, podría eliminarse la necesidad de purificar el compuesto, y administrar directamente la planta que contiene el compuesto de interés, en casos en los que la dosis de dicho compuesto no sea un factor a tener en cuenta. La cuarta ventaja es que se puede producir el compuesto en plantas a escala industrial. Y la quinta ventaja es que los productos sintetizados, o los genes que se introducen, se pueden dirigir a determinados compartimientos intracelulares o a determinadas células en concreto, de manera que tanto unos como otros queden confinados allí. Esto es ventajoso a la hora de purificar el producto, pues tan solo es necesario recoger los orgánulos o las células en cuestión, facilitando el proceso.

Sin embargo, la mayor ventaja de confinar la expresión de los transgenes a compartimentos concretos es la seguridad que proporciona. Esta propiedad es una magnífica estrategia de seguridad para evitar la posibilidad teórica de que los transgenes se dispersen y pasen a otros organismos de forma indeseada. Por ejemplo, se puede hacer, y de hecho se hace, que los genes se introduzcan en orgánulos de las células vegetales como los cloroplastos. Los cloroplastos son las «maquinas» que llevan a cabo la fotosíntesis, están llenos de clorofila y son los responsables del color verde de las plantas. Además tienen la peculiaridad de que son transmitidos de una generación a otra por vía materna exclusivamente. Los cloroplastos nunca pasan a los gametos masculinos del polen, que es la parte de la planta que se desplaza para poder polinizar y perpetuar las poblaciones. Es decir, si confinamos los transgenes a los cloroplastos, nos aseguramos de que jamás pasarán por vía sexual a otra planta no transgénica en origen. Desaparece así el peligro de diseminación por polen de los transgenes a otras poblaciones vegetales. Esto también se puede conseguir de otras formas, por ejemplo asegurándose de que el transgen no se exprese en el polen, o produciendo plantas *androestériles*. Estas plantas son directamente incapaces de producir polen, o lo producen pero no es viable o no es funcional para llevar a cabo la reproducción. Estos son solo unos ejemplos, pero hay muchos más que dejan bien claro que la producción de plantas transgénicas no es algo tan improvisado ni tan irracional como se pretende hacer ver desde algunos sectores de la opinión pública. Estas cosas se piensan, están muy reguladas, y se establecen mecanismos de seguridad.

Esquema de una célula vegetal, con sus orgánulos característicos, y el detalle de un cloroplasto, mostrando las membranas tilacoides.

En cualquier caso, este sector parece que goza de más predicamento que el anterior. Al parecer, la opinión pública pone menos trabas cuando se trata de fabricar medicinas transgénicas, pese a que van a ser consumidas por el ser humano igual que los alimentos transgénicos. Las causas de esta diferente percepción pueden ser de lo más variado. Por una parte, este campo ha comenzado a desarrollarse en tiempos más recientes, y todavía no se tiene tanta información como de otros. Muchas de las investigaciones no están ya listas para su inmediata aplicación práctica y real. Y en otros muchos casos, la legislación no permite dicha aplicación. Quizá cuando comiencen a aparecer en el mercado surja la polémica. No obstante, es posible que haya otras causas. Al parecer se percibe un menor riesgo en las biomoléculas obtenidas a partir de vegetales que en las obtenidas a partir de animales. Además, una medicina tiene como fin solucionar un problema que ya existe. Para tratar de solucionarlo se está dispuesto a asumir un riesgo mayor que si no hay problema, como es el caso de los alimentos transgénicos.

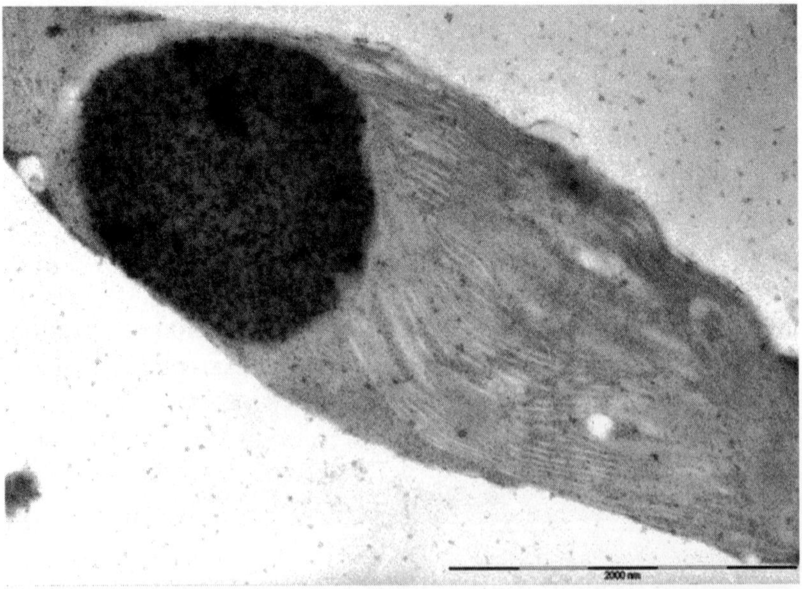

Cloroplasto de tabaco transgénico. Imagen de microscopía electrónica de transmisión mostrando un cloroplasto de tabaco transformado para expresar seroalbúmina humana. Esta proteína se acumula específicamente en el cloroplasto, donde queda confinada en forma de grandes gránulos proteicos, teñidos de negro en la imagen.

En el terreno de la producción de moléculas de interés en el tratamiento de enfermedades humanas, la planta estrella es el tabaco (*Nicotiana tabacum*) o alguna de sus especies relacionadas, como la *Nicotiana benthamina*, en las que se han ensayado la producción de muchas biomoléculas con actividad terapéutica. La razón de utilizar el género *Nicotiana* es la gran facilidad con la que responde a los tratamientos necesarios para su transformación genética y la regeneración *in vitro* de las plantas una vez transformadas. En tabaco se han desarrollado anticuerpos terapéuticos o de diagnostico clínico contra la caries dental (*Streptococcus mutans*), o para tratamientos contra el cáncer de colon o linfomas de células B. Se han desarrollado también vacunas contra las cepas patógenas humanas de la bacteria intestinal *Escherichia coli*, el virus de la hepatitis B, el virus de Norwalk (que provoca una enfermedad gastrointestinal), el citomegalovirus humano, el coronavirus transmisible de la gastroenteritis porcina, o el virus de papiloma humano, el que provoca el cáncer de cuello de útero. En estos casos, la estrategia es insertar en la planta el gen o los genes necesarios para que fabriquen una proteína idéntica a alguna de las que presenta el agente infeccioso, y que tenga actividad inmunogénica, es decir, que sea capaz de estimular la generación de anticuerpos. Este precisamente es el concepto de vacuna, la fabrique una planta o no. Así, una vez la planta ha hecho su trabajo, solo nos queda cosecharla y purificar la molécula.

El uso del tabaco además tiene una ventaja adicional, y es que de este modo se le daría una alternativa a las grandes extensiones que hay dedicadas al cultivo del tabaco, y a las personas que trabajan en ellas, ante el descenso en la demanda y consumo de las labores tradicionales del tabaco. Sería una bonita paradoja que después de todo, algún día se llegara a desarrollar en tabaco un remedio para el tabaquismo. Pero además de en tabaco, se han desarrollado también vacunas, anticuerpos y otros remedios en muchas otras especies, la mayoría comestibles como la patata, tomate, lechuga, alfalfa o soja. También se han desarrollado bananas, lechugas, mangos o papayas transgénicas capaces de producir vacunas frente a enfermedades como el tétanos, la malaria o la cisticercosis, entre otras muchas.

Se pueden también fabricar hormonas humanas en plantas. Una compañía canadiense (Sembiosys) obtuvo en 2007 semillas de *Carthamus tinctorius* (cártamo o alazor) modificadas con genes de la insulina humana[91]. La calidad de la insulina producida por esta planta era comparable a la humana, y cumplía las especificaciones requeridas para ser comercializada para el tratamiento de la diabetes. Todo ello con un rendimiento del 1,2% de insulina respecto al total de proteínas de la semilla. Otras hormonas, como la del crecimiento humano, también ha sido desarrollada en tabaco. Y además de hormonas, una gran cantidad de sustancias de interés farmacéutico o terapéutico como el colágeno para cosmética, el interferón-β para tratar la hepatitis B y C, la eritropoyetina para tratar la anemia, hemoglobinas α y β o seroalbúminas.

Dentro del ámbito de la generación de productos de interés industrial, parece que el producto estrella es el plástico. En concreto el biodegradable, dada la abrumadora tendencia a la acumulación de residuos plásticos en las regiones más desarrolladas, y que pese a las campañas de concienciación no tiene visos de retroceder. Desde hace ya años se sabe que hay bacterias capaces de sintetizar y almacenar *polihidroxibutirato* (PHB) como reserva energética en condiciones de estrés nutricional. El PHB es un polímero biodegradable con un gran valor comercial para la producción de plásticos, obviamente también biodegradables. La idea era sencilla: poner a las bacterias a trabajar para producir plásticos. Con la puesta a punto de herramientas para la transformación genética de plantas, se dio el siguiente paso: integrar en el genoma vegetal los genes que permiten a las bacterias producir PHB. De este modo podríamos beneficiarnos también en este caso de las ventajas del uso de plantas como biofactorías frente a otros organismos que requieren equipamientos complejos y costosos. La primera planta transgénica productora de PHB fue la especie *Arabidopsis thaliana*[92], el sistema modelo por excelencia para estudios de transformación genética. Sin embargo, *Arabidopsis* carece de utilidad más allá de los laboratorios. En realidad, se trata de una mala hierba. Quedaba pendiente probar si las plantas cultivables son capaces de ser también transformadas en este sentido. En 1999 se consiguió con

91 *Una fábrica vegetal de insulina.* BBC Mundo. 4/4/2007. http://news.bbc.co.uk/hi/spanish/science/newsid_6527000/6527165.stm

92 Poirier Y., Nawrath C., Somerville C. (1992). Polyhydroxybutyrate, a biodegradable thermoplastic, produced in transgenic plants. Science. 256:520–523.

la colza (*Brassica napus*)[93]. Tres años más tarde, en 2002 con la alfalfa[94]. Posteriormente se ha transformado con este fin tabaco, algodón, palma y lino[95]. También para la producción de plástico, en el capítulo 4 vimos la utilidad de las semillas de maíz para obtener PLA para usos textiles o de embalaje.

Otra aplicación que saltó a los medios de comunicación hace unos años fue el uso de la patata como productora de almidón industrial para la fabricación de papel, tejidos o adhesivos. Lo cierto es que esta utilidad del almidón de la patata no es nueva ni reciente en absoluto. Está bien estudiada. Y precisamente por esto se ha llegado a la conclusión de que sería interesante que el almidón fuera más puro. En realidad, el almidón de la patata es una mezcla de amilopectina (el polímero útil) al 75% y amilosa al 25%. Y la amilosa es indeseable para la elaboración de este tipo de productos a partir de almidón. Por ello, es necesario lavar y extraer la amilosa antes de poder utilizar la amilopectina. En marzo de 2010, la Comisión Europea aprobó el cultivo de la primera patata transgénica en Europa[96]. Se trata de la patata *Amflora*, de la empresa BASF. Esta patata está diseñada para sintetizar almidón sin amilosa, solo con amilopectina. De este modo, podrán ahorrarse todos los costes de purificación del almidón. Y al parecer, esto también redunda en un papel de mejor calidad. El del plástico y el almidón son tan solo dos ejemplos, pero la tendencia actual va hacia la utilización cada vez mayor de las plantas para la fabricación de materias primas de uso industrial, fundamentalmente por sus ventajas intrínsecas y por su mayor aceptación social, superior a las plantas transgénicas de uso alimentario.

---

93 Slater S., Mitsky T.A., Houmiel K.L., Hao M., Reiser S.E., Taylor N.B., Tran M., Valentin H.E., Rodriguez D.J., Stone D.A., Padgette S.R., Kishore G., Gruys K.J. (1999). Metabolic engineering of *Arabidopsis* and *Brassica* for poly(3-hydroxybutyrate-co-3-hydroxyvalerate) copolymer production. Nature Biotechnology. 17:1011–1016.

94 Saruul P., Srienc F., Somers D.A., Samac D.A. (2002). Production of a biodegradable plastic polymer, poly-β-hydroxybutyrate, in transgenic alfalfa. Crop Science. 42:919–927.

95 Revisado en Yunus A.M.M., Parveez G.K.A:, Ho C-L. (2008). Transgenic Plants Producing Polyhydroxyalkanoates. Asian Pacific Journal of Molecular Biology and Biotechnology.16:1-10.

96 La Comisión Europea autoriza el cultivo de una patata transgénica tras doce años de prohibición de OGM. ABC.es. http://www.abc.es/20100303/economia-economia/comision-europea-autoriza-cultivo-201003030637.html

CISGÉNESIS E INTRAGÉNESIS: ¿TRANSFORMACIÓN GENÉTICA SOCIALMENTE ACEPTABLE?

A lo largo de este capítulo hemos visto que la transformación genética de las plantas puede abrir la puerta a la generación de nuevas variedades de cultivos con mayor tolerancia al estrés, más eficientes en el uso de nutrientes, de más calidad como piensos y alimentos y con menos impacto sobre el medio ambiente. Sin embargo, en el mundo en general y en Europa en particular, esta tecnología ha sido recibida con considerable escepticismo entre la opinión pública. En consecuencia, también por los productores, la industria, los distribuidores y los comerciantes. Y en última instancia, por los políticos. Uno de los principales problemas que se atribuyen a los cultivos transgénicos se refiere a la mezcla de material genético entre especies sexualmente incompatibles. Es decir, la transferencia de genes más allá de las barreras impuestas por la naturaleza no es bien vista. Esta reserva está a menudo vinculada a la noción de respeto por la naturaleza, y al temor de que las nuevas combinaciones de genes impliquen riesgos potenciales para la salud y para el medio ambiente.

Conscientes de estos temores y reservas, algunos científicos han desarrollado nuevos conceptos de transformación que han denominado *cisgenesis* e *intragénesis*, y que pretenden erradicar de base estas reticencias. ¿Cómo? Respetando las barreras que impone la madre naturaleza. En la transgénesis los transgenes son transferidos entre especies aisladas reproductivamente. Por ejemplo, entre calamares y palmeras, o entre chimpancés y cocodrilos. Nunca sin transgénesis pasarían de una a otra, pues para eso están las barreras reproductivas. En la cisgenesis y la intragénesis, los *cisgenes* e *intragenes* son transferidos entre especies sexualmente compatibles o entre variedades de la misma especie[97]. Por ejemplo, entre pimientos dulces y pimientos picantes. O entre tomates *Raf* y tomates *Daniela*. O entre maíz salvaje (*teocintle*) y maíz cultivado. Es decir, las plantas se transforman con

97 Jacobsen, E., Schouten, H. (2008). Cisgenesis, a new tool for traditional plant breeding, should be exempted from the regulation on genetically modified organisms in a step by step approach. Potato Research 51: 75-88.

el material genético propio de su especie, o de especies con las que pueden cruzarse, siempre respetando las barreras naturales. ¿Y en qué se diferencias cisgénesis e intragénesis?

La cisgénesis consiste introducir en nuestra planta *diana* el cisgen de interés, y solo ese gen, sin ningún tipo de modificación ni alteración en su secuencia. Es decir, obtenemos el mismo producto final que se persigue con las técnicas de mejora genética convencional, con las que no se pueden transferir genes entre especies que no puedan cruzarse. Solo cambia el método, la transformación genética en lugar de la hibridación y la selección. Si el producto final es el mismo, ¿por qué entonces embarcarse en complejas técnicas de ingeniería genética en lugar de algo tan metodológicamente sencillo como cruzar plantas y seleccionarlas? Es una cuestión de rapidez y de *limpieza.* En las técnicas convencionales de mejora genética se transfieren características entre individuos cruzándolos y seleccionando aquellos descendientes que manifiesten dicha característica. Pero esto no excluye la posibilidad de que junto con el carácter de interés se transfieran otros genes que resulten indeseables. Por ello en muchos casos se han de utilizar procesos de selección recurrente para *limpiar* nuestra variedad de todos aquellos genes que no interesan. Y en ocasiones, tras años de trabajo no se llega a conseguir totalmente. Se obtienen productos mejorados, pero «no del todo». En cambio, con la cisgénesis se insertaría directamente el gen o genes responsables de la característica de interés, y nada más. Ningún otro gen acompañante, y por tanto ningún otro carácter indeseable. Se trata de un procedimiento más limpio. Utilizando un símil sencillo, podríamos comparar la transferencia de genes con la tarea de un relojero que debe montar y hacer encajar las pequeñas piezas dentro del reducido espacio de un reloj de pulsera. En este contexto, la diferencia entre la mejora genética y la cisgénesis sería la que hay entre utilizar grandes destornilladores, alicates y tenazas de fontanero, o pinzas pequeñas y afiladas e instrumental de precisión para montar la diminuta maquinaria. Además de limpio, no hay que olvidar que es también mucho más rápido, pues evitamos tener que cruzar y esperar a que la planta crezca y dé semillas durante varias generaciones. Y más rápido significa también más barato.

Por su parte, la intragénesis consiste también en introducir genes de especies relacionadas, como en el caso anterior, pero en este caso los genes pueden modificarse a voluntad, no es necesario usarlos tal como vienen en la naturaleza. De acuerdo a la definición de Rommens[98], la intragénesis se definiría como el aislamiento de elementos genéticos específicos de una planta, la recombinación a voluntad de estos elementos *in vitro*, de manera que partiendo de ellos o de sus partes, se generan otras construcciones no presentes originariamente en la naturaleza, y finalmente la inserción de las construcciones resultantes en una planta que pertenece al mismo grupo de compatibilidad sexual que la planta de la que se aislaron los genes, los intragenes. Dicho de otro modo más simple: es una cisgénesis en la que el ADN a insertar no se inserta tal cual, sino que se modifica antes. Pero esa modificación no puede implicar añadirle secuencias que originariamente no contenga la especie, sino que debe ceñirse a reordenar lo que previamente hay. Por ejemplo, pueden tomarse los genes que codifican tres proteínas distintas de pimiento dulce, cortarse las partes que interesen de cada uno de esos tres genes, juntarlas en un intragen «mixto» que combine las tres secuencias, y finalmente insertar esta construcción en un pimiento picante De este modo, el pimiento picante producirá una proteína que antes no producía, que proviene de un pimiento dulce, no de otra especie lejana y ajena al pimiento, pero que tampoco existía en el pimiento dulce, pues es la combinación de partes de tres de sus genes.

Frente a la transgénesis, la cisgénesis y la intragénesis son relativamente nuevas. Aunque la tecnología es la misma, aún no se ha aplicado tan extensamente. Uno de los países pioneros en la introducción de estas técnicas ha sido Holanda. Varios de sus programas de cisgénesis e intragénesis más importantes han tenido como objetivo la mejora de la patata (*Solanum tuberosum*)[99] y el manzano (*Malus domestica*)[105]. En patata se inició un programa para la obtención de variedades cisgénicas resistentes a una de sus principales plagas, el *mildiu* o *tizón de la patata*, provocada por el hongo *Phytophthora infestans*. Las fuentes de resistencia eran

98 Rommens, C.M. (2004). All-native DNA transformation: a new approach to plant genetic engineering. Trends in Plant Sciences, 9: 457–464.

99 Haverkort, A., Boonekamp, P., Hutten, R., Jacobsen, E., Lotz, L., Kessel, G., Visser, R., van der Vossen, E. (2008). Societal costs of late blight in potato and prospects of durable resistance through cisgenic modification. Potato Research 51: 47-57.

Patatas cisgénicas. De las dos filas de plantas, expuestas al hongo *Phytophthora infestans*, las de la izquierda son cisgénicas resistentes. Las de la derecha, infectadas, son la variedad tradicional. Nótese la diferencia de aspecto. Imagen de Ronald Hutten bajo licencia *Creative Commons Attribution 3.0.*

variedades silvestres de *Solanum* relacionadas. En los manzanos se ha tratado introducir desde otras especies de *Malus* relacionadas, genes de resistencia a la *sarna del manzano* ocasionada por el hongo *Venturia inaequalis.* También hay programas para la transferencia de genes que mejoren el nivel de antioxidantes naturales de los cultivares élite. En cuanto a la intragénesis, la patata ha sido el cultivo más utilizado, y lo ha sido aplicando principalmente estrategias de silenciamiento génico. Es decir, tratar de generar secuencias que silencien (inactiven) genes cuyo producto sea indeseable. Así se han desarrollado variedades de patata con menor contenido en asparagina[100], un aminoácido que al freír la patata se transforma en acrilamida, sustancia cla-

100 Chawla R., Shakya R. and Rommens C.M. (2012). Tuber-specific silencing of asparagine synthetase-1 reduces the acrylamide-forming potential of potatoes grown in the field without affecting tuber shape and yield. Plant Biotechnology Journal, 10:913–924.

sificada por la OMS como probablemente cancerígena. Es decir, patatas que al freírlas producen menos acrilamida y son, por tanto, más saludable. En los EEUU, este desarrollo ya ha dado el salto desde el laboratorio al mercado. Concretamente desde marzo de 2015, fecha en que la Food and Drug Administration (FDA) autorizó el cultivo de la variedad Innate[101] de la empresa J.R. Simplot, por ser «tan segura y nutritiva como las variedades convencionales»[102]. Esta variedad, además, contiene resistencias a plagas, y un menor pardeamiento (oscurecimiento por oxidación cuando se pela y se deja expuesta al aire). El mismo comunicado de la FDA mencionado hace tan solo unas pocas líneas, se autorizaba también el cultivo de las manzanas Arctic[103]. Estas manzanas han sido modificadas para no producir *polifenol oxidasa*, el enzima responsable del pardeamiento de algunas frutas y verduras. Es decir, que estas manzanas no se ponen feas cuando se pelan o se magullan. También hay manzanos resistentes a la sarna del manzano desarrollados también mediante intragénesis, y actualmente en la fase de ensayos de campo en Europa. Son tan solo unos pocos ejemplos de los muchos que existen a día de hoy[104].

Las claras ventajas de estas técnicas permiten que se mejoren cultivos que de otro modo no podrían mejorarse, pues los costes de abordar un programa de mejora no son compensados por los beneficios que se esperan obtener. Es decir, se abre *en teoría* la puerta de la biotecnología vegetal a pequeñas compañías que no tienen recursos para abordar grandes programas de mejora, y mucho menos de transgénesis. Se abre en teoría, porque en la práctica este tipo de técnicas están reguladas por la misma legislación que se aplica a los transgénicos, y que implica un sinfín de medidas de seguridad y de procesos de verificación y control. Salvo en Canadá, donde la regulación se basa en el producto

101 http://www.simplotplantsciences.com

102 FDA (2015). FDA concludes Arctic Apples and Innate Potatoes are safe for consumption. http://www.fda.gov/NewsEvents/Newsroom/PressAnnouncements/ucm439121.htm

103 http://www.arcticapples.com

104 Pueden encontrarse muchos otros ejemplos de variedades desarrolladas mendiante intragénesis y transgénesis en: Holme I.B., Wendt T., Holm P.B. (2013). Intragenesis and cisgenesis as alternatives to transgenic crop development. Plant Biotechnology Journal, 11(4):395–407. doi: 10.1111/pbi.12055

final obtenido, en la gran mayoría de los países desarrollados la regulación está basada en el proceso, en cómo se obtienen los productos. Con este enfoque, la cisgénesis, la intragénesis y la transgénesis son parecidas. Sin embargo, hay científicos que abogan[97], [105], [106] por que se suavice la regulación de este tipo de productos, en particular de los cisgénicos, pues en definitiva no son nada distinto de lo que se obtiene con la mejora convencional, y que es comercializado y consumido sin problemas ni rechazos. De hecho, un informe[107] de 2012 de la Autoridad Europea en Seguridad Alimentaria (EFSA), realizado a petición de la Comisión Europea, concluye que, mientras que los riesgos teóricos de una variedad intragénica podrían ser similares a los de cualquier otra variedad transgénica, en el caso de las variedades cisgénicas los posibles riesgos son comparables a los que podría tener (siempre en teoría) una variedad obtenida por mejora genética convencional, sin manipular su ADN en laboratorio. Por este motivo, lo que se pretende es que a los productos cisgénicos se les aplique la misma legislación que a los productos procedentes de la mejora genética tradicional. Ni más ni menos. Esto abarataría más aún los costes, pues si se eliminan las pruebas y controles establecidos para los transgénicos, pero que se antojan innecesarios en este caso, el acceso de la pequeña empresa y el pequeño agricultor a esta tecnología será aún mayor. Sin embargo, y pese a los informes de la EFSA, la legislación europea aún no ha cambiado en este sentido.

Si algo podemos concluir de lo visto a lo largo de este capítulo es que con seguridad las plantas modificadas genéticamente seguirán siendo con diferencia las estrellas de la biotecnología verde. La mezcla del claro interés práctico que tienen estas plantas para el ser humano y la controversia y las disquisiciones éticas, económicas y sociales que plantea su uso en sectores tan relevantes como el agrícola, el alimentario o el sanitario, seguirá engordando durante mucho tiempo el monstruo mediático en el

105 Schouten, H.J., Krens, F.A., Jacobsen, E. (2006). Cisgenic plants are similar to traditionally bred plants: EMBO Reports 7: 750-753.

106 Schouten H.J., Jacobsen E. (2008). Cisgenesis and intragenesis, sisters in innovative plant breeding. Trends in Plant Science 13: 260-261.

107 EFSA (2012). Scientific opinion addressing the safety assessment of plants developed through cisgenesis and intragenesis. EFSA Journal, 10(2):2561.

que se han convertido. En este capítulo hemos visto una serie de aplicaciones de la transformación genética vegetal, sea con genes propios de la especie (cisgénesis e intragénesis) o con genes ajenos a ella (transgénesis). En capítulos anteriores también vimos varios, y en los próximos aún quedarán algunos por comentar. Pero ni mucho menos son las únicas aplicaciones posibles de la transformación. Cuando se termine este libro todavía quedarán muchas, muchísimas por comentar. Tantas como la imaginación humana sea capaz de idear. Este es realmente el gran potencial de la transformación genética.

OTRAS APLICACIONES BIOTECNOLÓGICAS DEL CULTIVO *IN VITRO*

En un laboratorio, mediante técnicas biotecnológicas de cultivo *in vitro*, es posible ir mucho más allá de lo visto hasta ahora en la explotación de la totipotencia celular vegetal. El cultivo *in vitro* posibilita la regeneración en poco tiempo y un espacio muy reducido, de un gran número de plantas genéticamente iguales (en principio), a partir de una o unas pocas células individuales, un pequeño fragmento de tejido o incluso un órgano completo. Para ello es necesario (1) mantener condiciones totalmente asépticas —en laboratorio— y (2) aplicar al cultivo los estímulos externos adecuados. Por tanto, desde un punto de vista más metodológico, podríamos definir el cultivo *in vitro* como *el conjunto de técnicas diseñadas para el crecimiento y multiplicación de células, tejidos u órganos utilizando soluciones nutritivas y fitohormonas en un entorno aséptico y controlado.*

En la actualidad, hay protocolos puestos a punto para el cultivo *in vitro* de un elevadísimo número de especies vegetales a partir de explantes de muy distinta naturaleza. De hecho, un cultivo *in vitro* puede iniciarse a partir de prácticamente cualquier parte de la planta (tallo, hoja, semilla, embrión, cotiledones, raíz, etc), siempre y cuando se disponga del protocolo experimental adecuado. Lo más sencillo es seleccionar aquellas partes de la planta que se encuentran menos diferenciadas y más activas en crecimiento, como son las *regiones meristemáticas,* que son las zonas por donde crece la planta de forma natural. A partir de ellas, se suele inducir la formación de un callo, sobre el que, dependiendo de las condiciones que se utilicen, es posible regenerar una planta a través de dos vías. Por un lado, mediante un proceso denominado *embriogénesis somática* por el que se induce la aparición directa sobre el callo de embriones asexuales (somáticos) que crecerán, madurarán y germinarán dando lugar a una nueva planta. Y por otro lado, mediante un proceso conocido como *organogénesis*, por el que se regenera la planta mediante la formación sobre el callo de los distintos órganos que la componen sin pasar por una etapa embrionaria. De los callos también se pueden disgregar células sueltas, individuales, en suspensión, sobre las que inducir la regeneración de nuevos individuos por las vías antes mencionadas, pero partiendo de una única célula. Estos procesos, entendidos en su totalidad o en parte, son la base del cultivo *in vitro*.

Estas propiedades de los cultivos *in vitro* tienen un gran potencial de ser aplicadas a distintos procesos de interés para el ser humano dentro del contexto de la biotecnología. Dado este potencial, a partir de mediados de la década de 1960, cuando comenzaron a popularizarse este tipo de metodologías, el cultivo *in vitro* comenzó a crecer como disciplina científica independiente, al tiempo que crecía notablemente el número de laboratorios que comenzaron a dedicarse a esto en todo el mundo, tanto en centros de investigación como en industrias. Esto, a su vez, permitió un aumento espectacular en el uso y aplicación de estas técnicas para abordar diversos problemas en el contexto de la biología básica, la agricultura, la horticultura o la silvicultura. Actualmente, el principal impacto y potencial de futuro del cultivo *in vitro* se centra en ocho grandes áreas. De ellas, una de las más importantes tiene que ver con la mejora vegetal, en la que el cultivo *in vitro* ayuda a solucionar muchos problemas relativos sobre todo a la hibridación, como vimos en el capítulo 5. También vimos en él que el cultivo *in vitro* puede ser una herramienta muy útil para la conservación de especies en peligro de extinción y de recursos fitogenéticos (germoplasma). Más allá de la mejora vegetal, el cultivo *in vitro* es también una valiosa herramienta biotecnológica en otras seis áreas, que veremos a continuación:

— como modelo experimental para estudios básicos;
— en la obtención de plantas libres de patógenos;
— en la propagación clonal de plantas para la producción comercial;
— en la producción de semillas artificiales con embriones somáticos dentro;
— en la ingeniería metabólica para la obtención de productos naturales y metabolitos secundarios
— y en la generación y explotación de la variación somaclonal.

ESTUDIOS BÁSICOS

El hecho de poder disponer de un sistema experimental fácilmente manipulable a voluntad en el laboratorio, en condiciones controladas, ha permitido abordar estudios que con plantas completas hubieran sido mucho más difíciles. Y no solo es cuestión de dificultad, sino también de rapidez en la obtención de resultados. Los cultivos *in vitro* de células o tejidos sirven no solo para entender qué le sucede a una célula vegetal cuando es cultivada *in vitro,* sino que luego se puede extrapolar la información obtenida a situaciones *in vivo,* naturales. Salvando las distancias, naturalmente. La nutrición celular fue el primer aspecto investigado del cultivo de tejidos vegetales. Los cultivos *in vitro,* y en particular las suspensiones celulares se convirtieron en herramientas sumamente útiles para el estudio del metabolismo primario y secundario. Por ejemplo, se han utilizado suspensiones celulares para estudiar la regulación del nitrógeno inorgánico y la asimilación del azufre, el metabolismo de los carbohidratos, o el metabolismo fotosintético del carbono. Estos trabajos, además de aportar datos sobre los aspectos directamente abordados en ellos, han dejado bien a las claras la utilidad de los cultivos celulares para el análisis de las distintas rutas bioquímicas y metabólicas, y han puesto en evidencia el potencial de los cultivos celulares para sintetizar sustancias de interés comercial, como más adelante veremos.

La *morfogénesis,* o el origen de la forma, es otra área de investigación a la que rápidamente se asoció el cultivo de tejidos, y a la cual el cultivo de tejidos ha contribuido significativamente tanto en términos de conocimientos fundamentales como de su aplicación práctica. Resulta evidente que la posibilidad de ver directamente cómo crecen las células y cómo se transforman los tejidos dentro de una placa de cultivo transparente, sin estar tapados por el resto de tejidos de la planta, hace muy fácil el estudio de estos cambios en la forma y la anatomía. Por ejemplo, la reproducción *in vitro* de sistemas de *xilogénesis* (formación del *xilema,* el tejido vascular leñoso de las plantas), o la formación de *traqueidas* (las células de estos tejidos vasculares) han sido muy útiles para estudiar los distintos procesos que se disparan como consecuencia de la diferenciación celular. Otro aspecto muy importante de la morfogénesis, como es la embriogénesis, también ha experimentado enormes progresos gracias al estudio de los cultivos *in vitro.* Por un lado, gracias a los progresos realizados en la inducción de embriones somáticos, a partir de callos de explantes somáticos. Y por otro lado, desde que se decubrió la posibilidad de inducir embriones derivados de cultivos de polen (androgénesis, capítulo 4). En ambos casos tenemos la posibilidad de ver «en directo» cómo surge un embrión desde el principio, cómo recorre todas las fases de su desarrollo, y cómo finalmente se transforma en una planta al germinar. Pensemos en lo difícil que sería observar esto en un embrión cigótico, sexual, dentro de la semilla, que a su vez están dentro de un fruto. Difícil no, imposible a no ser que se extraiga de la semilla. Y si se extrae, es probable que muera y no lo veamos crecer.

PLANTAS LIBRES DE PATÓGENOS

Mediante técnicas de cultivo *in vitro* es posible desinfectar completamente una planta, mediante una técnica que se denomina *cultivo de meristemos.* Los meristemos son las zonas de crecimiento de las plantas. Las plantas, durante su vida, van aumentando de tamaño en todas sus partes, en todos sus órganos. Pero el aumento de tamaño se debe a que cada una de las células que lo componen aumenta de tamaño, y no a que se produzcan más células nuevas, por división, en todas partes. Solo en unas zonas muy concretas de la planta, los meristemos, es donde se concentran las divisiones de las células. Esas zonas son claramente identificables: si vemos cómo crece una plántula recién germinada, pronto concluiremos que lo que se desarrolla principalmente es la parte de arriba, la apical, y la parte de abajo, la radicular, la raíz. Ahí, en los brotes apicales y en las raíces, están los principales meristemos de las plantas, el *meristemo apical* y el *radicular.* Luego, conforme crece la planta, vemos que también le salen ramas. Primero surge una yema, y de la yema brota una rama. Esas yemas son los *meristemos axilares.* Las células de los meristemos están especializadas justo en eso, en dividirse. No hacen otra cosa.

Hace ya varias décadas que se sabe que aunque una planta esté muy infectada por virus o bacterias, los meristemos permanecen limpios. La razón es que los tejidos vasculares por los que el virus se mueve no llegan a los meristemos. Y en base a ello, se pensó que si se separaba el meristemo, el apical o los axilares por ser los más accesibles, y se trataba de regenerar una nueva planta a partir de ellos, la nueva planta estaría absolutamente limpia. Y así fue. Esta técnica de saneamiento del material vegetal mediante el cultivo de meristemos viene siendo ampliamente utilizada, sola o combinada con tratamientos de calor (*termoterapia*), desde de la década de 1960[108]. Este enfoque es especialmente necesario en el caso de materiales infectados por virus, ya que en los otros dos casos, tanto bacterias como hongos pueden ser combatidos y eliminados de las plantas eficazmente mediante el uso de agentes bactericidas y fungicidas.

Uno de los ejemplos más llamativos de obtención de plantas libres de patógenos mediante técnicas biotecnológicas lo tenemos muy cerca, tan cerca como en Moncada, Valencia, en el Instituto Valenciano de Investigaciones Agrarias (IVIA), donde el grupo del Prof. Luís Navarro se ha enorgullecido durante años de haber renovado la citricultura española. En una entrevista de 2004, el Prof. Navarro (ahora ya jubilado) admitía que el 85% de los cítricos de España salían de los tubos de ensayos de su centro[109]. ¿Por qué? Porque hace ya muchos años, en la

108 Quack, F. (1961). Heat treatment and substances inhibiting virus multiplication in meristem culture to obtain virus-free plants. Advances in Horticultural Sciences and their Applications. 1:144-148.

109 Cítricos: Navarro, el 85% de los cítricos en España se origina en los tubos de ensayos del IVIA. Infoagro. http://www.infoagro.com/noticias/2004/6/9390_citricos_navarro_85_citricos_espa%C3%B1a_se_origina_tub.asp

década de los 70, durante su estancia en el laboratorio del Prof. Toshio Murashige (si, si, el del medio Murashige y Skoog que viste en el Capítulo 3) en Riverside, California, inventó la técnica del *microinjerto*[110]. Esta técnica consiste en aislar el meristemo apical (libre de patógenos, como ya sabemos) de una planta infectada, e injertarlo *in vitro* en una plántula recién germinada, también «limpia», en lugar de su meristemo original que previamente habremos eliminado. O sea, un injerto en miniatura, un microinjerto como su propio nombre indica. Gracias a la aplicación de esta técnica a los naranjos españoles, severamente afectados por distintas plagas, se pudo desarrollar un amplio programa de mejora sanitaria de cítricos sin precedentes, que logró una renovación total de nuestra citricultura y un control de las enfermedades que afectaban al cultivo. El éxito de la técnica hizo que por primera vez se extrapolara un programa de este tipo a gran escala en el todo mundo para leñosas. Además, se adaptó a otras especies como el manzano, el melocotón o la vid, entre otros. Todo un éxito, vamos. La próxima vez que te comas una naranja, recuerda que hay un 85% de probabilidades de que tengas que darle las gracias al grupo del Prof. Navarro.

Otro de los usos de las plantas libres de patógenos se refiere al almacenamiento y conservación del material vegetal en bancos de germoplasma, como acabamos de ver. Antes de prepararlos para su almacenamiento a largo plazo, debemos asegurarnos de que no contienen ningún patógeno, y en especial virus. Otra de las utilidades más relevantes del cultivo de meristemos tiene que ver con el transporte de material vegetal vivo a través de las fronteras internacionales. Para que las naciones permitan la importación de material vegetal vivo, lo primero que exigen como condición imprescindible es un estado fitosanitario adecuado. Lógico. A ningún gobierno le apetece que en su país le introduzcan una enfermedad que no tenían, y que se expanda a la flora local que no está preparada para resistir pues nunca la ha padecido.

110 Se puede encontrar una buena revisión de esta técnica y su evolución a lo largo de los años, escrita por el propio Luís Navarro, en: Navarro L (1992). Citrus shoot tip grafting in vitro. En: Bajaj YPS (ed) High-Tech and Micropropagation II. Springer Berlin Heidelberg, Berlin, Heidelberg, pp 327-338.

PROPAGACIÓN CLONAL

La propagación (multiplicación) vegetativa (o clonal, es lo mismo) de las plantas consiste en el aprovechamiento de la capacidad totipotente de las células vegetales para generar muchos brotes a partir de pequeños fragmentos de tejido vegetal o incluso células aisladas, de forma asexual, rápida y en muy poco espacio. Es decir, obtener muchas plantas y muy rápido en poco espacio. Una magnífica forma de abaratar costes de producción de material vegetal. El uso de la tecnología de cultivo de tejidos para la propagación clonal es la aplicación más utilizada del cultivo *in vitro*. Se ha utilizado con toda clase de plantas, aunque todavía quedan algunos problemas por resolver. Por ejemplo la *hiperhidricidad* o acumulación excesiva de agua en los tejidos como consecuencia del cultivo *in vitro* en una placa o bote cerrado herméticamente. O la aparición ocasional de plantas aberrantes, con características negativas distintas a la original o incluso malformaciones.

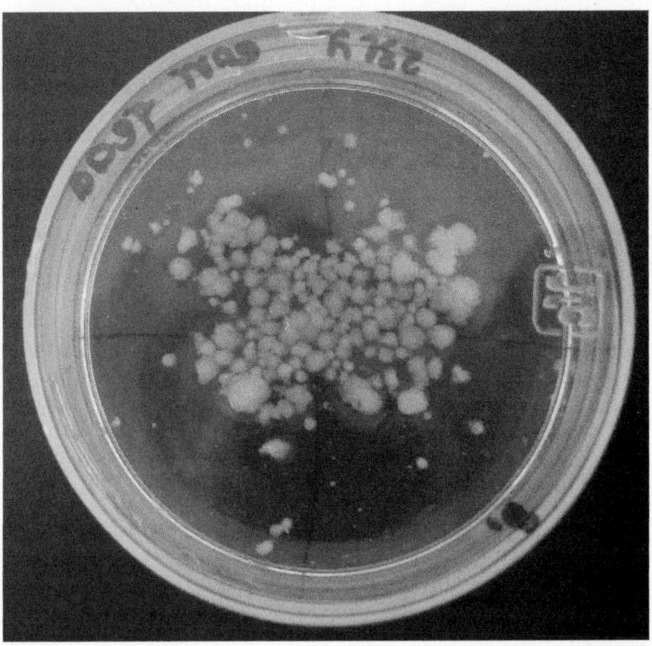

Callos de cultivo de berenjena. En tan solo una placa de 6 cm de diámetro se pueden obtener decenas y hasta cientos de callos procedentes de células aisladas.

Se utilizan básicamente tres estrategias para la micropropagación: (1) utilización de yemas axilares, (2) obtención directa o indirecta de brotes adventicios generados sobre el callo, y (3) embriogénesis somática, también directa o indirectamente en los explantes. Las yemas axilares producen menor número de plántulas que los otros métodos, pero genéticamente son más fieles a la planta donante del explante. A modo de ejemplo, numerosas plantas ornamentales son propagadas comercialmente a través de yemas axilares. En cuanto a la embriogénesis somática, la veremos en la siguiente sección.

A escala de laboratorio, hay multitud de protocolos para muchas clases de plantas, incluidos cultivos de campo, hortalizas, frutales y forestales. Se podría decir, quizás con algo de optimismo, que con el tiempo y paciencia necesarios para dar con las condiciones adecuadas, no habría especie vegetal que se resista a la propagación clonal. Sin embargo, y a pesar de la abundancia de información que existe actualmente sobre cómo clonar innumerables especies, muy a menudo no se produce el salto del laboratorio al uso comercial de la técnica debido al consiguiente escalado de los costes de producción, que suelen ser el factor limitante. Solo se hace cuando los costes de producción son bajos porque es fácil su cultivo *in vitro*, no requiere de medios de cultivo caros y complejos, y la especie responde bien, con lo cual compensa. O bien cuando no es tan fácil y los costes no son tan bajos, pero la especie en cuestión tiene un valor añadido que permite venderla a un precio considerable, con lo cual también compensa. Es el caso de ciertas ornamentales.

EMBRIONES SOMÁTICOS Y SEMILLAS ARTIFICIALES

Al principio del capítulo veíamos que además de la organogénesis, había otra vía, la embriogénesis somática, por la cual se podían regenerar plantas haciendo que sobre los callos aparecieran pequeños embriones somáticos, que luego crecen, se pueden separar del callo, y hacer germinar individualmente. Cada embrión dará lugar a una nueva planta, por una vía de desarrollo más parecida a la natural, la cigótica, y por consiguiente estará menos expuesta a la aparición de problemas de desarrollo. Hoy en día es incluso posible obtener embriones de células individuales, y no solo de callos. Y como vimos en el caso de la androgénesis o la ginogénesis, también de células implicadas en la reproducción. La embriogénesis somática tuvo su salto definitivo fundamentalmente en la década de 1980, en la que se consiguieron los primeros éxitos en cereales, gramíneas, leguminosas y coníferas, hasta entonces consideradas como recalcitrantes. Esta técnica tiene un enorme potencial para producir un gran número de plántulas, pero tiene la contrapartida de que el número de especies susceptibles a esta técnica es menor que en las otras dos técnicas vistas en la sección anterior, el cultivo de yemas axilares y la regeneración de brotes a partir de callos.

Sin embargo, la embriogénesis somática tiene una grandísima ventaja frente a estas otras dos técnicas, y es que se pueden producir semillas artificiales. Este proceso de embriogénesis somática fue descrito por primera vez en 1958, aunque fue en 1977 Toshio Murashige (sí, de nuevo él) quien expuso formalmente la idea de las semillas sintéticas en el congreso de la Sociedad Internacional de Ciencias Hortícolas de Gante (Bélgica)[111]. Una vez obtenido el embrión somático, se encapsula en pequeños contenedores, rellenos de un material protector inerte (alginato). Este material debe además incluir nutrientes y antibióticos o fungicidas para una correcta preservación del embrión somático. La utilidad principal de este método es la de producir plantas genética y morfológicamente iguales (clones) a la especie de la que derivan. Y esto es especialmente útil en especies o individuos que tengan un cierto valor o característica que interese conservar. Por ejemplo en agricultura, para cultivar plantas con ciertas características de producción o calidad que no nos interese que varíen por la reproducción sexual, o para obtener semillas resistentes y duraderas de plantas que producen poca semilla, o de mala calidad. También son útiles para conservar por ejemplo en bancos de germoplasma, semillas delicadas que no se pueden deshidratar para su conservación por tener un elevado grado de humedad. Si se deshidratan para su conservación,

111 Murashige T. (1977). Plant cell and organ cultures as horticultural practices. Acta Horticulturae. 78: 17-30

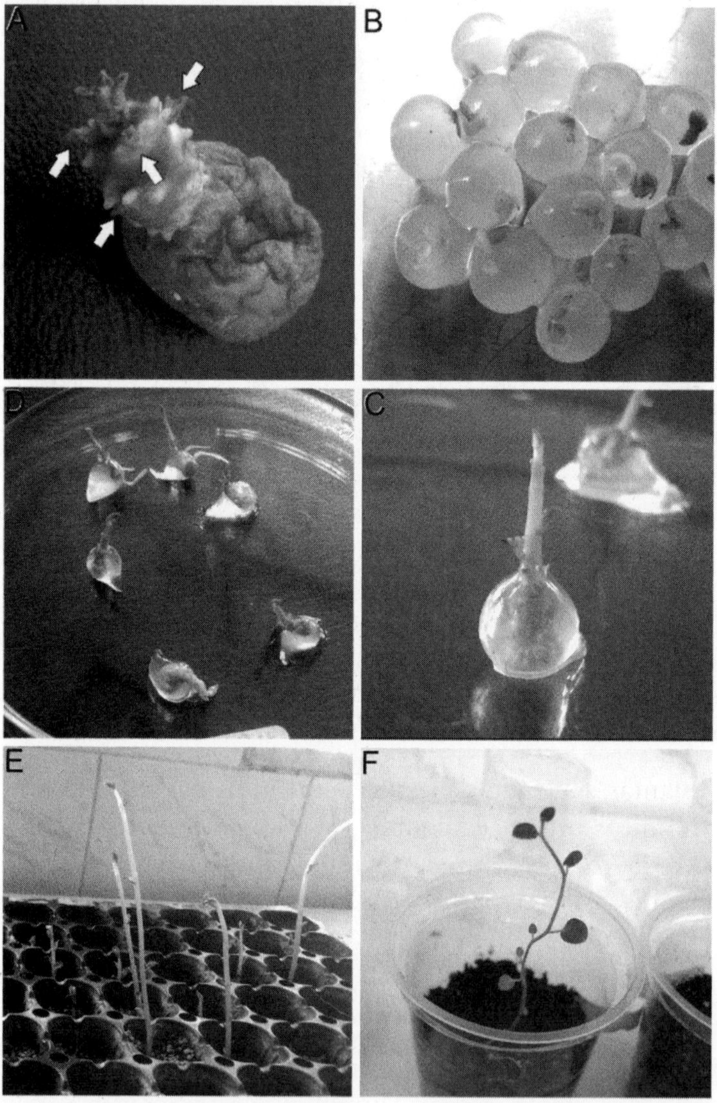

Proceso de creación de semillas artificiales a partir de yemas axilares de tubérculos de patata. Las yemas (flechas en A) que aparecen en el tubérculo son encapsuladas em alginato para su almacenamiento (B). Cuando germinan (C, D), se desarrolla tanto la parte aérea como la raíz, dando lugar a plântulas completas y perfectamente viables (E, F).

pierden su viabilidad. De este modo, con semillas artificiales su viabilidad se ve claramente mejorada. A día de hoy la producción de semillas artificiales es una realidad, y por ejemplo en el caso de especies forestales es una opción muy interesante de cara a abordar programas de reforestación de zonas deforestadas, áridas y quemadas. Un ejemplo muy cercano lo tenemos en la obtención en 2008 de semillas sintéticas de alcornoque por un grupo de científicos de la Universidad Politécnica de Madrid y el Instituto Nacional de Investigaciones Agrarias (INIA)[112]. Pero no es el único. A día de hoy, hay infinidad de ejemplos más. Solo hace falta teclear en Google «artificial seeds». Y hoy en día, ni tan siquiera es necesario encapsular embriones. Pueden crearse semillas artificiales con otro tipo de tejidos vegetativos de la planta, como las yemas axilares. Es el caso de la patata, que como sabemos se propaga asexualmente mediante las yemas que salen en los tubérculos. Pues bien, pueden cogerse esas yemas (tamaño «mini»), y encapsularse, de forma que obtenemos también una semilla artificial, entendiendo como tal una estructura vegetal con capacidad germinativa, pero sin embrión.

OBTENCIÓN DE METABOLITOS DE INTERÉS

Las plantas superiores producen un gran número de productos químicos orgánicos de muy diversa naturaleza, y a menudo muchos de ellos tienen un gran interés industrial y farmacéutico. Desde que el ser humano se dio cuenta de esto, hace ya miles de años, comenzó a beneficiarse de estos productos para curar sus males, entre otras cosas. En el capítulo 11 trataremos más extensamente este tema. Pero en lo que a los cultivos *in vitro* se refiere, la utilización de los compuestos beneficiosos de las plantas dio un salto cuantitativo espectacular cuando a alguien se le ocurrió que en lugar de utilizar las plantas para extraer los compuestos, se podían cultivar células aisladas de esas plantas en grandes tanques con medio de cultivo líquido, igual que se hace

112 Pintos B., Bueno M.A., Cuenca B., Manzanera J.A. (2008). Synthetic seed production from encapsulated somatic embryos of cork oak (*Quercus suber* L.) and automated growth monitoring. Plant Cell Tissue And Organ Culture. 95: 217-225.

con las bacterias beneficiosas. De esa manera, se puede obtener más cantidad de compuesto, más rápido, y de un modo más fácil de recuperar. El primer intento de cultivar a gran escala células vegetales para la obtención de productos de interés farmacéutico se llevó a cabo en la década de 1950 por la compañía farmacéutica Charles Pfizer Co., aunque sin éxito. Fue este fracaso el que frenó la investigación en este ámbito en los Estados Unidos. En cambio, en otros países como Alemania o Japón en particular se continuó trabajando, lo que llevó a que en 1978 ya se considerase viable la aplicación industrial de los cultivos celulares para estos fines. Así, 9 años después (en 1987) había ya 30 sistemas de cultivos celulares productores de metabolitos secundarios con una eficiencia mayor que las respectivas plantas origen. Para el éxito de la producción comercial de sustancias vegetales biológicamente activas es fundamental la capacidad de escalado. Es decir, disponer de la tecnología necesaria para poder crecer las células a gran escala. Este ha sido durante algún tiempo el factor limitante para la aplicación industrial de estas técnicas. Pero los avances en ingeniería han proporcionado sistemas como los tanques reactores con agitación y sistemas de aireación integrados que permiten que el crecimiento de células vegetales aisladas sea posible a gran escala. Uno de estos sistemas, a modo de ejemplo, es el de dos etapas (o bifásico), en el que en la primera etapa se potencia el crecimiento rápido de las células y la acumulación de biomasa, mientras que la segunda etapa se centra en la síntesis del producto deseado con un mínimo crecimiento o división celular. En definitiva, otro logro de la inventiva humana que pone de manifiesto, una vez más, el carácter interdisciplinar de la biotecnología.

VARIACIÓN SOMACLONAL

En el primer párrafo de este capítulo, cuando se definía el cultivo *in vitro*, se decía que «*el cultivo in vitro posibilita la regeneración en poco tiempo y un espacio muy reducido, de un gran número de plantas genéticamente iguales (en principio)*». Quizá te hayas preguntado a qué se debe ese paréntesis. *En principio* quiere decir que en el plano teórico, la constitución genética (el genotipo) de la planta regenerada tendría que ser idéntica a la de la planta donante del explante. Pero en la práctica, las condiciones de cultivo hacen que en ocasiones aparezcan mutaciones en las plantas regeneradas que dan lugar a características que no estaban presentes en las donantes. Esas condiciones cambian el aspecto de forma definitiva y transmisible a la descendencia, heredable. Es decir, estos cambios han afectado al genotipo de la planta, se ha generado variación, *variación somaclonal.*

Las condiciones en muchos casos extremas a las que se somete a los explantes, y sobre todo el efecto mutagénico que tienen determinadas fitohormonas, hacen que se den estas mutaciones que diferencian el regenerante del donante. La frecuencia con la que sucede esto depende del material con el que tratemos, pero sobre todo de las condiciones que se utilicen. Por ello, cuando lo que tratamos de conseguir es un montón de plantas genéticamente idénticas, como en el caso de la propagación clonal, esto es un grave inconveniente, y por eso se trata de minimizar sus efectos. Se ajustan las condiciones de cultivo para que esto pase lo menos posible, o no pase. Pero también puede suceder que la generación de variación nos convenga. En ese caso trataremos de favorecer su aparición, también manipulando las condiciones de cultivo. ¿Para qué podemos querer generar variación somaclonal? Pues porque la variación es deseable para identificar nuevas características de interés en las plantas. En esto se basa el éxito de la reproducción sexual, como vimos en capítulos anteriores. En este caso, generamos variación de una forma distinta. Igual que sucede con muchas mutaciones de origen natural, las provocadas por el cultivo *in vitro* generan plantas aberrantes, con formas raras, curiosas, o incompatibles con la vida. Pero de vez en cuando, aparece una mutación que se traduce en la aparición de una flor más bella, o una planta de otro color, u hojas *variegadas* (de varios colores), o plantas más ramificadas, o menos. En definitiva, pueden aparecer nuevas características anatómicas o morfológicas que pueden hacer atractiva a una planta que antes no lo era, o más atractiva aún a la que ya lo era. Esta es la razón por la que la generación de variación somaclonal tiene un enorme potencial y utilidad en el terreno de la producción de plantas ornamentales, destinadas a embellecer. O cuando menos a llamar la atención. Además de para la producción de plantas ornamentales, también tiene proyección en la mejora genética como fuente generadora de ciertas características de interés, como resistencias a antibióticos, herbicidas y condiciones de estrés ambiental.

En definitiva, resulta evidente que el progreso alcanzado en 100 años de tecnología de cultivo *in vitro* ha ido mucho más allá de lo que Haberlandt y otros pioneros jamás hubiesen imaginado. Y lo mejor de todo es que todavía no se ha tocado techo. Por fortuna, este panorama no tiene visos de retroceder. Es más, se espera que en el futuro la contribución del cultivo *in vitro* en la mejora sea aún mayor, a medida que las pequeñas y medianas empresas sean capaces de ir adaptando sus instalaciones para albergar la infraestructura necesaria para las técnicas de cultivo *in vitro* disponibles en la actualidad, y para todas aquellas que están aún por venir.

BIOCOMBUSTIBLES VEGETALES

Las plantas pueden hacer que el motor de un vehículo funcione. Si se procesan adecuadamente, a partir de ellas se pueden obtener combustibles compatibles con la tecnología de combustión de los vehículos actuales, que además presentan ventajas frente a los combustibles actuales. Según la Directiva 2003/30/CE[113] del Parlamento Europeo relativa al «fomento del uso de biocarburantes u otros combustibles renovables en el transporte», se define el *biocombustible* como *«el combustible líquido o gaseoso para transporte producido a partir de la biomasa»*. Esa misma Directiva define la *biomasa* como *«la fracción biodegradable de los productos, desechos y residuos procedentes de la agricultura (incluidas las sustancias de origen vegetal y de origen animal), de la silvicultura y de las industrias conexas, así como la fracción biodegradable de los residuos industriales y municipales»*. En pocas palabras, un biocombustible sería un combustible hecho de organismos vivos (plantas mayoritariamente) o desechos metabólicos de los mismos, como el estiércol de la vaca, por ejemplo. Pero no solo eso. Son también utilizables los desechos del procesado industrial de algunos vegetales, los aceites extraídos de otros vegetales, e incluso alimentos de origen vegetal, que de otro modo podrían perfectamente destinarse al consumo humano. Los combustibles convencionales con los que llenamos el depósito de nuestros vehículos (gasolina o gasóleo) provienen de los fósiles. Restos de plantas y animales que en su día, hace millones de años, estuvieron vivos. Como todo ser vivo, en su día tuvieron al carbono como consti-

113 http://eur-lex.europa.eu/LexUriServ/LexUriServ.do?uri=OJ:L:2003:123:0042:0046:ES:PDF

tuyente fundamental de su materia orgánica. Pero a lo largo de estos millones de años, sus restos de carbono han ido sufriendo una serie de transformaciones químicas que los han convertido en carbón y petróleo, la materia química ideal para generar los hidrocarburos (largas moléculas lineales basadas en el carbono) de los que constan básicamente los combustibles convencionales.

Los combustibles basados en el petróleo tienen varios problemas que no conviene obviar. En primer lugar se acaban, son *energías no renovables.* Hay las que hay. Y cuando se acaben, se acabará todo lo que de ellas depende. Por eso no es muy prudente basar toda la economía productiva del planeta en ellos, y por eso se buscan fuentes de energía alternativas como la eólica, la solar o los biocombustibles. Y en segundo lugar, contaminan. Para que un automóvil funcione, las cadenas de carbono de los hidrocarburos de su depósito han de ser quemadas, descompuestas en trocitos más pequeños, moléculas de dióxido de carbono. El famoso CO_2. Y esta descomposición libera energía, mucha energía, que es la que utiliza el motor de tu coche para traducirla en movimiento. Pero esto tiene sus consecuencias, que no son otras que la producción de CO_2, entre otros contaminantes. El CO_2 sale del vehículo por el tubo de escape y se acumula en la atmósfera. Y eso es malo. Provoca el efecto invernadero, y contribuye al calentamiento global del planeta. El cambio climático, en definitiva.

Es evidente que hay varias y poderosas razones por las que buscar nuevas fuentes de energía que sean fundamentalmente renovables y limpias. Que no se acaben y que no contaminen. Y a finales del siglo XX surgió la idea de que esto se podía conseguir utilizando como fuente de combustible el material biológico, la biomasa, y en el caso que nos ocupa, la biomasa vegetal. Se disponía de la tecnología suficiente para convertir la biomasa vegetal en combustible. Al fin y al cabo, todo está hecho de carbono. Solo se trataba de fermentar el material biológico para que se produzcan los polímeros de carbono adecuados, y después separarlos del resto por destilación. En realidad hay algún paso más en este proceso, pero es irrelevante para el tema que nos ocupa. En general la idea era sencilla. Las plantas también están hechas de carbono, como los fósiles. Pero tienen la ventaja de que son renovables. Podemos propagar las plantas indefinidamente, tanto como queramos. Solo necesitan luz solar para la fotosíntesis. Y la luz solar no parece que vaya a desaparecer. Al menos durante los próximos milenios. Y las plantas son también ecológicas, cómo no. Si generamos hidrocarburos a partir de plantas, éstos se descompondrán en CO_2 igual que los provenientes de fósiles. Pero como las plantas utilizan previamente ese mismo CO_2 atmosférico para su metabolismo, al final el balance neto será cero. Es decir, si una planta está hecha con el equivalente a digamos que 1.000 moléculas de CO_2, y la convertimos en combustible, una vez consumido dicho combustible habremos devuelto 1.000 moléculas de CO_2 a la atmósfera, con lo que no aportamos a la atmósfera más CO_2 del que previamente hemos retirado de ella. Balance cero. Y además, contamos con la ventaja adicional de que así podríamos dar salida a algunos productos agrícolas excedentarios, al menos en algunos países industrializados. Hemos dado con el combustible ideal. Con un panorama tan prometedor ¡no queda más opción que comenzar a producir biocombustibles!

Actualmente hay desarrollados biocombustibles como el *biopropanol* o el *biobutanol*, aunque los más utilizados en la práctica son el *bioetanol* y el *biodiesel*. La Directiva Europea antes mencionada definía bioetanol como «*el etanol producido, para uso como biocarburante, a partir de biomasa o de la fracción biodegradable de los residuos orgánicos*», y biodiesel como el «*éster metílico producido a partir de un aceite vegetal o animal de calidad similar al gasóleo, para su uso como biocarburante*». El bioetanol se obtiene fundamentalmente a partir de sorgo, maíz, caña de azúcar, remolacha o de algunos cereales como trigo o cebada. El biodiesel se puede fabricar partiendo como materia prima de aceites extraídos de la semilla o el fruto de más de 300 especies vegetales de muy variado origen: de colza o soja principalmente, pero también de cacahuete, aceituna, palma, girasol, algodón, coco, mostaza, linaza, maíz, ricino o sésamo.

Para la producción de estos biocombustibles comenzaron a dedicarse grandes extensiones de terreno, a fin de acelerar la sustitución de los combustibles fósiles por los biocombustibles. A modo de ejemplo, en 2006 la producción total de bioetanol alcanzó los 55.000 millones de litros. Y por supuesto, esta euforia inicial con los biocombustibles llevó a que, por ejemplo, la Unión Europea se plantease en 2008 como objetivo que todos los países miembros alcanzaran para el año 2020 una cuota del

20% de dependencia energética de los biocombustibles[114]. En EEUU, la administración Bush tomó también iniciativas en el asunto, encargando a varios países sudamericanos la producción de bioetanol en un intento de reducir la dependencia del petróleo y la producción de gases de efecto invernadero. Su objetivo era que solo en EEUU se llegaran a producir 60.000 millones de galones (unos 227.000 millones de litros) de bioetanol para el 2030[115]. España se sumó a esta tendencia, estableciendo un tipo impositivo especial para los biocarburantes: exención total del impuesto de hidrocarburos cuando los biocarburantes se destinen a su uso como carburante, directamente o mezclados con carburantes convencionales[116]. Parecía que ya se tenía la panacea que se buscaba, la fuente de combustible limpia e inagotable que solucionará nuestra eterna avidez energética. ¿No es este motivo suficiente para estar orgullosos de los avances biotecnológicos? Pues no. Por desgracia, no.

LOS BIOCOMBUSTIBLES NO ESTÁN RESPONDIENDO A LO QUE SE ESPERABA DE ELLOS

El uso de biocombustibles tiene una serie de claros impactos ambientales negativos. El primero de ellos es la destrucción y pérdida de espacios naturales, sobre todo en los países en vías de desarrollo. Pese a que en un primer momento se utilizaron como materia prima los restos de otras actividades agrícolas, con la generalización y fomento del uso de biocombustibles en los países desarrollados, muchos países en vías de desarrollo vieron en los biocombustibles una nueva, abundante e inagotable fuente de divisas, y comenzaron a talar selvas y bosques para crear plantaciones de los cultivos antes citados, destinadas a generar biocombustibles. Un estudio publicado en la prestigiosa revista

114 http://eur-lex.europa.eu/LexUriServ/LexUriServ.do?uri=COM:2008:0772:FIN:ES:PDF

115 http://www.ita.doc.gov/td/energy/doe_rossmeissl.pdf

116 Ley 38/1992, de 28 de diciembre, de Impuestos Especiales (modificada posteriormente por Ley 40/1995 de 29 de diciembre) y Real Decreto 1165/1995 de 7 de julio, reglamento de impuestos especiales (modificado por el RD 1965/1999 de 23 de diciembre). Todas se pueden consultar en www.boe.es

Science[117] en 2007 aseguraba que el CO_2 que eliminarían de la atmósfera las selvas y bosques es mayor que el que se evitaría con el uso de biocombustibles. Dicho de otro modo, que una hectárea de selva o bosque elimina más CO_2 que si se dedica esa hectárea a cultivos para biocombustibles. Y esto sin tener en cuenta la destrucción del ecosistema que una selva o un bosque alberga. Aún iban más lejos, indicando que el incremento en la producción de biocombustibles podría despedir nueve veces más CO_2 durante las próximas tres décadas que los combustibles fósiles. En definitiva, esto ha tenido como consecuencia justo lo que se estaba tratando de prevenir mediante el uso de biocombustibles: contribuir al efecto invernadero. No se reparó en que los bosques y selvas, sobre todo las tropicales, son los auténticos pulmones de la tierra, y limpian más el aire y fijan más CO_2 que los cultivos para biocarburantes con los que fueron sustituidos.

Otro problema que al parecer tampoco se previó es que gracias a las subvenciones a los cultivos de cereales —entre otros— para producir biocombustibles, muchos agricultores que hasta entonces vendían sus cosechas para uso alimentario, optaron por que fueran utilizadas para biocombustibles. La consecuencia inmediata es que se redujo la producción de grano para uso alimentario y por tanto, como manda la ley de la oferta y la demanda, aumentó considerablemente el precio de cereales tan esenciales para el consumo humano y ganadero como el trigo, la cebada, el centeno, etc. Ejemplos de esto ha habido muchos, y muy variados. En México, en 2007 el precio de la tortilla de maíz —el alimento básico en esa zona— se multiplicó por dos y hasta por tres. ¿Por qué? Porque los EE.UU. comenzaron a comprar maíz para fabricar biocombustibles. Quedaba menos para comer. En Argentina, se llegó a duplicar y en algún caso a triplicar el precio de la carne de vaca. ¿Por qué? Porque las plantaciones para biocombustible rinden beneficios cada seis meses, y los pastos en los que se crían las vacas lo hacen tras varios años. Ante la tesitura, es lógico que el agricultor cambie el cultivo de forraje por el de cereal para biocombustible. Y sin irnos tan lejos, en Italia el precio de la pasta subió en 2007 hasta el punto de dar

117 Righelato R., Spracklen D.V. (2007). Carbon mitigation by biofuels or by saving and restoring forests? Science. 317 (5840):902.

Planta de fabricación de bioetanol en Brasil.

lugar a protestas ciudadanas en forma de boicot a la compra de pasta. ¡En Italia! Y en España algunos todavía recuerdan cómo subió el precio del pan en 2007, consecuencia del disparo del precio de la harina en origen.

Además, la sustitución de cultivos tradicionales ni tan siquiera sería suficiente para dar el salto hacia los biocombustibles, pues esta fuente de energía requiere de superficies de cultivo muy extensas. La causa de esto está en la baja eficiencia de obtención de combustible a partir de un cultivo. Sólo un 7%. Y esto a su vez se debe a las características bioquímicas propias de la fotosíntesis, proceso biológico en el que se basa la fijación de CO_2 atmosférico para convertirlo en carbono orgánico, el transformable en combustible. La eficiencia energética global de la fotosíntesis es muy baja. Menos del 1% de la energía solar que reciben las plantas se almacena en forma de biomasa. Y esto, de momento, no se puede mejorar. En términos de superficie destinada al cultivo de biocombustibles, se estima que menos del 0,4% de la energía solar que recibe esa superficie en un año se puede transformar en biocombustible. Trasladando esto a cifras fácilmente comprensibles, en España habría que cultivar un tercio de todo el territorio para abastecer sólo la demanda interna de combustible. En Alemania, para cubrir la demanda de electricidad con biocombustibles habría que dedicar toda la superficie del país. En comparación, las células fotovoltaicas son entre 50 y 100 veces más eficientes en lo que respecta a convertir la energía solar en eléctrica, y necesitan de mucho menos suelo. Los cultivos energéticos son muy poco eficientes en cuanto a la utilización del suelo.

Hace algún párrafo se comentó que el balance neto de emisiones de CO_2 a la atmósfera era cero, porque se emite a la atmósfera el mismo carbono que la planta previamente ha fijado de la atmósfera. Esto es cierto, si nos centramos exclusivamente en la planta. Sin embargo, todas las operaciones de fertilización o recolección, o el procesado y transporte de productos y materias primas para la producción de biocombustibles, requieren del uso de maquinaria agrícola y medios de transporte que, al menos a día de hoy, necesitan de combustibles fósiles para funcionar. Es decir, hay un aporte extra de CO_2 y un consumo extra de energía. Un ejemplo es el maíz, del que se obtiene un 25% de la energía que se invierte. O sea, para conseguir 25 he de invertir 100. Mal negocio. Y además, el maíz se utiliza para consumo humano y animal. Otro ejemplo lo tendríamos en la eficiencia de un paso concreto del procesado del bioetanol: la destilación. Lo que se obtiene de fermentar el vegetal es una especie de vino (salvando las distancias), en el que el etanol está presente en un 10%, como en el vino. Eso hay que convertirlo en etanol 100%, concentrándolo mediante destilación. Solo para la destilación hay que invertir casi tanta energía como la que hay en el etanol. Y si esta energía se obtiene de combustibles fósiles, acabamos emitiendo más CO_2 del que se emitiría si no hubiéramos elaborado bioetanol y desde el principio hubiéramos seguido utilizando combustibles fósiles. Science publicó en 2008 una simulación por la que se calculaba que la producción de bioetanol de maíz, en lugar de ahorrar el 20% de emisiones que otros estudios habían teorizado, en realidad duplicaría las emisiones de gases de efecto invernadero a lo largo de 30 años[118]. Dicho de otro modo, el balance neto global en muchos de los casos no es nulo, sino positivo. De hecho, hay actualmente expertos que no creen que se deba de calificar a los biocombustibles como una energía verde, pese a provenir de las plantas. Hay que admitir que es renovable, eso sí. Pero no limpia. Puede que menos, pero también contamina. Por eso hay quien aboga por despojarlos del marchamo ecológico que confiere la etiqueta de «*bio*», y denominarlos *agrocombustibles*, en lugar de biocombustibles.

TAMBIEN HAY ALGÚN ASPECTO POSITIVO.

Esta no es una cuestión de blanco y negro. Se trata, como en muchos otros aspectos de la vida, de diferentes niveles de gris. De mejores o peores, y no de buenos o malos. Algunos procesos de producción de biocombustible son más eficientes que otros en cuanto al consumo de recursos y a la contaminación ambiental. Y aunque no alcancen el balance cero en cuanto a emisión de CO_2, en muchos casos sí que acarrean menos emisiones que las

118 Searchinger T., Heimlich R., Houghton R.A., Dong F., Elobeid A., Fabiosa J., Tokgoz S., Hayes D., Yu T.-H. (2008). Use of U.S. croplands for biofuels increases greenhouse gases through emissions from land-use change. Science 319 (5867): 1238.

que tendría la producción de una misma cantidad de combustibles fósiles. Reducciones de hasta un 50%, en algunos casos. Y también menos emisiones nocivas de azufre. En cuanto a la eficiencia energética, parece ser que el tipo de biomasa que se utilice como materia prima es decisivo a la hora de que resulte energéticamente rentable embarcarse en esto de los biocombustibles. Un minucioso estudio revelaba hace unos años que la producción de bioenergía en los EE.UU. a partir de *Panicum virgatum*, una hierba perenne autóctona, produce un 540% de energía más de la total empleada en su cultivo. Esto sí es eficiente. Pensemos que por ejemplo con el maíz sólo se obtiene un 25%. Eso si, tratando de optimizar en la medida de lo posible todas las técnicas de cultivo, cosecha y producción. Y sobre todo, cabe destacar de entre lo positivo la capacidad del ser humano de darse cuenta de sus errores y tratar de solucionarlos, en este caso, con ayuda de la tecnología, como se verá a continuación.

Panicum virgatum.

BIOCOMBUSTIBLES DE SEGUNDA GENERACIÓN

Parece claro que los actuales biocombustibles generan muchas dudas acerca de su viabilidad y su impacto medioambiental. Parece aún más claro que no se podrá lograr el objetivo de la Unión Europea propuesto para 2020 de cubrir el 20% del consumo de combustibles con los actuales biocombustibles. Por ello, diversas investigaciones y proyectos tecnológicos en todo el mundo tienen como objetivo el desarrollo de una segunda generación que contrarreste estos inconvenientes. La idea es que sean más ecológicos y avanzados que los actuales, que solucionen los problemas que presentan los actuales, y que todo esto redunde en una mayor implantación en los próximos años.

¿Qué diferencia a los biocombustibles de segunda generación (2G) de los de primera generación? ¿Por qué van a ser la panacea que no fueron los otros? En primer lugar, los biocombustibles 2G serán elaborados a partir de mejores procesos tecnológicos, más eficientes y menos contaminantes. En segundo lugar, se pretende que sean cultivados en terrenos marginales o no agrí-

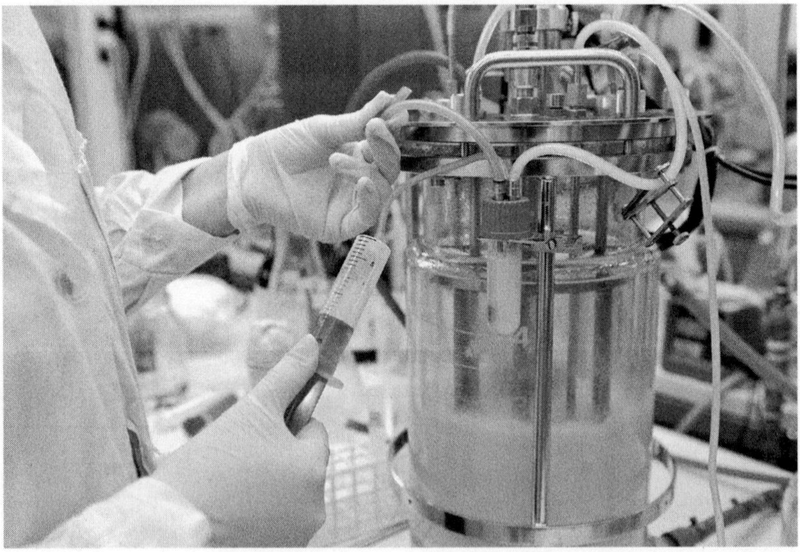

Una investigadora toma una muestra de un biorreactor.

colas. Y por último y más importante, se utilizarán como materias primas productos que no estén destinados a la alimentación. Así, la polémica generada por sustituir alimento por carburante, quedaría zanjada. Una buena solución hacia la que se trata de ir en el futuro es la utilización de residuos agroindustriales ricos en celulosas y hemicelulosas para obtener etanol en biorreactores. Estos compuestos son largas cadenas de carbohidratos (carbono en definitiva), presentes en abundancia en la pared celular de todas las células vegetales somáticas y adultas. Para que nos hagamos una idea de su importancia, baste decir que las celulosas están presentes como elemento base en el papel y todos sus derivados, y en la madera. Es fácil de ver la tremenda cantidad de residuos celulósicos que generan tanto la industria papelera como la maderera, por hablar solo de ellas dos. Si se consiguen aprovechar estos residuos para biocombustibles, habremos ganado mucho. De este modo, con residuos agroindustriales no se utilizarían nuevas zonas de cultivos ni alimentos para la producción de biocombustibles. Otros ejemplos pueden ser la corteza y otros desperdicios de los árboles destinados a fabricar madera, los desperdicios procedentes de la limpieza de bosques, la paja del trigo, o las hojas que se eliminan para procesar los granos de la mazorca del maíz. Incluso la propia mazorca una vez recogemos los granos. La hidrólisis de estos materiales vegetales para liberar azúcares libres fermentables a bioetanol es mucho más compleja que la utilización del almidón, que podemos fácilmente obtener de los granos de maíz, o de las patatas o la remolacha. Esta es una de las razones por las que al principio se fue a lo fácil, a los alimentos. Para el procesado de estos nuevos materiales se requiere más energía inicial. Pero no hay que olvidar que son residuos. O sea, que su coste de producción es cero. Y eso es un gran ahorro. Lo malo es que de momento no existen las refinerías adecuadas para la fabricación de etanol a partir de residuos celulósicos. No obstante, en algunos países ya se está planteando la creación de este tipo de instalaciones.

Naciones como Alemania, EE.UU. y Suecia, que apostaron en su día por los biocombustibles de primera generación, son también los que están liderando la investigación de los 2G para su implantación a gran escala. Suecia, por ejemplo, tiene un plan gubernamental con el que pretende sustituir por completo el petróleo por biocombustibles en el transporte para 2020. Como ya hemos mencionado, la Unión Europea lleva años apoyando y financiando la utilización de biocarburantes, de segunda generación también. En EE.UU., el Departamento de Energía también estaba financiando la construcción de una biorrefinería para la fabricación de etanol celulósico. Además, los fondos de inversión de capital riesgo hace ya algún tiempo que dieron la espalda al etanol procedente del cultivo de maíz e invirtiendo en productores que utilicen algas, residuos forestales y agrícolas u otro tipo de residuos. Los productos que surgirán de esta segunda generación se espera que se destinen mayoritariamente al transporte por carretera (sustituyendo a gasolinas y gasóleos) y a medio plazo, podrían sustituir al queroseno en la aviación.

Parece claro que los biocombustibles 2G están penetrando en nuestra sociedad cada vez con más fuerza. En España, por ejemplo, el contenido medio de bioetanol en la gasolina en 2012 estaba en el rango de 6-7,5%, y de 8,1-9,8% para el biodiesel en el gasóleo. No obstante, todavía queda por investigar en este campo hasta que se adopten masivamente estas nuevas tecnologías. Pero al menos, no se puede negar que se avanza, y parece que ahora por el camino adecuado.

FITORREMEDIACIÓN

Un dicho popular afirma que *no es más limpio el que más limpia, sino el que menos ensucia*. Según esto, somos la especie menos limpia del planeta. No solo es que limpiamos poco, sino que ensuciamos mucho. Y en este último siglo este hábito ha adquirido límites preocupantes. No es solo un problema de que los vertederos, zonas más o menos acotadas, se llenen de bolsas de basura. Un problema más grave si cabe es que desde el comienzo de la revolución industrial, hace ya un tiempo, está aumentando dramáticamente la cantidad de residuos industriales poco o nada degradables que se acumulan en las aguas de mares y ríos, así como en los suelos, sean o no de cultivo.

El 23 de abril de 2010 se produjo en las costas de Florida el mayor vertido de petróleo de la historia, al explotar y hundirse la plataforma petrolífera *Deepwater Horizon* a 80 kilómetros de la costa[119]. El pozo petrolífero quedó abierto, expulsando constantemente crudo al mar. Más de un mes después, en junio, aún no se había conseguido sellar la fuga. En España aún tenemos presente la tragedia del Prestige y cómo se inundaron de *chapapote* las playas de toda la cornisa cantábrica. Fue en esa época cuando la opinión pública comenzó a conocer algunas aplicaciones biotecnológicas en el ámbito de la *biorremediación*. En diversos periódicos aparecieron artículos[120] sobre bacterias que se *comen* el chapapote. Y los periodistas echaron la vista atrás para recordar

---

119 VertidoenelGolfodeMéxico:Floridadeclaraelestadodeemergencia.30.04.2010.La Razón.es. http://www.larazon.es/noticia/1830-louisiana-pendiente-del-viento

120 Bacterias contra el chapapote. La opinión de Granada. 03/09/2008. http://www.laopiniondegranada.es/secciones/noticia.jsp?pRef=2008090300_4_76571__Granada-Bacterias-contra-chapapote

otras tragedias medioambientales como la del Exxon Valdez en Alaska, en las que ya se utilizaron estos tipos de bacterias que descomponen los hidrocarburos en compuestos inertes para el medio como alcohol, agua y dióxido de carbono, o que los convierten en arcillas inocuas. Este tipo de bacterias no son nuevas. Desde hace tiempo se conocen bacterias y también hongos, que habitan normalmente en ciertos suelos, y que pueden proteger el entorno marino descomponiendo varios tipos de hidrocarburos, los principales componentes del petróleo. Pero para que puedan ejercer este efecto beneficioso en el mar, primero deben adaptarse a las condiciones del mar. Es decir, sus enzimas han de ser capaces de funcionar en condiciones de alta salinidad y baja temperatura. Y ahí es donde ha intervenido la biotecnología para conseguir adaptar estas bacterias a esas condiciones.

Aunque las bacterias quedan algo lejos del campo de la biotecnología vegetal, este ejemplo es relevante por el tremendo impacto social e informativo que han supuesto estas tragedias ecológicas, y por la necesidad que hubo de una rápida actuación de limpieza a diferentes niveles para que el ecosistema se viera afectado lo menos posible y la normalidad volviera cuanto antes a las poblaciones afectadas. Sin embargo, existen otros tipos de contaminaciones más lentas, menos llamativas, que no llenan portadas de periódicos, pero que pueden tener igual importancia que la del chapapote. Me estoy refiriendo a la contaminación que ciertas industrias —la actividad humana, en definitiva— generan en forma de residuos tóxicos poco o nada degradables, hidrocarburos, plaguicidas, solventes orgánicos, o principalmente metales pesados que durante mucho tiempo se han ido vertiendo a los ríos, y han acabado en el mar o filtrados y acumulados en los suelos de regiones enteras. Si el vertido a un río es excesivamente tóxico, todos nos enteramos enseguida porque empiezan a aparecer peces muertos flotando, y titulares en los diarios. Pero sin que necesariamente se alcancen unos niveles de vertido elevados, con el paso del tiempo llega un momento en que la acumulación de esos residuos en el suelo por el que se filtran las aguas contaminadas, alcanza unos niveles preocupantes. Preocupantes en varios sentidos. En primer lugar, por su paso a zonas de aguas superficiales y subterráneas. En segundo lugar, por su absorción por parte de las plantas de la zona, que sufren sus efectos tóxicos. Y finalmente, por el paso a la cadena trófica.

Es decir, un animal se come esa planta, con sus residuos, y sufre sus efectos. Y luego nosotros nos comemos ese animal, y los residuos. O directamente nos comemos la planta contaminada. La amenaza que suponen estos residuos para la salud humana y animal se incrementa por su larga persistencia en el suelo.

Una solución para la descontaminación de residuos tóxicos en suelos es la *biorremediación*. En pocas palabras podríamos definir la biorremediación como el empleo de seres vivos para descontaminar emplazamientos contaminados, o para reducir la peligrosidad de los contaminantes y recuperar los ecosistemas afectados. Se trata de técnicas relativamente jóvenes, que comenzaron a desarrollarse a finales del siglo XX, pero que por desgracia, la creciente cantidad de zonas contaminadas por la actividad industrial humana está haciendo que avancen muy rápidamente. Y dentro del concepto de biorremediación, si los organismos vivos que utilizamos para ello son las plantas, estaríamos hablando de *fitorremediación*. En castellano también se puede encontrar este concepto denominado como *fitorrecuperación*, *fitocorrección*, *fitorrestauración* o *fitorrehabilitación*.

Siendo más precisos, el término fitorremediación define el conjunto de tecnologías basadas en el uso de plantas junto con tratamientos químicos del suelo y técnicas agronómicas, para inmovilizar, destruir o extraer contaminantes en suelos, sedimentos y aguas subterráneas[121]. Los contaminantes suelen ser principalmente metales pesados, compuestos orgánicos, radioactivos, herbicidas y derivados petroquímicos. El planteamiento consiste en eliminarlos del suelo, absorberlos, degradarlos, retenerlos, transformarlos o disminuir su toxicidad. Es decir, se trata de explotar la capacidad fisiológica y bioquímica de ciertas plantas (terrestres, acuáticas, leñosas, etc.), para degradar, asimilar, metabolizar o detoxificar sustancias contaminantes y así reducir o eliminar la contaminación del entorno. De entre las sustancias que las plantas pueden extraer, el níquel, el cinc y el cobre son las que mejores resultados han proporcionado porque son las «preferidas» de las alrededor de 400 plantas que se sabe que absorben

121 Delgadillo-López AE, González-Ramírez, CA, Prieto-García F, Villagómez-Ibarra JF, Acevedo-Sandoval O (2011). Fitorremediación: una alternativa para eliminar la contaminación. Tropical and Subtropical Agroecosystems, 14:597-612. Disponible en: http://www.scielo.org.mx/pdf/tsa/v14n2/v14n2a2.pdf

cantidades elevadas de metales. Esta tecnología reúne un gran número de ventajas, de entre las que destacan la limpieza y la economía: no se utilizan reactivos químicos peligrosos, ni afectan negativamente a la estructura del suelo. Tan sólo se aplican prácticas agrícolas comunes. Además, el proceso se realiza en el propio lugar contaminado, evitando transportes. Se trata en definitiva de una técnica de limpieza pasiva, en la que la planta trabaja por nosotros. Es además *estéticamente limpia*, pues no *contamina* el paisaje con maquinaria ni infraestructura. Tan solo plantas y/o árboles. Y además es sostenible. Nuestras máquinas biológicas funcionan tan solo con energía solar, de momento inagotable.

El fundamento biológico de la fitorremediación proviene de la identificación de plantas que hiperacumulan metales. Existen vegetales que tienen esta capacidad intrínseca, y que a lo largo de su ciclo vital van absorbiendo del suelo por sus raíces no solo aquello que necesitan —agua, sales minerales— sino también cualquier otro elemento que allí esté presente. No discriminan. Y una vez absorbido, como no lo necesitan, lo van acumulando. Llevando la anécdota al extremo, podríamos hablar de un «*síndrome de Diógenes vegetal*». En la práctica, el proceso consiste en encontrar una planta (que las hay) que de forma natural hiperacumule el elemento que nosotros queremos eliminar, y que además esté adaptada a crecer y desarrollarse en las condiciones del entorno en que queremos utilizarla. Entonces, no tenemos más que plantarla y dejarla crecer y trabajar para nosotros. Pero esto no siempre es fácil. Puede que la planta que nos interesa no esté bien adaptada al entorno, o que sí lo esté pero no acumule el elemento que queremos, o que lo haga a unos niveles insuficientes. En estos casos, podemos hacer uso de las herramientas biotecnológicas anteriormente expuestas (cultivo *in vitro*, transformación o mejora genética), para obtener plantas con las capacidades que nos interesen aumentadas y en los niveles adecuados.

PLANTAS QUE EXTRAEN RESIDUOS TÓXICOS

Existen varios mecanismos mediante los que una planta puede ejercer su efecto limpiador. En función de las características de cada especie vegetal a utilizar, y del tipo de contaminación que queramos tratar, se utilizarán unos u otros. En primer lugar, podemos hacer uso de las plantas para que eliminen residuos. Pueden eliminarlos directamente degradándolos a otros compuestos menos o nada tóxicos. A esto se le denomina *fitodegradación*. Si no se pueden degradar, se puede tratar de que los extraigan. Así, a través de la *fitovolatilización,* las plantas (árboles en muchos casos) absorben agua junto con contaminantes orgánicos. Algunos de estos contaminantes pueden llegar hasta las hojas y evaporarse o volatilizarse, dispersándose en la atmósfera. Los álamos, por ejemplo, volatilizan el 90% del tricloroetileno (un solvente clorado) que absorben. En la *fitoextracción* se haría uso de la planta para que a través de sus raíces retire del suelo elementos tóxicos o compuestos orgánicos, y los acumule en sus partes cosechables (tallos, hojas, frutos). Así, nuestro trabajo consistirá únicamente en cosechar las partes contaminadas de la planta y proceder a su incineración. Las cenizas habría entonces que almacenarlas en un vertedero de seguridad. De este modo, hemos solucionado además un problema de espacio: las cenizas de la planta apenas ocuparán el 10% del volumen que ocuparían los desechos en el caso de que el suelo fuese excavado para tratarlo.

Existe también la posibilidad de la *rizofiltración,* en la que se haría uso de la planta para que a través de sus raíces absorba contaminantes del agua y de otros efluentes acuosos, limpiándolos. Además de la aplicación in situ, tendríamos aplicaciones *ex situ* de la rizofiltración, en las que las plantas que se utilizan para descontaminar se cultivan en invernaderos con las raíces sumergidas en agua, en vez de en tierra. Cuando el sistema radicular de la planta está bien desarrollado, se recoge el agua contaminada del lugar de origen, se transporta al invernadero y se pone en contacto con las raíces de las plantas, que comienzan a detoxificar. A medida que las raíces se van saturando, se cortan y eliminan igual que vimos para la fitoextracción. Este método evita la necesidad de encontrar plantas adaptadas a un entorno natural concreto, pues en un invernadero moderno podemos simular prácticamente cualquier entorno natural. De este modo se utilizaron plantas de girasol en un experimento piloto para descontaminar residuos radiactivos en la laguna de Chernobyl (Ucrania). Y aún se puede ir un poco más allá en cuanto a sofisticación en la fitorremediación. Si en lugar de utilizar plantas en invernaderos, utilizamos cultivos de células y tejidos en tanques biorreactores y plantas depuradoras a las que se puede transportar el líquido a depurar, podremos aplicar este mismo proceso a gran escala para la fitoextracción y fitodegradación.

PLANTAS QUE INMOVILIZAN RESIDUOS TÓXICOS

Otros mecanismos se basan en la contención, cuando la eliminación es inviable. Uno de estos mecanismos de contención es la *fitoinmovilización*, que consiste en que las raíces de las plantas fijen o inmovilicen los contaminantes en el suelo. No los eliminamos, pero evitamos que se dispersen. Podemos también utilizar las plantas para transformar los contaminantes de modo que se reduzca su biodisponibilidad en el entorno. Así, mejoran las propiedades físicoquímicas del medio, aunque no eliminemos los contaminantes. Es el caso de la *fitoestabilización*. Un último ejemplo de técnicas de contención sería el *bombeo orgánico*, para lo cual se utilizan exclusivamente árboles. Los árboles, por su tamaño, necesitan crear una densa y larga red de raíces que en ciertas especies puede llegar a las capas freáticas del suelo. Hay árboles, como los álamos, que pueden absorber más de 100 litros de agua al día. Incluso hay una especie de álamo (*Populus deltoides*) que puede llegar a sobrepasar los 1000 litros al día. Esta absorción de agua, que sube por el tronco del árbol y finalmente se evapora a través de las hojas, podría considerarse como un sistema natural, orgánico, de bombeo de agua. Y su utilidad en fitorremediación consiste en que la acción de bombeo de las raíces disminuye la tendencia de los contaminantes superficiales a descender hacia el agua subterránea, manteniéndose confinados a las capas superiores. Un ejemplo de aplicación del bombeo orgánico consistiría en plantar álamos a lo largo de las orillas de los ríos para reducir el excedente de fertilizantes y herbicidas que lleguen a ellos o a las aguas subterráneas, provenientes de las zonas agrícolas colindantes.

UN CASO CONCRETO: EL DESASTRE DE LAS MINAS DE AZNALCÓLLAR

Veamos ahora un ejemplo real, aunque de ingrato recuerdo en España: el del vertido de las minas de Aznalcóllar. El 25 de abril de 1998, una gran balsa de residuos de metales pesados procedentes de las minas de Aznalcóllar, situada en Sanlúcar la Mayor, cerca del Parque Nacional de Doñana, reventó liberando gran cantidad de aguas acidificadas y lodos mineros. En un primer momento se temió que la contaminación inundara el Parque de Doñana, pero por fortuna el vertido pudo ser desviado a tiempo al río Guadalquivir y de ahí al mar. Sin embargo, las zonas anegadas por el vertido —más de 4.000 hectáreas, en su mayoría agrícolas— quedaron seriamente afectadas por la contaminación con elementos tóxicos como el arsénico, el cadmio, el cobre, el plomo o el zinc, además de la acidificación provocada por la oxidación de los sulfuros metálicos. Un auténtico desastre ecológico como se recuerdan pocos en España y en Europa.

Se dice que no hay mal que por bien no venga, y que los momentos de crisis lo son también de oportunidades. Y eso fue precisamente lo que supuso el desastre de Aznalcóllar para la comunidad científica española y extranjera: una gran oportunidad de aplicar a problemas concretos y de gran impacto una serie de técnicas biotecnológicas experimentales para la recuperación basada en el uso de plantas: la fitorremediación. Y en este caso, el problema era considerable. Además de la extensión afectada, se trataba de una contaminación múltiple, con contaminantes poco estables y muy acidificantes. Todo un reto.

En 2007, los investigadores M.P. Bernal, R. Clemente, S. Vázquez y D.J. Walker publicaron un trabajo[122] en el que recopilaban las estrategias de fitorremediación que se ensayaron en este improvisado banco de pruebas. En primer lugar, se trató de acondicionar en la medida de lo posible el suelo, extremadamente ácido y desprovisto de su capa superficial, la parte más fértil. Para ello se utilizó cal para mitigar la acidificación, y tras ello

122 Bernal M.P., Clemente R., Vázquez S., Walker D.J. (2007). Aplicación de la fitorremediación a los suelos contaminados por metales pesados en Aznalcóllar. Ecosistemas 16 (2). http://www.revistaecosistemas.net/articulo.asp?Id=483.

Lupinus albus.

se abonó para facilitar el crecimiento vegetal. Tras ello, se evaluó la posibilidad de fitoextracción de los contaminantes mediante el uso de mostaza india (*Brassica juncea*). La mostaza india es una especie acumuladora comercial, descrita como buena acumuladora de metales como el zinc o el plomo, que se adapta bien al clima mediterráneo, y que además crece rápido. Tenía todas las papeletas para funcionar. Y sin embargo, no funcionó. Al parecer, la contaminación múltiple con diversos tipos de metales hizo que entre ellos se creara una competencia que impedía su absorción por la parte radicular y su acumulación en las partes aéreas. Entonces se optó por probar la estrategia de la fitoinmovilización. Para ello se utilizó el altramuz (*Lupinus albus*). El altramuz es una leguminosa cuyas semillas en remojo son consumidas como aperitivo. Además es muy tolerante a diversas situaciones de estrés, capaz de vivir en suelos ácidos, y de retener metales en sus raíces, sin exportarlos a las partes aéreas. Al contrario de lo observado con la mostaza india y la fitoextracción, la fitoinmovilización con altramuz sí dio resultados positivos, amortiguando la acidez de los suelos contaminados, y reduciendo la disponibilidad de arsénico, cadmio y zinc. Fue tan solo un paso más, pero importante para demostrar la utilidad de éstas técnicas en la solución de problemas reales.

BIOSENSORES VEGETALES

Hasta ahora hemos visto como las plantas pueden ayudar a limpiar ciertas sustancias derivadas de la actividad humana. Por desgracia, este tipo de sustancias está restringido a todo aquello que una planta pueda filtrar o incorporar mediante su sistema radicular. Hay muchos otros residuos que requieren ser eliminados y que las plantas no pueden eliminar. Por ejemplo, residuos sólidos. Estos residuos han de ser necesariamente identificados y eliminados por el ser humano. Sin embargo, el reino vegetal puede servir aquí también de gran ayuda, no en la eliminación, pero sí en la detección. Las plantas pueden actuar como biosensores, identificando la presencia de ciertas sustancias, residuos o productos cuando no sea posible su detección directa, visual. En este contexto, quizá el mejor ejemplo de utilización de material vegetal como biosensores esté en la limpieza de escenarios bélicos.

Durante muchos años, las innumerables guerras que han tenido lugar en diferentes naciones principalmente africanas y asiáticas han dejado como macabro recuerdo unos 100 millones de minas terrestres antipersona aún sin explotar enterradas a lo largo de miles de kilómetros cuadrados en todo el mundo. Según estimaciones del Departamento de Estado de los EE.UU., este tipo de minas matan o hieren a unas 10.000 personas cada año. Además de la muerte directa, condenan también en muchos casos a una muerte indirecta, pues estas grandes extensiones de tierra cultivable quedan inservibles como fuente de alimento, precisamente en unas zonas donde el alimento no es abundante. Las Naciones Unidas estiman que en general, las naciones gastan entre 200 y 300 millones de dólares cada año en el desminado de estas zonas, aunque esto no es suficiente. Siguen quedando minadas muchas. La eliminación de las minas es un trabajo muy peligroso. Deambular con un detector de metales por un campo minado tiene sus riesgos, y no siempre es efectivo, pues hay ciertos tipos de minas que están hechas de plástico. Otras alternativas para la detección que evitan la presencia humana se basan en el uso de robots o de perros adiestrados para olfatear minas. Ambas estrategias son muy caras, presentan problemas de falsos positivos, y en el caso de los perros, cuentan además con objeciones éticas. En cambio, desde hace unos años se están desarrollando plantas capaces de «olfatear minas», que pueden evitar todos estos problemas.

Una empresa de biotecnología danesa denominada Aresa Biodetection patentó en 2005[123] un sistema por el cual era posible detectar minas antipersona mediante algo tan simple como sembrar en el campo minado semillas de una mala hierba, *Arabidopsis thaliana*. A estas alturas del libro ya debe sonar familiar este nombre, pues es la especie vegetal más estudiada, y con ella se han experimentado inicialmente la mayoría de ensayos de transformación hechos hasta la fecha, antes de aplicarlos a la especie de interés. En este caso, la especie de interés era ella

123 Se puede ver un extracto de la patente en http://www.patentlens.net/daisy/Bioindicators/g7/1627.html

misma. La idea de Carsten Meier y Østergaard Simon, los biólogos cofundadores de Aresa Biodetection y padres del invento, era obtener una planta transformada de tal modo que fuera sensible al dióxido de nitrógeno (NO_2). El NO_2 es un gas que van desprendiendo lentamente las minas enterradas no explotadas. Así, si la planta es capaz de detectar el gas y de hacérnoslo saber de algún modo, seremos capaces de identificar donde hay una mina, y desactivarla sin correr riesgos. Lo que Aresa Biodetection consiguió[124] es una planta que cambia de color cuando crece sobre las minas enterradas. A la planta transformada en biosensor le llamaron *RedDetect*. En condiciones normales en la naturaleza, esta hierba adopta un tono rojo en sus hojas en otoño cuando sufre estrés hídrico o térmico. Para la transformación, los científicos escogieron mutantes naturales que no cambian de color en condiciones de sequía o frío. Por tanto, al transformarlos, solo cambiarán de color —de verde a rojo— cuando sus raíces detecten NO_2. De este modo allá donde haya una mina desprendiendo este gas, las plantas se tornarán rojas.

Esta especie cuenta además con las ventajas añadidas de estar adaptada a crecer de forma silvestre por prácticamente todo el mundo salvo los polos, y tener unas generaciones muy cortas. De hecho, desde que se siembran las semillas y brota la plántula hasta que madura y fructifica pueden pasar sólo seis semanas. Además, las semillas son muy pequeñas y ligeras, con lo que pueden ser sembradas a larga distancia, desde un helicóptero o un avión de los que se usan para fumigar, o diseminándolas con un rociador de mano. Para evitar los riesgos de diseminación de transgenes en especies silvestres, estas cuentan con mecanismos de seguridad como la necesidad de un determinado factor de crecimiento para que germinen las semillas y la esterilidad condicional. No pueden fabricar semilla a menos que se les suministre otro factor de crecimiento, cosa que solo se hace en laboratorio para producir más semilla.

Los ensayos iniciales estaban previstos para ser realizados en Bosnia, Sri Lanka y el África subsahariana. En 2009, desde junio a noviembre estaba previsto desarrollar experimentos en cam-

124 Plants to uncover landmines. Nature.com. 29/01/2004. http://www.nature.com/news/2004/040129/full/news040126-10.html

Biosensores *RedDetect*. De los cuatro cuadrantes, el marcado como «1» está expuesto a NO_2 y las plantas se tornan rojas. Imagen de Steve Jurvetson bajo licencia *Creative Commons Attribution 2.0 Generic*.

pos de Dinamarca consistentes en probar la efectividad de la planta para virar de color en condiciones reales de cultivo sobre minas. No obstante, al poco tiempo comenzó a plantearse una seria objeción a este sistema: las plantas adultas de Arabidopsis son demasiado pequeñas para ser distinguidas como verdes o rojas a media distancia. Había que acercarse mucho para ver si hay mina o no. Para tratar de solucionar dicho inconveniente, esta empresa junto con la Universidad sudafricana de Stellenbosch desarrolló también plantas de tabaco transformadas con las mismas características que las RedDetect. La ventaja del tabaco es que es mucho más grande y detectable a grandes distancias. También es muy fácil de transformar y crece fácilmente en muchas partes del mundo. Así, en 2008 ya se estaban llevando a cabo ensayos de campo en Serbia y Sudáfrica[125].

125 Scientists develop tobacco plant which turns red when it detects landmines. Daily Mail (2008).
http://www.dailymail.co.uk/sciencetech/article-1038703/Scientists-develop-tobacco-plant-turns-red-detects-landmines.html

Estos desarrollos biotecnológicos, y el cariz humanitario que subyacía detrás de este proyecto, fueron galardonado con varios premios, pero por desgracia, la inmensa cantidad de recursos necesarios, y la imposibilidad de ganarle la batalla comercial a los dispositivos mecánicos de limpieza de minas, hicieron que la empresa poco a poco fuera empequeñeciéndose, hasta el punto de que en 2009 no obtuvo ventas y tenía tan solo un empleado, y al poco desapareció. Sin embargo, su legado parece que fue recogido por investigadores egipcios, que bajo el auspicio de su gobierno, en 2012 estaban tratando de ir más allá de la biodetección de minas, y ensayaban métodos[126] para, una vez detectadas con Arabidopsis, inactivarlas aplicando bacterias ferrooxidantes (bacterias que, digámoslo así, «comen» hierro) para agujerear la carcasa de hierro de las minas y así liberar el gas que se produce con la degradación del trinitrotolueno (TNT), y finalmente inactivar la mina utilizando plantas como *Vinca rosea,* remolacha o tabaco, que absorban y degraden el nitrógeno del TNT. En 2014, científicos de la Virginia Commonwealth University en Richmond, Virginia (EEUU), trabajaban también con plantas detectoras de explosivos, esta vez basándose en su distinta sensibilidad, que haría que murieran en presencia de los productos de degradación de distintos tipos de explosivos[127].

En resumen, de lo visto en este capítulo podemos concluir que a día de hoy estamos aún en un momento todavía inicial del desarrollo científico de las fitotecnologías de remediación y descontaminación. Salvo algún caso puntual en que se han utilizado catástrofes ecológicas como bancos de pruebas concretas, todavía no podemos decir que haya una tecnología estandarizada, lista para ser aplicada en la fitorremediación. Sin embargo, la buena noticia es que las pruebas hechas hasta ahora invitan a la esperanza, y el futuro se plantea prometedor a medio plazo ante el conjunto cada vez más grande de experiencias constatadas como positivas.

---

126 Bacteria, plants tested in landmine deactivation method (2012). http://www.scidev.net/global/biotechnology/news/bacteria-plants-tested-in-landmine-deactivation-method.html

127 Leafy Bloodhounds: Plants Might Find Land Mines (2014). http://www.livescience.com/47377-plants-sniff-out-land-mines.html

Hoja de *Aloe*.

BIOTECNOLOGÍA DE LAS PLANTAS MEDICINALES

Las plantas sirven para curar. Esto lo sabemos todos, no es nada nuevo. De pequeños, a todos nos ha hecho nuestra madre una infusión de manzanilla para la conjuntivitis. Y una tila cuando estábamos nerviosos, o llegaban épocas de exámenes. Posiblemente ya no nos acordemos, pero cuando éramos bebés nuestros padres nos aplicaban infusiones de avena en aquellas partes de la anatomía en las que la piel se irrita más. Y qué decir del *Aloe vera*, tan famoso hoy en día, en cualquiera de sus formas de aplicación. Estos son solo ejemplos de remedios muy caseros. Pero hay más, muchos más. El uso de remedios de origen vegetal se remonta a la prehistoria, y es una de las formas más extendidas de medicina[128], presente en virtualmente todas las culturas conocidas en forma de cataplasmas, elixires, ungüentos, infusiones, jarabes o tinturas. Incluso en nuestros días, su importancia no es nada desdeñable. Es más, se trata de un sistema sanitario que está experimentando un rápido crecimiento. En África hasta un 80% de la población utiliza la medicina tradicional para ayudar a satisfacer sus necesidades sanitarias[129]. En Asia y en Latinoamérica, las poblaciones indígenas siguen utilizando la medicina tradicional como resultado de circunstancias históricas y creencias culturales. En China, estas prácticas suponen cerca de un 40% de la atención sanitaria[129]. Su impacto en las naciones occidentales tampoco es irrelevante. El porcentaje

128 Estrategia de la OMS sobre medicina tradicional 2002-2005 (2002), y 2014-2023 (2013). Organización Mundial de la Salud (OMS). Ginebra, Suiza. Disponibles en http://apps.who.int

de población que utiliza los remedios tradicionales al menos una vez es de un 48% en Australia, un 70% en Canadá, un 42% en EE UU, un 38% en Bélgica y un 75% en Francia[129]. No estamos ante algo anecdótico.

Sin embargo, la gran ventaja de que disponemos hoy en día frente al uso tradicional de las plantas como remedio, es que las modernas técnicas de análisis nos han permitido confirmar la utilidad terapéutica de algunas de aquellas plantas que la tradición había antes probado mediante el arriesgado método del ensayo-error. Otras, se han demostrado inocuas. No perjudican, pero tampoco tienen el efecto supuestamente atribuido. Un placebo más. Y otras se han demostrado como potencialmente peligrosas. Este proceso de verificación científica de estas tradiciones continúa hoy en día, descubriéndose constantemente nuevas aplicaciones. En las próximas páginas veremos algunas de ellas.

Secadero de plantas medicinales.

¿DÓNDE RESIDE EL PODER CURATIVO DE LA PLANTA?

Desde que el ser humano comenzó a percatarse de que ciertos vegetales ayudaban a paliar determinadas dolencias, comenzó a hacerse esta pregunta. En un principio, cuando no había mucha tecnología desarrollada para aislar y purificar compuestos orgánicos, lo más fácil era tomar la planta con supuestos efectos curativos y comérsela. Pero enseguida comenzó a evidenciarse que en la mayoría de los casos, no era la planta entera, sino partes de ella. Determinados órganos concretos. Si comían las hojas, se sentían mejor. Pero si comían las raíces, no notaban nada. O viceversa. De hecho, hoy sabemos que aunque puede haber excepciones a la regla, lo normal es que el efecto buscado se concentre en alguna de sus partes, como las hojas, las semillas, las flores, la corteza o las raíces. En concreto, generalmente las raíces y la corteza presentan los niveles más altos, seguidas de las flores, semillas o frutos.

Hoy en día sabemos que el efecto terapéutico de ciertas partes de la planta se debe a que acumulan determinadas sustancias útiles, que cuando nos las aplicamos ejercen un efecto sobre nosotros, o sobre el problema que padecemos. A estas sustancias útiles es a lo que se denomina *principios activos.* Las calidades y cantidades de estos principios presentes en la planta pueden variar entre variedades de una misma especie, y también dentro de una misma variedad en función de diversos factores, básicamente derivados de las condiciones en las que cada individuo se desarrolla. Condiciones climáticas, pero no sólo climáticas. Como luego veremos, muchos de los principios activos que las plantas sintetizan, son en realidad mecanismos de respuesta ante diversos estímulos externos. Por tanto, la mayor o menor presencia del estímulo en cuestión tendrá un papel decisivo en la mayor o menor presencia del principio activo en la planta.

Ahora que ya sabemos que lo que realmente cura son los principios activos que forman parte de la naturaleza de algunas plantas, estamos en condiciones de profundizar en cómo el ser humano ha utilizado estas propiedades de las plantas para crear en torno a ellas una gran industria de base biotecnológica. Durante muchos siglos, a lo más que se llegaba era a secar las hojas de la planta en cuestión, trocearlas hasta hacer una especie de picadillo, y hervir con agua y colar dicho picadillo para hacer una infusión. Hoy en día la industria biotecnológica es capaz de aislar específicamente el principio activo responsable del efecto terapéutico, y de incluirlo en preparados y especialidades farmacéuticas en forma de cápsulas, comprimidos, ampollas, cremas, jarabes, pomadas o inyectables. Y no solo se pueden aislar, sino que las modernas técnicas de síntesis química han permitido generarlas de forma artificial, sin la ayuda de las plantas, y por supuesto manteniendo sus efectos beneficiosos.

LA MÁS MODERNA BIOTECNOLOGÍA SE FUNDAMENTA EN LOS MÁS ANTIGUOS CONOCIMIENTOS

La medicina actual, tal como la conocemos, no existiría sin la tradición que ha permitido la transmisión de conocimientos sobre las propiedades curativas de ciertas plantas. Estas propiedades muy posiblemente no se hubieran llegado a investigar, ni a aislar los correspondientes principios activos, si previamente no hubieran sido conocidas por nuestros antepasados y transmitidas de generación en generación. Básicamente hablamos de las tradiciones que durante siglos se han transmitido de padres a hijos en forma de «recetas de la abuela», o de «pócimas mágicas» que los brujos, curanderos y chamanes utilizaban para sanar (aunque también para mantener un cierto estatus por encima de lo humano). Estas tradiciones han sido la base sobre la que ciencia moderna ha elaborado muchos de los medicamentos que nuestro médico nos receta cuando vamos a la consulta. Es el caso, por ejemplo, del Aloe. El Aloe es una planta de la familia de las liliáceas, específicamente adaptada a ambientes secos (xerófita), como lo demuestran sus hojas muy engrosadas (suculentas), con una alta capacidad de retención de agua. De hecho, se cultiva en áreas cálidas y resiste bien largas temporadas sin agua. Existen muchas especies de Aloe, pero la que más interes por sus propiedades es el Aloe vera. Hace 4.000 años que el ser humano conoce y explota las diferentes propiedades terapéuticas de esta planta, que radican en el parénquima (tejido constitutivo fundamental de los órganos vegetales) de sus hojas. En un principio, se utilizaba directamente cortando rodajas de sus hojas y aplicándolas a las zonas de la piel cuyo dolor o irritación queríamos calmar. Hoy en día, el parénquima de las hojas se extrae, se procesa, y en forma de pomadas, cremas, lociones, champùs, geles de baño y ducha, pastillas o ampollas, entre otros, es la base de toda una industria de productos cosméticos, farmacéuticos, parafarmacéuticos, suplementos dietéticos, e incluso alimentos como yogures, que han explotado el «filón» mediático del Aloe vera.

Aunque la tradición siga siendo la base de muchos remedios actuales, la manera de presentar y aplicar el producto ha cambiado mucho. Esto no solo tiene que ver con una cuestión de moda, de comodidad o de facilidad de uso. Puede que una pomada de Aloe sea más fácil y cómoda de aplicar que un trozo de hoja. Y además, conservar la pomada requiere menos dedicación y espacio en casa que conservar en el balcón toda una planta de Aloe. Pero esto no es lo relevante. Lo realmente importante es que las investigaciones han permitido profundizar muchísimo en el conocimiento de estas plantas con propiedades medicinales, y descubrir que no es oro todo lo que reluce. Por ejemplo, que una cierta cantidad de principio activo es beneficiosa. Pero si pasamos de un determinado umbral, los efectos puede ser negativos, o incluso mortales. En otros tiempos, el chamán de turno hubiera justificado una sobredosis diciendo que «los Dioses habían decidido que tenía que irse de este mundo». Hoy día sabemos que el principio activo puede curar, pero a ciertas dosis también perjudicar y hasta matar. Y eso podemos evitarlo aislando el principio activo, y presentándolo en una pomada con la concentración adecuada para que no genere efectos adversos. En otras ocasiones, podremos estar ante el caso de que la planta, al tiempo que genera el principio activo beneficioso, también produce sustancias con efecto negativo para nuestro organismo, que sería conveniente evitar. Es, sin ir más lejos, el caso del *Aloe vera.* Junto con su beneficioso parénquima, el *Aloe vera* también tiene en las hojas una sustancia de color muy oscuro y amargo, la *aloína,* que es tóxica en altas dosis. Este tipo de problemas pueden evitarse aislando lo beneficioso y eliminando lo adverso.

Por encima incluso de la forma de presentar y aplicar los principios activos, lo que más ha cambiado ha sido la manera de aislar y procesar el principio activo. El caso extremo es el de muchos de los fármacos empleados hoy en día, cuyos principios activos ya no se aíslan de las plantas, sino que se replican sintéticamente. Y en muchos de esos casos, el nombre del medicamento o incluso el del principio activo mantiene en su etimología el origen tradicional de la sustancia en cuestión. Es, por ejemplo, el caso de la aspirina. Veamos este caso paradigmático con algo más de detalle histórico.

SAUCES, ASPIRINAS Y REINAS DE LOS PRADOS

El sauce blanco (*Salix alba*) era conocido ya en China hace más de 2500 años por las propiedades de su corteza[129]. Se decía que tenía propiedades beneficiosas en el tratamiento de la fiebre alta y el dolor. Tras los chinos, Hipócrates (año 400 a.C.) cita este remedio en sus tratados, recomendando una tisana a base de hojas de sauce para aliviar los dolores del parto. Dioscórides, un médico, farmacólogo y botánico de la antigua Grecia, añadió al sauce una nueva utilidad en el tratamiento de los dolores derivados de la artritis. Tras el periodo oscuro para la ciencia en general que supuso la Edad Media, en el siglo XVII hay referencias de un monje agustino que describió el empleo de la corteza de un árbol del Perú para bajar las fiebres elevadas. Al poco tiempo, se utilizó para tratar a la esposa del virrey del Perú, la Condesa de Chinchón. Y finalmente, los jesuitas acabaron importando a Europa el polvo derivado de la corteza del «*árbol de la fiebre*». En

Salix alba.

129 Se puede encontrar una completa recopilación de la historia del descubrimiento de la aspirina en *Importancia de las plantas medicinales.* Universidad de Alcalá de Henares. http://www2.uah.es/Plantas_Medicinales/Plantas%20Medicinales/descargas/importancia%20plantasmedicinales.doc.

Spiraea ulmaria.

el siglo XVIII un clérigo inglés llamado Edmund Stone escribe a la Royal Society de Londres sobre la importancia de la corteza de sauce como tratamiento para aliviar el dolor y la fiebre. Ya en el siglo XIX, un farmacéutico italiano aisló en 1825 un principio activo del sauce blanco y lo llamó *salicina*. En 1829, se descubrió que la salicina era un derivado del *ácido salicílico*.

En 1835 el químico berlinés Carl Jakob Lowig descubrió que otra planta, *Spiraea ulmaria* producía los mismos resultados que el sauce. Esta planta, grande y de flores blancas, es por su belleza también conocida como *reina de los prados*. Como en el caso del sauce, se observó que también contenía ácido salicílico. Y ya a finales de siglo, en 1893, otro químico alemán (Felix Hoffman) fue contratado por los laboratorios Bayer y allí se interesó por este tema del ácido salicílico, porque su padre padecía reumatismo y era intolerante al salicilato sódico, que es la forma en que hasta entonces se administraba el ácido salicílico para aliviar el dolor de entre otros, su padre. En definitiva, junto con Heinrich Dreser, decidió hacerle una pequeña modificación química al ácido salicílico para convertirlo en ácido acetilsalicílico, que presentaba una tolerancia digestiva mucho mayor que la del anterior. Había nacido la aspirina, que fue patentada en 1899 por Bayer. La famosa Aspirina de Bayer, denominada así por la reina del prado (*Spiraea ulmaría*), y cuyo principio activo (el ácido acetil salicílico) debe su nombre al sauce blanco (*Salix alba*).

En resumen, el conocimiento tradicional de las propiedades del sauce y más tarde de la reina del prado condujo a las posteriores investigaciones científicas que llevaron a la producción de la aspirina. Hoy en día, la aspirina es el analgésico más utilizado y más vendido del mundo. Ya el filósofo español José Ortega y Gasset hablaba en su tiempo, a principios del siglo XX, de «*la era de la Aspirina*», por el impacto que supuso la introducción de este medicamento en la terapéutica humana.

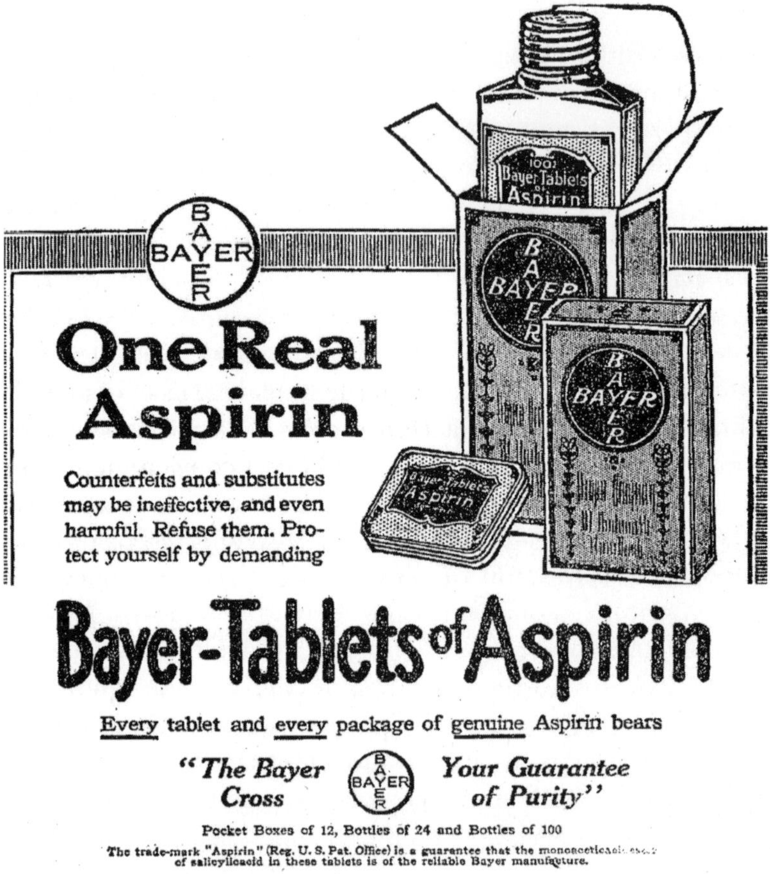

Aspirina de Bayer. Este es uno de los primeros anuncios de aspirina, publicado en *The New York Times*. 9 de febrero de 1917.

¿POR QUÉ LAS PLANTAS FABRICAN PRINCIPIOS CURATIVOS?

Desde un punto de vista antropocéntrico se podría pensar que las plantas curativas están ahí para ayudarnos. Pero no, nada más lejos de la realidad. Lo cierto es que las plantas no sintetizan los principios activos beneficiosos para ayudar a esta especie superior que las domina, domestica y utiliza a su antojo. Del mismo modo, tampoco sintetizan para fastidiarnos aquellas sustancias que nos resultan perjudiciales o tóxicas… Bueno, a lo mejor esto último si que es verdad en cierto modo. En el prólogo se mencionaba que las plantas se defendían de las agresiones. Pero no como un gato, que si es atacado lanza un zarpazo. Es más bien una defensa pasiva. Una defensa destinada a dejar bien claro el siguiente mensaje: *vale, muy bien, me has atacado y me has hecho daño, ya trataré de curarme como pueda, pero espero que después de este ataque se te quiten las ganas de volver a atacarme.* ¿Y cómo hacen las plantas para disuadir al agresor? Pues fabricando sustancias que sientan mal, que perjudican, o según el caso, que matan, si se toca o muerde la planta. Es el caso de las plantas venenosas como la *Dieffenbachia*, una planta ornamental muy bonita y popular, pero con la que conviene tener precaución, sobre todo si hay niños pequeños en casa. Sus vistosas hojas son tóxicas por ingestión, debido al ácido oxálico que producen. Su ingesta puede provocar ardor en boca y garganta, daños y dolores oculares, diarrea, náuseas o vómitos, y lo más peligroso, inflamaciones de la lengua, boca y vías respiratorias que en casos extremos pueden bloquear la respiración[130].

Obviamente, estas defensas poco tienen que hacer frente a un humano bien pertrechado con unos buenos guantes y unas buenas tijeras para cortar y hacerle las mil perrerías a una planta sin tocarla. Pero en un tiempo, hace muchos años, no dispusimos de estas herramientas. Y hoy por hoy, el resto de especies de la Tierra tampoco disponen de ellas. Para ellas están diseñadas estas defensas. Para los animales herbívoros fundamentalmente, y también para todo aquel que consciente o inconscientemente las agreda físicamente. Puede que la agresión sea tal que la planta no lo resista y muera, con lo que ya le da igual si el herbívoro vuelve a atacarla o no. Pero su sacrificio no ha sido en vano. Al herbívoro le quedará grabada su poco grata experiencia en forma de sarpullido, vómitos, diarrea, espasmos, o parálisis, según el caso, y no volverá a acercarse a otra planta de esa especie. Ha sido un sacrificio altruista, para defender la especie. Visto lo visto, sí va a ser cierto que algunas plantas sintetizan sustancias perjudiciales o tóxicas para fastidiarnos… siempre que nosotros las hayamos fastidiado a ellas antes.

130 Más información al respecto en http://www.nlm.nih.gov/medlineplus/spanish/ency/article/002866.htm.

Dieffenbachia bauseii. Imagen de Jerzy Opioła bajo licencia *Creative Commons Attribution 2.5 Generic.*

Pero este es tan solo un caso particular. En general, las plantas sintetizan una gigantesca batería de sustancias activas, de naturaleza muy diversa, y todas ellas con una finalidad concreta, que puede o no ser la defensa. Y antes o después, la ciencia encuentra en esas sustancias una utilidad distinta a la original. Así, existen sustancias que son específicamente creadas por la planta para molestar a quien las molesta, pero nosotros encontramos un beneficio en ellas. De hecho, la gran mayoría de sustancias con fines terapéuticos son en realidad defensas de la planta, y tóxicas para ciertos organismos parásitos o predadores de la planta que las produce. Es, sin ir más lejos, el caso del sauce y del ácido salicílico. En realidad, el sauce sintetiza ácido salicílico en su corteza para defenderse de las infecciones bacterianas. Cuando un sauce se infecta, produce niveles más altos de ácido salicílico. Lo que mata a las bacterias, a nosotros nos cura. Y qué decir de la cafeína, el estimulante que llevan esas tacitas de café tan ricas que tomamos después de una buena comida. La cafeína se encuentra principalmente en los frutos de la planta de café, en la planta de té, en la hierba del mate, y en las bayas de guaraná. En pequeñas cantidades también se puede encontrar en el cacao y en la nuez de kola. En general, la cafeína se encuentra en las semillas, hojas, y frutos, en los que actúa como un pesticida natural que paraliza y mata ciertas clases de insectos cuando se alimentan de éstas. Aislada y purificada, se usa en investigación biológica para impedir la división celular en células cultivadas *in vitro.* Otro ejemplo es la digoxina, una toxina que sintetiza la planta llamada *digital* o *dedalera* (*Digitalis purpurea*) y almacena en sus hojas y flores para evitar que el herbívoro de turno se las coma. Y en cardiología, se emplea como vigorizante de las contracciones cardíacas para los pacientes que padecen de arritmia.

Otro tipo de sustancias son creadas por la planta sin una finalidad exclusiva de defensa. Y de nuevo, a nosotros nos resultan beneficiosas. Por ejemplo, los flavonoides. Los flavonoides son una serie de pigmentos de tonalidad amarilla, o rojo-azulada en el caso de los pigmentos *antocianósidos*, que sintetizan las plantas para dar color a sus flores, frutos y hojas. ¿Para qué? Para resultar más atractivas y que los insectos polinizadores se fijen y se posen en ellas, y transporten el polen de unas flores a otras, que es en definitiva lo que a las plantas les interesa. Actúan como señales que dicen a los polinizadores «*ven a mí y olvida a las demás*». En último término, sirven a las plantas para asegurar la reproducción sexual de la especie. Además, los flavonoides tienen un importante papel antioxidante frente a los radicales libres, y ayudan a proteger a la planta frente a los efectos nocivos de la radiación ultravioleta. Y sin embargo, a nosotros nos resultan interesantes por su interés farmacológico. Unos más que otros. Los más interesantes son las flavonas, flavonoles, flavanonas y sus correspondientes derivados, por su actividad sobre el sistema vascular, como vasodilatador, y también por su actividad antioxidante, captadora de radicales libres. En este último caso, su utilidad para nosotros es la misma que para las plantas. Y desde hace ya años se sabe que uno de los derivados, las isoflavonas, poseen una estructura y actividad semejante a la de los estrógenos, las hormonas femeninas humanas[131]. Por ello se les

131 Setchell K.D.R., Cassidy A. (1999). Dietary Isoflavones: Biological Effects and Relevance to Human Health. Journal of Nutrition. 129:758-767.

ha dado un nuevo uso (como *fitoestrógéno*) para tratar los síntomas derivados de los desequilibrios hormonales que padecen las mujeres con la llegada de la menopausia. ¿Recuerdas un anuncio de televisión de un preparado lácteo que repetía hasta la saciedad que llevaba *isoflavonas de soja*? Es un ejemplo. Y además de la soja, hay también flavonoides en los cítricos, los *citroflavonoides*. Y en la bellísima flor de la pasión (*Passiflora incarnata*), el cardo Mariano (*Sylibum marianum*), la manzanilla romana o camomila (*Chamaemelum nobile*), la aquilea (*Achillea millefolium*), el regaliz (*Glycyrrhiza glabra*) y el ginkgo (*Ginkgo biloba*). Ejemplos de especies ricas en los antocianósidos antes comentados serían el arándano (*Vaccinium myrtillus*) o la grosella negra (*Ribes nigrum*).

Passiflora incarnata.

Otro ejemplo de este tipo de sustancias sin finalidad defensiva sería el néctar. El néctar es una solución acuosa y rica sobre todo en azúcares y sustancias aromáticas. Su objetivo natural es actuar como complemento a las señales para polinizadores antes vistas. Una vez atraído el polinizador con colores vistosos, hay que ofrecerles algo que los satisfaga, lo que se entiende como *recompensa.* Pensemos en términos humanos. Cuando estamos en una ciudad que no conocemos y tenemos hambre, buscamos un restaurante. Como tampoco hemos estado antes en ninguno, nos guiamos por el aspecto que tienen, por su imagen, y nos sentimos atraídos por aquel que mejor imagen ofrezca. Es como los colores vistosos de las flores, una señal. Pero una vez dentro, además nos tienen que ofrecer un buen servicio y sobre todo, una buena comida. Es decir, la recompensa ha de estar a la altura de la señal de reclamo. Si la comida es infame, por muy bonito que sea, no repetiremos. A los insectos polinizadores les pasa igual, y por eso la planta fabrica una sustancia muy nutritiva y agradable, una buena comida, para que repitan, y se aseguren su reproducción sexual. Pero además, el néctar es la materia prima con la que las abejas mielíferas (*Apis melifera*) producen la miel, esa sustancia tan rica con la que aderezamos postres y que además tiene abundantes propiedades antimicrobianas y antisépticas, ayuda a cicatrizar y a prevenir infecciones en heridas o quemaduras superficiales, y tiene un carácter astringente y suavizante que la hace útil también en cosmética en forma de cremas, mascarillas de limpieza facial o tónicos.

ALGUNAS PLANTAS TAMBIÉN PUEDEN MATAR

Antes hemos hecho alusión a que las dosis pueden ser determinantes a la hora de que un determinado compuesto activo beneficie o perjudique. De hecho, las plantas medicinales eran utilizadas tradicionalmente por los gurús, druidas, curanderos o chamanes en unas ocasiones como remedios y en otras como venenos, dependiendo de las dosis, la oportunidad, la vía de administración, la pericia de quien las indicaba, la constitución del sujeto tratado, y por supuesto, la intención de que quien aplicaba el tratamiento. Un caso interesante de *bueno-malo según la dosis* es la belladona. La belladona (*Atropa belladonna*) es una solanácea muy bonita cuyos poderes ya eran conocidos en la época de los romanos. De hecho, y siempre según la descripción que Plutarco hizo sobre los misteriosos efectos de esta planta, la belladona fue empleada para envenenar a las tropas de Marco Antonio durante la guerra contra los Partos[132], en el año 36 a.d.C. Parece ser que el emperador romano Claudio fue también envenenado con belladona añadida a las setas, su plato favorito[133]. Y todavía en esa época, las damas de la corte se aplicaban sobre la cara, bajo los ojos, preparados de belladona para aumentar el tamaño de sus pupilas, y parecer así más atractivas a los ojos de los hombres. Al parecer, el nombre de belladona se debe a este uso como «embellecedor de mujeres». Desde siempre la belladona ha estado vinculada a las leyendas y la brujería. Se cree que los celtas la utilizaron para envenenar la cerveza que ofrecieron a sus invasores daneses. Otra leyenda cuenta que un hechicero trató con belladona a una enferma, sumiéndola en un profundo sueño hipnótico durante varios días. Al despertar, la enferma en lugar de mostrarse agradecida, reprendió al hechicero por privarle de unos estupendos y placenteros sueños en los que había visitado lugares maravillosos, llenos de lujuria y placer. Según la leyenda, a partir de ese momento, la Iglesia prohibió el uso de la belladona, por demoníaca.

Pues bien, todos estos efectos hoy sabemos que se deben a su principio activo, un alcaloide llamado *atropina* que se concentra principalmente en las raíces y el fruto. Unas dosis bajas de atropina reducen la salivación y la sudoración, entre otras secreciones corporales. Dosis mayores aceleran la frecuencia cardiaca y el ritmo respiratorio, al tiempo que reducen la actividad de la musculatura involuntaria. Es justamente esta propiedad de relajante muscular la que hace a la atropina adecuada para tratar enfermedades del sistema nervioso tales como el Parkinson, en la que actúa ayudando a paralizar las contracciones involuntarias

132 Goldstein, D.S. (2006). Adrenaline and the inner World. An introduction to scientific integrative medicine. The Johns Hopkins University Press. ISBN: 0801882893

133 Corona Morales A.A., García J.S., Caba, M. (2007). Neurotoxinas: entre la muerte y el éxtasis. La Ciencia y el Hombre Revista de divulgación Científica y Tecnológica de la Universidad Veracruzana., XX(1). http://www.uv.mx/cienciahombre/revistae/vol20num1/articulos/neurotoxinas/index.html

de los músculos. Y por supuesto, se dilatan las pupilas de forma muy llamativa, lo cual impide al ojo enfocar bien en las distancias cortas. Solo se ve bien de lejos. Por eso la utilizan los oftalmólogos cuando tienen que hacer una exploración del fondo del ojo. También tiene la capacidad de dilatar los bronquios, por lo que se utilizó como remedio para los asmáticos. De hecho, en la India aspiraban el humo de la belladona como tratamiento de afecciones respiratorias, y los ingleses, en el siglo XIX, se percataron de ello e introdujeron la planta en Inglaterra para el tratamiento del asma. Si insistimos en incrementar la dosis, se inhibe la micción y comienzan las alucinaciones visuales y auditivas, los vértigos, delirios, fotofobia y nauseas, como antesala de un final en el que todo esto se acaba de repente y... para siempre.

En general, esto es lo que suele suceder con los alcaloides, el grupo de productos naturales de origen vegetal más interesantes desde el punto de vista farmacéutico. A día de hoy se conocen más de 6000 tipos distintos. Uno desgraciadamente famoso en nuestra sociedad es la cocaína, derivada de la hoja de la coca (*Erythroxylum coca*). Se trata de un potente anestésico local y vasoconstrictor, además de excitante sobre el sistema ner-

Coca (*Erythroxylum coca*).

Productos a base de coca en un mercado de Bogotá.

vioso central, a dosis moderadas. Como en el caso de la atropina, si aumentamos la dosis, damos la bienvenida a la agitación y las convulsiones. Y llegando a dosis extremas, a la muerte por parada respiratoria. Pero en el caso de la cocaína, y a diferencia de la atropina, si no mata antes lo hará después, pues provoca una dependencia que hace muy difícil dejar de consumirla, y una habituación que lleva a necesitar cada vez más para conseguir el mismo efecto. Otro ejemplo es la estricnina extraída de la semilla de la nuez vómica (*Strychnos nux-vomica*), con efectos estimulantes y tónicos. Actualmente está en desuso precisamente por su gran toxicidad y estrecho margen de seguridad. Como estos hay más, muchos más ejemplos.

Hay casos en los que dos variedades muy parecidas de una misma especie vegetal tienen una notable diferencia: una mata y la otra no. Por ejemplo, hay plantas que desprenden ácido cianhídrico, mortal para el ser humano por envenenamiento. Y eso es lo que le pasa a una variedad amarga del almendro. Sus almendras, amargas, fabrican una molécula, un *heterósido* denominado *amigdalina,* capaz de generar ácido cianhídrico. Estas almendras son tóxicas por ingestión, provocando un envenenamiento por cianuro. Entre 20 y 50 almendras pueden ser suficientes para matar a un adulto. Y sin embargo, la variedad de almendras dulces, es absolutamente inocua, además de deliciosa.

EL REINO VEGETAL ES EL BOTIQUÍN MÁS GRANDE Y DESCONOCIDO DE LA TIERRA

En resumen, en este capítulo hemos visto que el reino vegetal constituye un inmenso botiquín del cual podemos extraer medicinas para tratar un sinfín de dolencias. Las propiedades descubiertas por las distintas culturas que pueblan o han poblado el planeta a lo largo de la historia se vienen usando desde hace siglos, y gracias a ellas se han salvado miles de vidas humanas. En algunos casos, también ha habido gente que ha muerto por un uso inadecuado de la planta, o a unas dosis inadecuadas, o simplemente por pura ignorancia de sus propiedades. Esta es la cara oscura de las plantas medicinales. Sin embargo, este lado oscuro está siendo progresivamente reducido gracias a la investigación sobre los efectos, tanto beneficiosos como perjudiciales, de algunas plantas medicinales. La identificación, el aislamiento y la administración en dosis controladas de los principios activos vegetales ha supuesto un enorme salto en seguridad y eficacia en el tratamiento de las enfermedades respecto al uso tradicional de estos remedios.

Tan inmenso es este botiquín que ni siquiera sabemos cual es su potencial máximo. No se sabe qué principios activos puede haber en las muchísimas plantas conocidas aún sin estudiar, y por supuesto, en las aún no conocidas. La caracterización sistemática y la aplicación médica de todo el arsenal químico presente en las muchísimas especies vegetales aún no estudiadas supone un valiosísimo recurso biotecnológico para las futuras generaciones y para la curación de sus futuras dolencias, tanto las conocidas como las que aún no se conocen. Unos datos avalan esta hipótesis: se estima que existen alrededor de 800.000 especies vegetales en nuestro planeta[134]. De ellas, solo han sido descritas con su respectiva clasificación botánica menos de la tercera parte, unas 250.000. Y de éstas últimas, unas 80.000 han sido sometidas a ensayos químicos y farmacológicos, de los que han surgido los medicamentos actuales y pasados basados en compuestos vegetales. Una fácil comparación entre las 800.000 totales estimadas y las 80.000 estudiadas nos revela que todavía queda un 90% del potencial farmacológico sin ser siquiera tocado. Gran parte del futuro de la biotecnología pasará sin duda por aquí.

134 Von Reis Altschul S. (1977). Exploring the herbarium. Scientific American 236: 96-114.

BIOPIRATERÍA

A lo largo de los temas anteriores hemos hecho un repaso sobre una gran cantidad de sustancias que las plantas, modificadas o no, nos proporcionan para mejorar aspectos de la sociedad y de la vida humana de muy distinto tipo. Además de estos, muchas otras moléculas y principios activos han sido descubiertos gracias a una ardua labor de investigación biológica y médica, y también etnológica sobre el uso que las culturas tradicionales de diferentes continentes hacían desde tiempos remotos de ciertas plantas. No es un trabajo fácil, ni algo que pueda hacer solo un investigador. De hecho, estos descubrimientos requieren de la implicación de equipos multidisciplinares que abarcan desde sociólogos, antropólogos o historiadores hasta químicos, farmacéuticos, botánicos o médicos. Es una prueba más del carácter multidisciplinar de la biotecnología que vimos al principio del libro. Al final, estas apuestas multidisciplinares suelen valer la pena, pues a menudo rinden resultados. Se estima que entre un 25 y un 30% de las medicinas actuales contienen algún principio que deriva o derivó en el pasado directamente de los recursos naturales[135].

En este sentido, es especialmente relevante la aportación de las selvas tropicales en el descubrimiento de nuevas sustancias de interés principalmente farmacéutico, hasta el punto de que un 75% de las medicinas derivadas de plantas provienen de plantas tropicales. Y esto no es solo debido a que sea allí donde

135 Calixto, J.B. (2005). Twenty-five years of research on medicinal plants in Latin America. A personal view. Journal of Ethnopharmacology 100: 131–134.

más y más variados tipos de plantas hay[136], sino a que éstas están constantemente expuestas a multitud de amenazas en forma de depredadores (herbívoros, insectos) o infecciones (virus, hongos, bacterias). Como hemos visto, han de defenderse. Y esta presión de selección les obliga a desarrollar más y mejores estrategias de *defensa molecular.* Todo un arsenal químico, como vimos en el capítulo anterior. Pero también todo un banco de futuras medicinas. Un tesoro en definitiva, un legado universal que hay tratar de conservar a toda costa.

Paradójicamente, este tesoro a preservar plantea dos grandes problemas en el mundo actual. Uno de ellos, a medio o largo plazo es que con la depredación irracional de los bosques, sobre todo de aquellos que albergan la mayor biodiversidad, estamos acabando cada día con numerosas especies vegetales, muchas de ellas todavía no exploradas. Y con ellas, estamos perdiendo las posibles aplicaciones medicinales de dichas plantas. No es descabellado pensar que si en las pocas que conocemos hemos descubierto tantos principios activos, en todas las que nos quedan por conocer debe de haber aún más. Cabe también mencionar que además de las que aún no conocemos, con la pérdida de bosques y selvas se está amenazando seriamente a las que ya conocemos. Con su uso y explotación desmedida, no sostenible, las estamos abocando a la extinción, pues en muchos casos no es posible, o viable, cultivarlas fuera de su hábitat. En lugar de preservarlo, nos estamos deshaciendo de un incalculable patrimonio que nos pertenece a todos. Igual que a todos nos corresponde también conocerlo, aprender a quererlo, y salvaguardarlo.

El segundo problema es más inmediato. Tan inmediato como que lleva ya 50 años presente. Se trata de la *biopiratería.* La biodiversidad se entiende como un bien común que permite el desarrollo de productos de base biológica beneficiosos para el ser humano. Ni la biodiversidad ni su utilización en beneficio del hombre son conceptos nuevos. A lo largo del pasado capítulo hemos visto varios ejemplos de cómo la biodiversidad vegetal ha sido aprovechada tradicionalmente por distintos pueblos y culturas, que han trasmitido durante generaciones su saber para el

136 Según J.B. Calixto[138], se estima que solo Brasil contiene entre el 20 y el 22% del total de plantas y microorganismos conocidos.

bien de sus gentes. Sin embargo, esta situación está cambiando debido a la biopiratería. La biopiratería es una forma moderna de piratería, en la que la pata de palo y el parche en el ojo son reemplazados por batas blancas y guantes de látex. Por cierto, el látex es otra sustancia de origen vegetal. La biopiratería no es sólo el contrabando de diversas formas de vida de la flora y fauna, sino que fundamentalmente consiste en la explotación, manipulación, exportación y/o comercialización internacional, y finalmente la apropiación y monopolización de los recursos biológicos propios de una región y de los conocimientos de las poblaciones tradicionales de esa región en lo que se refiere al uso de los recursos naturales, de manera que se contravienen las normas de la Convención sobre la Diversidad Biológica[2].

PIRATAS CON BATAS BLANCAS

Algunos investigadores y empresas biotecnológicas se dedican a recorrer las zonas donde se concentra la mayor diversidad vegetal, que suelen ser las regiones tropicales, y muy especialmente la Amazonia, y mediante técnicas de *bioprospección*, recogen plantas y extraen recursos genéticos y bioquímicos de ellas basándose en los conocimientos preexistentes, provenientes sobre todo de pueblos indígenas que habitan esas zonas, que suelen corresponder a países en vías de desarrollo. Tras la extracción del recurso en cuestión, los resultados son patentados en el país de origen de la compañía biotecnológica para asegurarse el control total y los posibles beneficios económicos, una vez se comiencen a comercializar. Dicho de otro modo: yo llego a tu casa y me fijo en ese artilugio que hiciste con un palo largo atado a una brocha para pintar los techos de tu casa. Como me gusta la idea, te quito el palo y la brocha, vuelvo a mi casa y patento el artilugio. Y así, la próxima vez que quieras hacer el mismo artilugio para pintar los techos, tendrás que pagarme «derechos de autor», porque aunque tú llevaras años pintando así, lo acabo de patentar yo. ¿Injusto? Así parece. Y así lo es para los pueblos fundamentalmente de la región amazónica, donde la biopiratería es un problema muy serio. Según algunas organizaciones ecologistas, la biopiratería provocaba en 2006 sólo en estos países pérdidas anuales superiores a los 8.000 millones de euros[137]. Por el otro lado, Naciones Unidas calculaba en 2008 que las farmacéuticas ganaban al año unos 12.000 millones de euros sin que nada llegase a los países de origen[138]. Veamos algunos ejemplos concretos de hasta qué punto la biopiratería puede ser un problema.

La Vinca rosea, Vinca de Madagascar o Catarantus (*Catharanthus roseus*) es una planta originaria de diversas partes de África. En Madagascar se comercializan tradicionalmente sus hojas por sus variadas propiedades. Según la tradición de la isla, tomando estas hojas como suplemento diario, mejora el aporte sanguíneo al cerebro, aumenta el oxígeno y la glucosa, y se previenen problemas de coagulación sanguínea. Los preparados a base de todas las partes de la planta son bien conocidos como agente hipoglucémico oral, para tratar el paludismo, el dengue, la diarrea, o las enfermedades de la piel. Con extractos preparados a base de hojas se tratan las hemorragias, las erupciones cutáneas y las heridas para que cicatricen. Como enjuague bucal, alivia el dolor de muelas. En Uganda, las infusiones de hojas se toman para tratar la úlcera de estómago. Como podemos ver, no son nada nuevo ni desconocido para ciertos pueblos, aunque nosotros a lo mejor no las conozcamos. Además, los análisis químicos demostraron que esta planta contenía hasta 400 alcaloides distintos, muchos de ellos responsables de las propiedades conocidas, y algunos otros responsables de otras nuevas. Como por ejemplo, la *vincristina* y la *vinblastina* con un efecto anticancerígeno útil para el tratamiento de la leucemia infantil, la enfermedad de Hodgkin, el cáncer testicular y otros tumores cancerosos. En la década de los 50 la empresa farmacéutica Eli Lilly patentó un medicamento contra la leucemia infantil llamado *Velban* basado en la vinblastina de la rosa Vinca. Basado en definitiva en la planta que en muchas partes de África se había usado desde hacía mucho tiempo. Y desde ese momento, este recurso quedó patentado y aquellos usuarios tradicionales, si seguían utilizándolo quedaban «fuera de la Ley».

137 Biopiratería. Una grave amenaza para la biodiversidad del planeta, los pueblos indígenas y los países en desarrollo. Revista Consumer. 26/4/2006. http://www.consumer.es/web/es/medio_ambiente/urbano/2006/04/24/151228.php

138 *Golpe a la 'biopiratería'.* (2/5/2008). El País.com. http://www.elpais.com/articulo/sociedad/Golpe/biopirateria/elpepusoc/20080502elpepisoc_4/Tes

Vinca rosea.

Un caso verdaderamente sangrante ha sido el de las judías Enola[139]. Estas judías (*Phaseolus vulgaris*) han sido cultivadas en México durante siglos, y desarrolladas por múltiples generaciones de agricultores y más recientemente mejoradores mexicanos. En 1999 se concedió una patente en los EE.UU., en concreto la número 5894079, a un ciudadano estadounidense, Larry Proctor, que con ello consiguió patentar como suyas unas semillas de esta variedad tradicional. Esto acarreó una gran polémica, que llevó a la oficina de patentes de EE.UU. a reexaminar el caso. Pero Proctor reaccionó aduciendo 43 nuevas supuestas pruebas sobre su propiedad, que atascaron la investigación. Y mientras tanto, Proctor seguía ganando dinero. En 2001, Proctor demandó a 16 agricultores y fabricantes de semilla en Colorado por cultivar y vender ilegalmente «sus» judías.

Otro caso curioso es el de Conrad Gorinsky, un investigador conocido por varios episodios de biopiratería. Durante un tiempo convivió con la tribu amazónica de los Wapishana. Tras marcharse de allí, se hizo con una patente en los EE.UU.

139 Se puede encontrar más información de este y muchos otros casos en http://ip.aaas.org/tekindex.nsf/TEKPAD?OpenFrameSet.

Árbol de Neem.

sobre un antipirético que denominó *Rupununine*, derivado de la nuez del árbol *Ocotea rodiei*, y que los campesinos brasileños de esa tribu habían utilizado ancestralmente como medicamento para dolencias cardiacas, neurológicas, para controlar tumores y como tratamiento de fertilidad. También patentó el *cunaniol*, con un origen y fundamentos éticos similares, sólo que en este caso resultó ser inocuo.

Hay más casos, como el del neem (*Azadirachta indica*), un árbol de zonas tropicales y subtropicales muy conocido y utilizado por las comunidades locales de la India por sus propiedades insecticidas y plaguicidas, entre muchas otras que se le atribuyen. Ahora ya hay numerosas patentes en EE.UU., Japón y Europa sobre diferentes productos a base de neem. La demanda de este árbol ha restringido el acceso de estas comunidades debido al aumento de los precios de mercado, y se teme que pueda acabar desapareciendo en la India debido a esta gran presión[140].

Otro ejemplo es el tepezcohuite (*Mimosa tenuiflora*), una planta utilizada ya en su época por los mayas y más recientemente por los campesinos indígenas de Chiapas contra las quemaduras. Se ha patentado el procedimiento para aprovechar su corteza tostada, con lo que los precios han aumentado y el recurso se ha agotado, marginando a los campesinos indígenas[141]. O la maca (*Lepidium meyenii*), una planta conocida por sus propiedades de fertilidad y contra las disfunciones sexuales[142]. Es fundamental en la dieta y la farmacología de los pueblos indígenas de las tierras altas de Puna (Perú). Sin embargo, estos pueblos ven amenazadas estas costumbres por las dos patentes ya aprobadas en los EE.UU. y por las solicitudes adicionales que otros consorcios farmacéuticos estadounidenses, europeos y australianos presentaron sobre la maca.

---

140 Se puede encontrar un extenso relato de la historia de la biopiratería respecto del neem en: http://www.twnside.org.sg/title/pir-ch.htm

141 http://www.grain.org/briefings/?id=141#p41

142 http://rain-tree.com/maca.htm

MEDIDAS CONTRA LA BIOPIRATERÍA

La biopiratería supone un problema de disputa desigual entre un débil con poca repercusión mediática —las comunidades indígenas o los gobiernos de países principalmente de la Amazonia— y un poderoso —las grandes compañías transnacionales— con potentes servicios jurídicos a su disposición. Estamos ante una situación con escaso eco en los medios de comunicación, y sobre todo en los de los países desarrollados, donde suelen estar las sedes de las compañías implicadas en los casos de biopiratería. Esta situación tan global como injusta se ve favorecida por varios factores. Por un lado, los recientes y cada vez más rápidos avances de las herramientas biotecnológicas, que permiten la extracción y procesado de cada vez más recursos biológicos y cada vez en menos tiempo. Por otro lado, existe una cierta laxitud en la regulación sobre la patentabilidad de derivados biotecnológicos, sobre todo en determinados países. A esto se le une una gran pobreza o falta de adecuación de las leyes internacionales a estos casos concretos. Y en cuarto lugar, lo anterior se junta con el refuerzo cada vez mayor de las compañías biotecnológicas, sobre todo de las grandes multinacionales, con unos servicios jurídicos cada vez más potentes. En conjunto, el panorama no pinta alentador. En 2006, en Curitiba (Brasil) tuvo lugar la Octava Conferencia de las Partes del Convenio sobre la Diversidad Biológica (COP-8)[143], donde la biopiratería fue uno de los temas principales. Como conclusiones principales de la misma, los países participantes se comprometieron a desarrollar una norma internacional antes de 2010 que controle el origen, acceso y utilización de los recursos genéticos de un país, así como el acceso y participación en los beneficios generados. Sin embargo, países como Australia, Canadá y Nueva Zelanda plantearon numerosas trabas para el acuerdo. Y un país tan decisivo en este tema como son los EE.UU., ni siquiera ratificó el Convenio sobre la Diversidad Biológica, la cumbre de Río de Janeiro de 1993[2]. Comprensible — que no justificable — cuando, según datos de la Organización Mundial de la Salud, el 75% de los fármacos que se venden en los EE.UU. tienen como base sus-

143 http://www.cbd.int/doc/meetings/bs/mop-02/official/mop-02-06-es.pdf

tancias naturales procedentes de países de gran diversidad biológica. Estamos ante un problema de difícil solución.

No obstante, se han puesto en marcha algunas iniciativas en forma de leyes[144] y asociaciones para tratar de prevenir en la medida de lo posible actuaciones de este tipo. Por ejemplo, Brasil, Venezuela o Perú vienen desarrollando iniciativas para recopilar información sobre casos detectados de biopiratería y proponer acciones de prevención. Un ejemplo de este tipo de plataformas es la Iniciativa Andino Amazónica para la Prevención de la Biopiratería[145]. Por su parte, Brasil desarrolló en 2008 una ley por la que se restringe el acceso a la Amazonia[146], de modo que todo aquel que quiera visitarla, deberá identificarse previamente ante el gobierno brasileño, y será éste quien autorice la visita. Según el Secretario de Justicia de dicho gobierno, la razón de promover esta ley es la lucha contra la biopiratería. Por otro lado está el *Proyecto TEK*PAD*[147] (*Traditional Ecological Knowledge Prior Art Database,* o *base de datos de artes ancestrales y del conocimiento ecológico tradicional*). TEK*PAD ha sido creado por Stephen Hansen, director del programa *Science and Intellectual Property in the Public Interest,* de la *American Association for the Advancement of Sciences* (AAAS), la sociedad científica más grande del mundo. Se ha elaborado una base de datos en la que se ofrece a las oficinas de patentes estadounidenses y europeas, y al mundo en general, una recopilación de remedios y procedimientos tradicionales que han pasado a ser de dominio público, con el fin de divulgar el conocimiento sobre las tradiciones y los organismos vivos sobre los que se basan. La idea es que cuando alguien vaya a patentar algo de dominio público, no cuente con la ignorancia de la oficina de patentes correspondiente.

Y algo parece que va cambiando también en este aspecto. Las naciones van ejerciendo acciones legales acerca del uso inade-

144 Se puede encontrar una recopilación de leyes y convenios desarrollados para prevenir la biopiratería en: Ruiz Muller M. (2005). ¿Cómo prevenir y enfrentar la biopiratería? Una aproximación desde Latinoamérica. Documentos de Investigación. Sociedad Peruana de Derecho Ambiental. 1: 1-8. http://www.biopirateria.org/documentos/1-ManuelRuiz.pdf

145 http://www.biopirateria.org

146 *Brasil pone puertas a la Amazonia.* (27/4/2008). El País.com. http://www.elpais.com/articulo/internacional/Brasil/pone/puertas/Amazonia/elpepiint/20080427elpepiint_1/Tes

147 Web del proyecto TEK*PAD: http://ip.aaas.org/tekindex.nsf

cuado de sus recursos naturales basándose precisamente en el conocimiento tradicional y en principios de justicia. La vigilancia y la protesta ante las instancias oportunas parece ser la estrategia más prometedora de cara al futuro para la cancelación de patentes de supuestos inventos de productos naturales. Por ejemplo, en el caso de las judías Enola de Larry Proctor. Tras diversas reclamaciones, en abril de 2008 la Oficina de Patentes (US Patent and Trademark Office) resolvió[141] que la judía patentada por Proctor —que transfirió la patente a la firma POD-NERS, L.L.C—. realmente no tiene ninguna diferencia con la *Phaseolus vulgaris* que se cultiva de forma tradicional en México, la zona donde fue comprada. Como cabía esperar, POD-NERS no se quedó ahí, y apeló la decisión ante la Corte de Apelación de los EE.UU. El 10 de julio de 2009 la Corte de Apelación resolvió confirmar la decisión de la Oficina de Patentes que revocaba la patente sobre las judías Enola. Otro ejemplo es una patente estadounidense de 1995 sobre la utilización de la cúrcuma (*Curcuma longa*) en la curación de heridas, que fue cancelada en 1998 gracias a las reclamaciones llevadas a cabo por el Consejo de Investigaciones Científicas e Industriales de la India[148]. En estas reclamaciones se aportaban hasta 32 referencias, algunas de las cuales tenían más de 100 años de antigüedad, escritas en sánscrito, hurdu e hindú. Gracias a ello, la Oficina de Patentes de los EE.UU. admitió que el uso de la cúrcuma para curar heridas era conocido en la India a lo largo de muchas generaciones. Siguiendo la dinámica antes expuesta, en 1986 la compañía estadounidense *International Plant Medicine Corporation* obtuvo una patente sobre una nueva variedad de ayahuasca (*Banisteriopsis caapi*). La ayahuasca es una planta medicinal cultivada desde tiempos precolombinos en la cuenca amazónica. Sin embargo, posteriores evidencias establecieron que esta supuesta nueva variedad era realmente el tipo silvestre o no cultivado, es decir, nada nuevo ni diferente. La organización indígena COICA y la Coalición Amazónica solicitaron la revocación de esta patente, en un intento de paralizar lo que ellos entendían como una expropiación muy poco ética de su herencia biológica y tra-

148 Anuradha R.V. *Biopiracy and traditional knowledge.* (20/5/2001). The Hindu Folio. http://www.hinduonnet.com/folio/fo0105/01050380.htm

dicional. Tras trece años de litigios, la patente fue finalmente cancelada[149].

También la opinión pública, siempre tendente a simpatizar con el más débil, y la preocupación por salvaguardar la imagen de marca de algunas compañías pueden jugar a favor de una solución. Jaime Miranda, presidente de la Comisión Nacional contra la Biopiratería del Perú comentaba en 2009 lo siguiente en el portal web de la Iniciativa Andino Amazónica para la Prevención de la Biopiratería: «*Uno de los casos más complicados que hemos tenido es con una empresa francesa que estaba utilizando el sacha inchi para un producto cosmético y a la cual, de acuerdo a una normativa francesa se le otorgó una patente para que pueda seguir utilizando este producto. Luego de algunos meses y después de una serie de conversaciones y comunicaciones esta empresa renunció a la patente y es que ahora las compañías, principalmente europeas, no quieren tener problemas de este tipo, pues les quitan prestigio*». Quizá este tipo de estrategias de denuncia individualizada tengan más efecto que los grandes acuerdos internacionales que muchas veces se quedan solo en buenas palabras.

Estos casos parece que están sentando una clara advertencia para futuros biopiratas sobre el fraude que supone inventar basándose en un material biológico extraído de un país de forma ilegal. El mensaje debería ser: *igual que nadie se plantea entrar en Arabia Saudí, esquilmar sus pozos petrolíferos y salir de allí impunemente sin pagar por el petróleo extraído, tampoco debería plantearse nadie ir a la Amazonia o a cualquier otra zona rica en biodiversidad, esquilmarla, patentarla como propia, y salir de allí impunemente.* Esperemos que así sea.

149 http://www.biopirateria.org/spa/actualidad_venezuela.php

LUCES Y SOMBRAS DE LA BIOTECNOLOGÍA VEGETAL

A lo largo de este libro se han mostrado las *luces* de la biotecnología vegetal, sus numerosos aspectos positivos que han permitido o van en vías de permitir un mayor aprovechamiento de los recursos naturales que nos proporciona el reino vegetal. Sin embargo, no podemos olvidar que la biotecnología, como cualquier otra disciplina científica, avanza lentamente y con tropiezos en ocasiones. El error está en la misma naturaleza de la ciencia. El método del *ensayo-error* ha dado lugar a innumerables progresos. En otras ocasiones, el error no ha sido previsto, ni tan siquiera considerado como probable, pero ha aparecido. También se han dado casos de planteamientos inicialmente correctos, pero con consecuencias imprevisibles, y por supuesto negativas. Y por desgracia, hay también casos en los que se han hecho las cosas mal desde el principio, deliberadamente. Esto último tampoco es infrecuente a lo largo de la historia de la humanidad. En el fondo, la biotecnología no está exenta de los defectos y problemas que caracterizan a cualquier otra actividad humana. Y al igual que en otros sectores, los problemas son percibidos y valorados por la sociedad, que se posiciona frente al uso que se le da a estas tecnologías.

En capítulos anteriores se han abordado algunas de estas *sombras*, conflictos que han surgido durante las últimas décadas asociados a la explotación biotecnológica vegetal. En ejemplos como los de la biopiratería o los problemas asociados a la revolución verde o a los biocombustibles de primera generación vimos que lo que en principio eran buenas ideas, potencialmente beneficiosas, con el tiempo mostraron una cara negativa que derivó en perjuicios de distinto tipo tanto a nivel local como global. Estos problemas no son los únicos que avivan el debate sobre la biotecnología vegetal. Ni tan siquiera son los más *mediáticos.* De hecho, poca gente en Europa es consciente de lo que supone la biopiratería en los países afectados. En cambio, la mayoría es consciente del debate abierto en torno a las plantas transgénicas y se posiciona al respecto. En este capítulo vamos a abordar otra serie de problemas derivados del uso de las plantas que en los últimos años están ocupando el centro del debate de la sociedad y los medios de comunicación sobre la biotecnología. Uno de ellos es la pérdida de biodiversidad, poco conocido aún por el gran público, aunque no por ello poco relevante. El segundo es el fenómeno creciente de la pseudociencia, los mitos y falsedades que se están propagando alrededor de las propiedades terapéuticas o saludables de algunas plantas, y la comercialización de distintos productos de base biotecnológica con extractos vegetales *«beneficiosos»*. El tercero es el tema *estrella* del debate biotecnológico: la transgénesis en su faceta vegetal, los cultivos transgénicos y todo el torrente de información en su mayoría negativa que se está vertiendo en los últimos años a través de distintos canales. Veremos el estado actual de la cuestión, los actores implicados en el debate y hasta qué punto son ciertos los distintos datos que se aportan. Será interesante ver hasta qué punto un debate puede ser desvirtuado.

EROSIÓN GENÉTICA Y PÉRDIDA DE BIODIVERSIDAD

En el capítulo 5, dedicado a la mejora genética, se mencionaba que ésta es un arma de doble filo. Nos referíamos a que un agricultor sin dudarlo utilizará una variedad mejorada, resistente, más productiva o con cualquier otra cualidad añadida que le reporte más beneficios. Es decir, sustituirá sus cultivos tradicionales por otros más uniformes genéticamente. Es lo que pasó con la revolución verde, y es lo que está pasando con los cultivos transgénicos, como veremos más adelante en este capítulo. Esta práctica, hoy extendida por todo el mundo, está haciendo que se reemplacen enormes extensiones de terreno cultivado con variedades tradicionales, por otras comerciales genéticamente homogéneas. Se está perdiendo mucha diversidad genética. Para evitarlo en la medida de lo posible, vimos que desde principios del siglo XX se están creando colecciones *ex situ* (bancos de germoplasma) en las que se trata de mantener material genético lo más variado posible. Quizá con esto se pueda preservar en el laboratorio al menos una parte de la diversidad natural, pero es obvio que los ecosistemas no van a evolucionar igual con millones de individuos distintos que con individuos muy parecidos genéticamente. Las interacciones entre especies distintas de plantas y entre plantas y animales han de verse necesariamente alteradas. Si esto es un problema muy serio en cualquier parte del mundo, lo es aún más en los centros de origen de la diversidad. Si se reemplazan las variedades locales por otras comerciales justo en las regiones en las que surgieron las especies actuales de interés agronómico, estaremos perdiendo la única gran fuente de variabilidad genética *in situ* disponible en el planeta. Debería evitarse. Pero claro, es muy fácil pedir que se evite desde estas páginas. Cosa distinta es ir al agricultor local de estas regiones, que suelen estar en las zonas más desfavorecidas del planeta, y decirle que rechace la posibilidad de ganar un dinero que posiblemente necesite para subsistir, en aras de preservar la biodiversidad. Es un claro ejemplo de conflicto entre intereses individuales y colectivos.

Pese a su relevancia, este es un problema que no parece haber calado profundamente en la sociedad hasta ahora. Solo en canales especializados se divulgan noticias al respecto y solo ocasionalmente los medios de comunicación de masas se hacen eco del problema. A nivel político sí parece que en los últimos años la pérdida de biodiversidad está siendo percibida como problema global, aunque tampoco parece haber grandes iniciativas encaminadas a paliarla. Las distintas reuniones convocadas por organismos internacionales para tratar de atajar el problema han arrojado algunas conclusiones, aunque pocas medidas concretas. Por un lado, parece haber un consenso alrededor de la necesidad de concienciar a la población mundial sobre la importancia que tiene para nuestro futuro la preservación de la biodiversidad. Sólo mediante la concienciación sobre el papel central que la biodiversidad juega en las vidas de todos los seres humanos se podrá lograr una mayor implicación de éstos en su conservación y el uso sostenible y equitativo de la diversidad natural. En este sentido, se establecieron algunas iniciativas de concienciación como la declaración del año 2010 como *Año Internacional de la Diversidad Biológica* por las Naciones Unidas, con un programa de actividades divulgativas a lo largo de ese año[150]. Por otro lado parece claro también que una forma de evitar la pérdida de diversidad es combatir la pobreza. También se han planteado objetivos globales de erradicación de la pobreza para paliar el problema. Y por último, como suele pasar en este tipo de reuniones internacionales, se establecen objetivos globales, no vinculantes, que a menudo suelen quedar sin plasmarse en hechos concretos. Algo similar a lo que sucedió con el compromiso que adoptó la comunidad internacional en el Convenio de 1993 sobre la Diversidad Biológica[2] por el que los firmantes se comprometían *firmemente* a reducir sustancialmente la pérdida de biodiversidad para el año 2010. En 2010 esto no se cumplió. Aunque no es este un problema fácil de resolver, es obvio que si hay alguna solución, esta ha de ser tomada a nivel político internacional.

PSEUDOCIENCIA, REMEDIOS NATURALES Y ALIMENTOS FUNCIONALES

El uso médico de productos de origen vegetal, o de la propia planta, es tan antiguo como la propia medicina, como vimos en el capítulo 11. Todas las culturas han tenido una u otra manera de aprovechar los principios activos de las plantas. Al igual que los demás legados culturales, este se ha ido transmitiendo a través de generaciones hasta nuestros días. Por tanto, a nadie hoy le resulta extraño el concepto de que *las plantas curan*. Este uso tradicional está detrás de la simpatía que en general despierta en la sociedad todo aquello que tenga que ver con los productos *naturales* y con su uso de manera también *natural*. Hay una cierta predilección del consumidor, sobre todo del no especializado, por las formulaciones vegetales, por todo aquello que parezca (haciendo énfasis en la palabra *parezca)* natural, lo sea o no.

150 Se puede encontrar un listado de los objetivos y las principales actividades del Año Internacional de la Diversidad Biológica en: http://unesdoc.unesco.org/images/0018/001866/186637s.pdf

Por ejemplo, en Pakistán se estima que el 80% de la población utiliza la fitoterapia como método de curación[151]. En China, un 40%. En países tan tecnológicamente avanzados como los EE.UU. se estima que un 60% suele utilizar plantas con propiedades medicinales para tratar algunas enfermedades. En paralelo, hay ciertos sectores de opinión que demonizan todo aquello que implique biotecnología. Por ejemplo, hay una reacción contraria a los fármacos de síntesis, a «*la química*». Junto a esto, hay también colectivos *pseudocientíficos* que atribuyen a lo natural —plantas incluidas— propiedades mágicas, milagrosas, más bien sobrenaturales.

La asociación de estos tres factores —la moda de *lo natural*, la mala prensa de *la química*, y la exaltación del carácter curativo e incluso mágico de algunas plantas— conforma un caldo de cultivo ideal para que ciertas personas hagan su particular negocio basándose en el marchamo de calidad que ha adquirido la medicina natural[152], [153]. Si malo es centrarse tan solo en los aspectos negativos de las aplicaciones prácticas del conocimiento científico, tan malo o quizá peor es aprovechase de la ignorancia para atribuirle a éstas unas propiedades místicas, milagrosas, más allá de sus propios límites y de los de la ciencia. Estaríamos adentrándonos en el nebuloso y peligroso mundo de la *pseudociencia*. Muy posiblemente, el paradigma en los últimos años de este tipo de personajes sin escrúpulos que se aprovechan de la ignorancia y la buena fe de la gente sea Josep Pàmies. Josep Pàmies es un señor sin ninguna formación científica ni sanitaria que se dedica a la agricultura ecológica y a vender sus productos de forma directa y también a través de la tienda online de su página web[154]. Hasta aquí todo bien, nada que objetar.

151 *Importancia de las plantas medicinales*. Universidad de Alcalá de Henares. http://www2.uah.es/Plantas_Medicinales/Plantas%20Medicinales/descargas/importancia%20plantasmedicinales.doc.

152 Para todo aquel interesado en profundizar en este tema, se recomiendan los siguientes libros: Mulet, J.M. (2011) Los productos naturales ¡Vaya timo!. Editorial Laetoli, Pamplona. Mulet, J.M. (2015). Medicina sin engaños. Editorial Destino.

153 Se recomienda también la siguiente entrevista al científico Félix Goñi: «La medicina alternativa no es medicina». El correo.com. 20/01/2012. http://ciencia.elcorreo.com/bichos-humanos/2012-01-20/la-medicina-alternativa-medicina-20120120.html

154 https://dolcarevolucio.cat/botiga/es

El problema viene cuando este individuo publica libros, publica entradas en su blog y recorre España dando charlas en las que difunde ideas no solo falsas y sin base científica alguna, sino peligrosas para la salud de la población. Este personaje va de charla en charla alabando las bondades de no vacunarse, de no seguir los tratamientos médicos, de desconfiar del personal sanitario y de la ciencia en general. En su lugar anima a seguir «terapias alternativas», a consumir «productos naturales» que *casualmente* él mismo cultiva y vende, aunque esto suponga vender plantas prohibidas por la actual legislación, o incluso un delito contra la salud pública. Básicamente, Josep Pàmies se dedica en sus charlas a infundir miedo a la medicina, a los medicamentos, al sistema sanitario y farmacéutico en general, a los investigadores y a la investigación sanitaria, biomédica y biotecnológica, contraponiendo ese miedo a las bondades, milagros y maravillas de los productos ecológicos y «naturales» que *casualmente,* insisto, él vende. Se trata de propagar la delirante idea de que *hay una peligrosa conspiración de médicos, farmacéuticos, científicos y empresarios contra nosotros, los pobres, honrados e indefensos ciudadanos, a quien estos seres malignos quieren asesinar con alimentos tóxicos y medicinas mortales, mientras que yo, Josep Pàmies, os traigo la solución en forma de productos naturales.* Más que naturales, debería llamarles *sobrenaturales,* pues a algunos de ellos les atribuye propiedades que van más allá de lo que la ciencia actual sabe de ellas. Para hacernos una idea de la catadura moral del personaje, estos son algunos puntos del ideario[155] que repite a todo el que quiere escucharle:

- Alerta sobre infundados efectos malignos de las vacunas, inventándose que éstas causan autismo y otras barbaridades.
- Dice ser conocedor de la cura del ébola y la difteria, que se trata de una sustancia barata y de fácil acceso a la que llama MMS (Solución Mineral Milagrosa) basada en clorito de sodio (al que también llaman dióxido de cloro). El clorito de sodio es un fuerte oxidante. Una dosis de 10-15 gramos puede ser letal.

155 Para comprobar todo esto, basta con entrar en su blog (https://joseppamies.wordpress.com/) y leer sus delirantes entradas.

— Asegura que no se ha demostrado que el virus VIH sea el causante del SIDA ni que se transmita por vía sexual.
— Niega que la radiación solar cause melanomas, achacando este cáncer al uso de cremas solares. Por si esto fuera poco, aboga por lavarse las manchas de la piel con nuestra propia orina.
— Promueve el abandono de la quimioterapia para tratar el cáncer y que en su lugar se sigan terapias alternativas con nulo rigor científico.
— Promueve el consumo de marihuana y que se le administre a bebés con tumores cerebrales. Incluso él mismo la cultiva, motivo por el cual estaba pendiente de sentencia por delito contra la salud pública.
— Promueve el uso de una planta prohibida, la *Stevia*, como remedio para curar la diabetes. Y no solo la diabetes, sino también la hipertensión, el colesterol, la ansiedad, la caries, o el exceso de triglicéridos. De esta planta, lo único que se ha podido demostrar útil es una molécula que tiene un gran poder como edulcorante, el steviol. De hecho se usa como sustituto del azúcar en algunos productos. Pero de ahí a curar la diabetes, media un abismo.
— Se permite despotricar contra UNICEF y contra la ONU, por negarse a permitir que algunas asociaciones utilicen el agua de mar… ¡para paliar la desnutrición en África!

En su gira por toda España, este tipo se ha topado con que en muchos sitios los científicos de las universidades y centros de investigación locales han presionado a las autoridades locales para que no le cedan espacios públicos donde propagar sus bulos. Pero por desgracia, esto no ha sido así siempre, y en otros lugares se lo han permitido amparándose en la libertad de expresión. Es el caso, por ejemplo, de mi pueblo, Meliana (Valencia), que Pàmies visitó dentro de su gira de 2015, y donde yo mismo alerté al Alcalde sobre esto, y él me contestó que no podía cercenar la libertad de expresión de este señor. Cuento esta anécdota personal porque no ha sido el único caso de permisividad de las autoridades locales, y este parece ser el argumento «de moda» para justifícarla y justificarse. En su blog, en febrero de 2016 Pàmies publicaba una entrada[156] donde abogaba por *«la libertad de expresión en temas sanitarios»*, por poder *«expresar nuestras opiniones sobre otra Salud más humanizada que no excluya ninguna disciplina sanitaria ni conocimiento que pueda ser útil»*, y por *«intentar remediar lo que se da por irremediable en esta Sanidad mercantilizada que tiene como supremo objetivo, paliar y cronificar la enfermedad en vez de evitarla o curarla»*. Y digo yo... ¿qué opinaríamos de alguien que reclamara su derecho a la *libertad de expresión en temas matemáticos* para proclamar a los cuatro vientos que 2+2=7? Pues eso.

La estrategia usada por este tipo de personajes para hacer negocio se basa normalmente en atribuir supuestas propiedades beneficiosas a ciertas plantas que en realidad no son ni la mitad de lo que se anuncia, o son inocuas, o en el peor de los casos perjudiciales. En muchos casos, los principios activos que llevan las *plantas milagro* son exactamente los mismos que hay en los medicamentos sintéticos, los «*malos*». De hecho, ya hemos visto que las plantas son la base de muchos de ellos. El problema es que las plantas contienen además otra serie de sustancias a veces tóxicas, y en dosis variables. Esto puede provocar diversos efectos secundarios, igual que la *medicina alopática*[157], la de farmacia, pero fuera de control. Además, mucha de esta «medicina natural» se administra mediante infusiones en las que hay que cocer las hierbas y después colarlas. Cocer ¿a cuanta temperatura? ¿Durante cuanto tiempo? ¿Qué cantidad de hierba? ¿Sabemos a qué concentración está el principio activo en la hierba? ¿El principio activo es resistente al calor de la cocción? Demasiadas variables. Cuando todo esto no se sabía, no había otra opción. Pero hoy si. A lo mejor la infusión ayuda. Pero seguro que no va a ser mejor que el principio activo purificado, etiquetado, recetado por el médico en su dosis adecuada y vendido por el farmacéutico. Como hemos visto, existen también problemas asocia-

156 https://joseppamies.wordpress.com/2016/02/22/acto-por-la-libertad-de-expresion-en-temas-sanitarios/

157 N.d.A.: En el contexto de la «*medicina*» homeopática, a la verdadera medicina se le denomina por contraposición *medicina alopática*. Este concepto deriva de uno de los tres principios de la homeopatía, el *principio de similitud*, que indica que «*lo similar cura a lo similar*». Es decir, que para tratar un mal que provoca unos síntomas determinados, hay que aplicar un tratamiento que provoque síntomas similares. Como la medicina se basa justo en lo opuesto (los tratamientos provocan efectos opuestos a los síntomas que se pretende combatir), la homeopatía la califica de alopática.

dos al uso de la planta tal como la naturaleza nos la proporciona. Hay suficientes trabajos científicos hoy en día como para establecer de manera concluyente que los principios activos vegetales con efecto terapéutico son más fiables cuando son aislados, controlados, y administrados en la forma y a las dosis correctas. Esto es algo en lo que cabría un esfuerzo por informar, al menos más de lo que se hace, o por tratar de evitar la desinformación por parte de quien potencia este tipo de usos no controlados.

En general, no deberíamos creer en grandes milagros que no se puedan conseguir también en una farmacia y bajo control facultativo. Admito que es muy bonito y evocador el hecho de preparar una infusión de plantas con nombres raros, venidas de lugares más raros aún. Y más excitante aún resulta esto si la mezcla la prepara un individuo barbudo de larga cabellera y mirada penetrante, vestido con una túnica de colores, lleno de colgantes, pulseras y amuletos, en un lugar oscuro, con animales disecados y figuras de santos en las estanterías, y todo ello aderezado con aroma a incienso y sándalo, y el correspondiente surtido de velas encendidas. Pero no hay que fiarse del atuendo, sino de los conocimientos y la preparación del individuo de la barba. Hemos visto que un error en la cantidad o en la especie o variedad vegetal seleccionada puede ser funesto.

Una segunda categoría, quizá incluso peor que la anterior la formarían todos aquellos supuestos remedios vegetales de probada inocuidad, que no perjudican pero tampoco benefician. No hacen nada. Se paga por algo que no hace nada. Pero el auténtico peligro de estas prácticas fraudulentas no es perder el dinero, sino el tiempo. La gente, en ocasiones desesperada, que acude a estas prácticas supuestamente naturales para curarse o aliviarse de una dolencia grave, pierde con placebos un tiempo precioso que podría ser decisivo si fuera tratado con medicamentos adecuados, efectivos. Muchos suplementos vegetales están en ese caso de probada inocuidad, amparándose en legislaciones laxas o incompletas, que se preocupan únicamente de que el producto en cuestión no perjudique a la salud. Más allá de eso, el que tenga las propiedades beneficiosas que se le atribuyen parece ser secundario.

Podríamos incluir también una tercera categoría de sustancias que sí tienen un claro efecto beneficioso sobre la salud, y que se administran en formas purificadas y de modo contro-

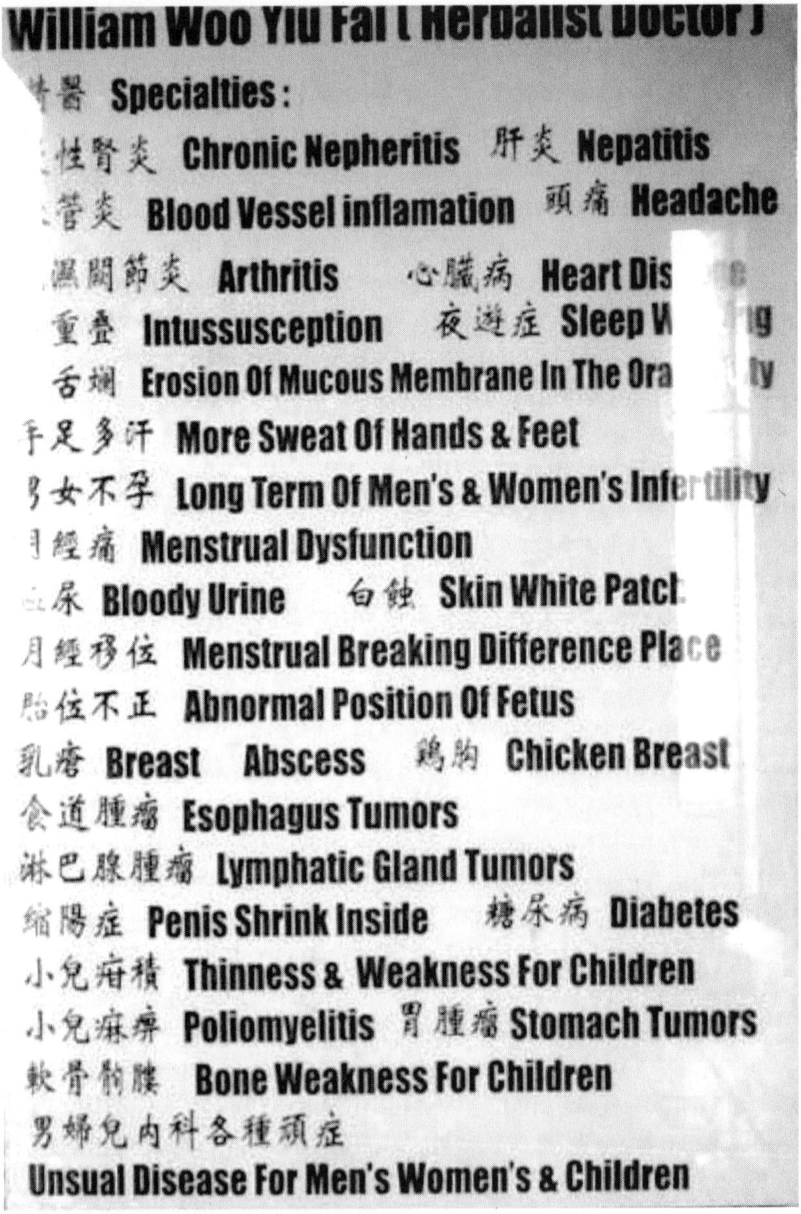

Catálogo de especialidades en un herbolario. El «Doctor Herbalista» William Woo Yiu Fai en Chinatown (Manhattan) muestra a la entrada de su tienda el catálogo de afecciones que tienen solución con sus hierbas. Como puede observarse en la imagen, las múltiples especialidades que trata van desde la hepatitis al encogimiento del pene, pasando por diversos tipos de tumores, y en general, «enfermedades inusuales de hombres, mujeres y niños». Imagen de Christyxcore bajo licencia *Creative Commons Attribution 2.0.*

lado, añadiéndolas a los alimentos que consumimos habitualmente. Estamos hablando de los *alimentos funcionales*, en los que se añade una sustancia beneficiosa para convertirlos en *fortificados*. ¿Dónde está entonces el problema? Básicamente, en la cantidad. En general, cuando una gran empresa alimentaria dice que su producto incluye una sustancia beneficiosa, es porque la sustancia es beneficiosa. No suelen arriesgarse a decir que es beneficiosa y que luego se demuestre que era falso. Ahora bien ¿cuánta sustancia beneficiosa lleva el producto? Imaginemos que se trata del aceite de oliva. A estas alturas, la *cultura de la salud* ya nos ha hecho llegar el mensaje de que el aceite de oliva es mejor para la salud que otra serie de aceites vegetales (de coco, de palma, etc.) o grasas animales, mucho más baratas, con las que habitualmente se suelen elaborar las patatas fritas embolsadas. Esto es rigurosamente cierto.

Así, cuando vamos al supermercado y vemos una marca de patatas fritas que anuncia con letras muy grandes que su producto está «*elaborado con aceite de oliva*», muchos tendemos a comprarlas, aunque tengamos que pagar más por ello. La salud es lo primero. Pero si nos molestamos en leer los ingredientes antes de pagarlas, puede que cambiemos de idea. Entre todos los ingredientes, el aceite de oliva suele ocupar menos del 15% del total de aceite usado para freír. ¿Qué impacto puede tener en la salud apenas un 15% de aceite de oliva frente a más de un 85% de otros aceites, los de siempre? Otro ejemplo curioso de esta categoría es el de los preparados lácteos o las galletas con antioxidantes, vitaminas, Omega 3, isoflavonas, etc. Asumiendo las bondades de estas moléculas, cabe plantearse ¿cuántos litros de leche o kilos de galletas habría que ingerir al día para alcanzar la dosis diaria recomendada de, por ejemplo, Omega 3? Muchos, más de los recomendables si no se quiere acabar con indigestión o sobrepeso. Se puede hacer un sencillo cálculo con cualquier marca de galletas o preparado lácteo con Omega 3, comparando la cantidad de Omega 3 que lleva y la dosis diaria recomendada que por ley debería figurar también en el envase. Como estos, cada cierto tiempo los periódicos publican casos en los que algunas empresas no lo cuentan todo, o no lo cuentan bien[158]. Hay incluso trabajos científicos dedicados a los engaños que algunos publicistas utilizan en sus anuncios, basándose en argumentos pseudocientíficos, y por tanto falaces[159].

En esta categoría podemos englobar también a todos aquellos productos cosméticos o de parafarmacia que afirman alisar la piel, rejuvenecerla, protegerla, broncearla, hidratarla, reafirmarla, renovarla o repararla a base de extractos vegetales de lo más variopinto. Los hay de pepino, de aloe, de alcachofa, de zanahoria —por aquello del beta-caroteno— de uva (qué decir del famoso *resveratrol,* que tan famoso se ha hecho de un tiempo a esta parte), e incluso de vino tinto y de chocolate, que no olvidemos que también son productos vegetales. Cada poco tiempo surge de repente una noticia sobre las supuestas bondades de determinada sustancia[160], y al poco tiempo aparece la correspondiente crema explotando no tanto las bondades, si es que las hay, sino la publicidad previa o la corriente de opinión. Algunos meses después habrán desaparecido del mercado, a pesar de sus *increíbles propiedades.*

Todo esto no hace sino reforzar la idea de que es necesario un control sobre el uso terapéutico de los principios activos vegetales. Y por supuesto, también de aquellos principios vegetales que no son activos sino inocuos, y de aquellos que pese a tener un efecto demostrado, no están presentes en cantidades suficientes como para proporcionar resultados apreciables. Hasta hace unos años, este control era más bien laxo, y se podían dar y de hecho se daban casos de publicidad engañosa sino fraudulenta. En los últimos tiempos, parece que el panorama va cam-

---

158 En los reportajes «Son alimentos, no milagros», publicado en la versión digital del diario El País del día 26/11/2006 y «The truth about 'miracle foods' — from chia seeds to coconut oil», publicado en The Guardian el 15/02/2015, se hacen unas interesantes recopilaciones de casos de mensajes engañosos en anuncios de alimentación. Se pueden consultar en: http://www.elpais.com/articulo/sociedad/alimentos/milagros/elpporsoc/20061126elpepisoc_13/Tes http://www.theguardian.com/lifeandstyle/2015/feb/15/truth-about-miracle-foods-chia-seeds-coconut-oil

159 Campanario, J.M., Moya, A., Otero, J.C. (2001). Innovaciones y usos inadecuados de la ciencia en la publicidad. Enseñanza de las Ciencias, 19(1): 45-56.

160 En el blog de medicina medtempus.com se puede leer una interesante entrada sobre las modas recurrentes alrededor de productos vegetales con propiedades saludables o beneficiosas, basadas en estudios cuando menos cuestionables. http://medtempus.com/archives/la-evidencia-cientifica-tras-los-alimentos-y-complementos-dieteticos-mas-populares/

biando, al menos en el terreno de los anuncios publicitarios, gracias en parte a la iniciativa legislativa que adoptó el Parlamento Europeo en 2006[161] por la que se regulaban a nivel comunitario las declaraciones nutricionales y de propiedades saludables en la publicidad de los alimentos. Gracias a esta norma, algunas cosas van poco a poco cambiando. Uno de los primeros ejemplos que quizá muchos de nosotros hayamos notado es que desde hace unos años ya no se ve esa invasión de productos «*Bio*» que asolaba los lineales de los supermercados, sobre todo en la zona de los productos lácteos. Había yogures *bio*, preparados de *bio*frutas, *bio*energéticos, *bio*digestivos, *bio*activos, y *bio*detergentes... Pero esto es tan solo una gota en un océano de publicistas dispuestos a lo que sea por que compres. A pesar de esto, es obvio que algo más ha de cambiar, en la formación científica de la sociedad, para evitar que se aprovechen de ella con falsas promesas biotecnológicas.

¿POR QUÉ NO GUSTAN LAS PLANTAS TRANSGÉNICAS?

Hemos visto en este libro un buen número de ejemplos de aplicaciones en las que la biotecnología vegetal permite a la sociedad aprovechar mejor los recursos existentes o directamente sacar partido de algunos que hasta ahora no eran considerados como tales recursos, simplemente porque no se sabía cómo aprovecharlos. Esta filosofía es exactamente la misma que se ha venido aplicando a muchos otros sectores productivos. Como la industria del petróleo, donde cada día surgen nuevos derivados con nuevas y mejores propiedades. O la industria tecnológica de consumo, donde cada día se desarrollan nuevos dispositivos y aplicaciones para hacernos la vida más fácil. O la cirugía, o la automoción, o la construcción, o las telecomunicaciones o la ciencia de los materiales. En definitiva, la ciencia avanza y la sociedad recibe e incorpora sus avances. Esta capacidad tecnológica es

161 Reglamento (CE) No 1924/2006 del Parlamento Europeo y del Consejo de 20 de diciembre de 2006 relativo a las declaraciones nutricionales y de propiedades saludables en los alimentos. http://eur-lex.europa.eu/LexUriServ/LexUriServ.do?uri=OJ:L:2006:404:0009:0025:ES:PDF.

una de nuestras grandes diferencias con el resto de seres vivos, y es lo que nos ha hecho llegar a las cotas de desarrollo de las que disfrutamos en la actualidad.

Sin embargo, no todos los avances son percibidos por igual. Podríamos decir que un avance científico es tanto más positivo cuanto más penetra en la sociedad, porque ello quiere decir que la sociedad lo ha juzgado y le ha dado su aprobación. La sociedad ha juzgado y ha aprobado los ordenadores, de modo que en la actualidad pocos se escapan a la informatización, sea directa o indirectamente. Lo mismo sucede con Internet, o con la telefonía móvil, aunque en sus comienzos hubiera un cierto debate. Pero cuando volvemos la vista a la biotecnología, el panorama cambia. Todo aquello que tenga que ver con la manipulación tecnológica de los seres vivos es visto por muchos sectores de la sociedad de un modo especial. Con cautela, en ocasiones con recelo, como vimos en el caso de los fármacos de síntesis frente a las plantas originales. Y a veces también con abierto rechazo. Ese precisamente es el caso de las plantas transgénicas en muchas partes del planeta. Pese a los beneficios reales y potenciales vistos en los capítulos anteriores, la sociedad plantea serias reservas sobre el uso de este tipo de tecnología y sobre sus efectos. En el año 2000 la asociación ecologista Amigos de la Tierra estimaba[162] que un 80% de los consumidores europeos estaban en contra de los alimentos transgénicos, y que dicha actitud iba en aumento en otras zonas como América del Norte y del Sur. Las últimas encuestas disponibles publicadas en Europa, incluyendo las realizadas en el marco del Eurobarómetro de 2010 sobre percepción de la biotecnología, no hace sino confirmar que esta tendencia, lejos de desaparecer, va a más[163]. Hablar de transgénicos hoy en Europa es hablar de algo que se percibe como potencialmente peligroso, diseñado no para beneficiar a la humanidad, sino solo a unos pocos, y a costa del medio ambiente y de la salud del resto. Esta es la imagen que algunos sectores de nues-

162 Amigos de la Tierra. 2000. Boletín OMG. Número 15, mayo de 2000. www.foeeurope.org

163 Se puede ampliar información sobre la percepción social de la biotecnología y sus distintas subdisciplinas en: Seguí Simarro, J.M. (2011). Percepción social y divulgación de la biotecnología. Editorial de la Universitat Politècnica de València. ISBN: 978-84-8363-743-2.

tra sociedad difunden sobre las plantas transgénicas. Esta imagen es proyectada al conjunto de la sociedad y a los gobiernos, y estos toman decisiones en consecuencia. Y por eso el cultivo de plantas transgénicas está prohibido en muchas naciones, y en las que no lo está, la lista de cultivos transgénicos autorizados es muy reducida. Cabría por tanto preguntarse por qué existe este rechazo y cuáles son sus causas[164]. A las plantas transgénicas se les atribuyen muchos problemas y de muy distinto tipo. Principalmente, los argumentos contrarios a su explotación se concentran alrededor de tres grandes cuestiones: sus consecuencias sobre el medio ambiente, sobre los agricultores, y sobre la salud humana y animal.

164 El siguiente libro aborda con detalle estas cuestiones: Seguí Simarro, J.M. (2013). Biotecnología en el menú. Publicacions de la Universitat de València, ISBN: 978-84-370-9003-0.

— *Toxicidad inespecífica.* Como hemos visto, hasta la fecha la mayoría de cultivos transgénicos aprobados por las autoridades de diversos países han sido modificados genéticamente para sintetizar la toxina Bt o análogos de la misma. Este tipo de toxinas suele ser bastante específico para la plaga que se quiere combatir. Sin embargo, los colectivos contrarios a los cultivos transgénicos aducen que no se puede descartar totalmente la posibilidad de que la toxina afecte también a otro tipo de animales presentes también en los cultivos.

— *Transferencia horizontal de genes.* Otros cultivos han sido modificados para ser resistentes a determinados herbicidas, de modo que éstos se puedan utilizar sin peligro para el cultivo, pero matando a todas las malas hierbas que crezcan alrededor. Al parecer a corto plazo estas plantas funcionan bien, pero existe el temor de que de algún modo confieran esta resistencia a las malezas, lo que se conoce como transferencia horizontal de genes. Esto, unido a la exposición prolongada de las malezas al herbicida, que actuaría como presión de selección, podría acabar generando malezas super-resistentes, que superen el efecto del herbicida, y acaben colonizando todos los nichos ecológicos contiguos. Para combatirlas, habría pues que utilizar cantidades mucho mayores de herbicidas, con la consiguiente contaminación añadida del medio y la destrucción de más tipos de flora no invasiva. Según esto, a largo plazo se conseguiría justo el efecto contrario al inicialmente perseguido al crear las plantas. Según esta línea argumental, tampoco sería descartable que la transmisión de transgenes se diera más allá de la barrera de los reinos, pasando de plantas a animales, o a bacterias.

— *Inestabilidad genética.* Algunos activistas anti-transgénicos consideran que el genoma de las plantas es un ente estable, consolidado a través de millones de años de evolución. Por tanto, si añadimos un gen extraño, ajeno a este genoma, podemos inducir numerosos problemas de inestabilidad genética que acabarían provocando la pérdida de la *estabilidad estructural y bioquímica* del genoma. Éste, para recuperar su estabilidad, deberá modificarse provocándose mutaciones, grandes y pequeñas, hasta que alcance un *nuevo estado de estabilidad.* Durante este proceso, las distintas mutaciones pueden dar lugar a defectos, malformaciones, y toda suerte de efectos negativos.

— *Interacción ecológica negativa.* Al añadir una nueva característica a una especie, es posible que esta afecte a la forma en que se relaciona con el entorno, alterando por ejemplo las relaciones que se establecen con los insectos polinizadores. De este modo podrían alterarse o romperse los ciclos reproductivos de estas especies, o algunas cadenas tróficas, o cualquier otro tipo de interacción a nivel del ecosistema. Otro ejemplo podría ser la aparición de insectos resistentes a la toxina Bt que se utiliza para combatirlos. En este caso, cada cierto tiempo aparecen noticias que apuntan a que esto ya ha sucedido[165].

— *Riesgo para la biodiversidad.* Aunque en principio pudiera parecer que al añadir un transgen a una especie aumenta la diversidad genética, los colectivos ecologistas argumentan que muy al contrario, los cultivos transgénicos suponen un riesgo para la biodiversidad. Por un lado, existe la posibilidad de que el polen de un cultivo transgénico acabe llegando a otro cultivo convencional y lo polinice. Como normalmente los transgenes suelen conferir algún tipo de ventaja, es esperable que la descendencia de esta hibridación tenga algún tipo de ventaja adaptativa que poco a poco acabe desplazando a aquellos individuos que no porten el transgen. A la larga, se perderían estas variedades no transgénicas expuestas al polen transgénico. Por otro lado, se alega que los agricultores que optan por cul-

165 Detectadas plagas resistentes al insecticida de un maíz transgénico. 8/12/2011. Publico.es. http://www.publico.es/ciencias/411039/detectadas-plagas-resistentes-al-insecticida-de-un-maiz-transgenico

tivar transgénicos renuncian al cultivo de los no transgénicos, que han de eliminar de sus campos. De este modo, se provocaría una fuerte erosión genética de las formas silvestres y se perdería en definitiva diversidad.

PLANTAS TRANSGÉNICAS Y AGRICULTORES

— *Dependencia del agricultor.* El hecho de que las plantas transgénicas se hayan de obtener en un laboratorio implica que el agricultor que quiera utilizarlas debe comprarlas a una empresa. En general, este tipo de semillas solo son comercializadas por unas pocas y muy grandes compañías transnacionales (Bayer Crop Science, Dow Agrochemicals, Pioneer, Monsanto...). Por tanto, el agricultor depende de ellas si quiere obtener buenos resultados. Es exactamente lo mismo que se comentaba en el capítulo de la mejora genética (capítulo 5) con la producción de semilla híbrida: si el agricultor quiere garantizarse una cosecha buena y uniforme, ha de comprar semilla cada año. Y esto es así, efectivamente para las transgénicas...y también para las semillas convencionales. Entonces, si tan dañino y catastrófico es que un agricultor compre semillas cada año... ¿por qué no se dice nada de que compren semilla convencional, cuyo volumen de ventas es muy (pero muy, muy) superior al de las transgénicas? ¿Por qué comprar semilla transgénica provoca dependencia pero comprar esa misma semilla pero sin el transgen no tiene problema alguno de dependencia?

— *Tecnología Terminator.* Siempre según los ecologistas (lo cual no es en absoluto garantía de rigor y veracidad, como vemos y seguiremos viendo a lo largo de este capítulo), esta dependencia se agudiza aún más en el caso de semillas que utilicen la tecnología *Terminator.* Esta tecnología, desarrollada hace ya décadas por la empresa Monsanto, consiste en introducir una serie de genes que impiden el desarrollo del embrión dentro de la semilla. De este modo, si por azar se diseminara una semilla, este mecanismo de seguridad impediría su germinación incontrolada. Pero también de este modo, si un agricultor quiere utilizar semillas de una cosecha para la siguiente, tampoco podrá. Este procedimiento, de ser así, crearía una dependencia total del agricultor con la empresa productora, que según los anti-transgénicos tendría efectos negativos sobre la economía del agricultor y de todo el país. Cuando airean la maldad intrínseca de esta tecnología desde sus blogs y portales en internet, lo que se les olvida decir (¡qué casualidad!), es que esta tecnología fue abandonada por la propia empresa... ¡en 1999![166]

PLANTAS TRANSGÉNICAS Y SALUD

— *Resistencia a antibióticos.* En las primeras generaciones de plantas transgénicas, junto con el transgen de interés se insertaba también un gen de resistencia a algún antibiótico. Esto era necesario para los pasos intermedios de la transformación, en los que había que seleccionar a aquellas células de *Agrobacterium* que habían incorporado el fragmento de ADN foráneo. Se cultivaban con un medio en presencia de antibiótico, para que solo crecieran las resistentes, es decir las transformadas. Estos genes no tienen función alguna en la planta transgénica y la mayoría de las veces no se expresan, pero están ahí. Y esto es lo que según los opositores deja abierta la posibilidad de transferencia horizontal de estos genes a las bacterias del suelo o a bacterias patógenas humanas. Según ellos, se ha comprobado que aunque en muy baja proporción, hay un cierto grado de intercambio genético entre plantas y bacterias en la naturaleza, o directamente del alimento ingerido por los seres humanos a las bacterias beneficiosas que pueblan nuestro intestino. En muchos foros de opinión de defensa de la naturaleza y en contra de la transgénesis se alude a los trabajos del Profesor Hans-Hinrich Kaatz, por

166 http://www.monsanto.com/global/ar/noticias-y-opiniones/pages/semillas-terminator.aspx

aquel entonces en la Universidad de Jena, en Alemania[167]. Según estos foros, en el año 2000 el Prof. Kaatz estaba ultimando un trabajo de tres o cuatro años (dependiendo del foro que se consulte[168]) en el que demostraba que los transgenes de algunas plantas habían sido encontrados en bacterias que pueblan el tracto intestinal de las larvas de las abejas. ¿Cómo podrían haber llegado allí? Por el polen que las abejas recogen y llevan a sus panales. Allí sirve de alimento a las larvas en crecimiento, y es al parecer entonces cuando el transgen sale del polen y entra en las bacterias. Así, si los transgenes confieren resistencia a antibióticos, cabría la posibilidad de que aparecieran cepas bacterianas resistentes a antibióticos, de modo que podría ser que llegara un momento en que no se pudiera tratar alguna enfermedad bacteriana en humanos porque las bacterias que la ocasionan son resistentes a todos los antibióticos conocidos. De todo esto en uno de estos foros se concluye que la presencia de genes de resistencia a antibióticos en las plantas transgénicas es una *seria amenaza a décadas de trabajo médico en el combate de enfermedades* y se convierte en un *problema de salud pública de primer orden*, con *efectos catastróficos sobre la salud y calidad de vida humanas.*

— *Aparición de alergias.* Además de los efectos deseables, se aduce que en ocasiones los transgenes pueden acarrear efectos secundarios en el consumidor en forma de alergias alimentarias. A este respecto, hay algunos casos publicados de alérgenos en alimentos que no hubieran aparecido si no hubieran estado elaborados con organismos transgénicos. Se ha publicado que la soja transformada con genes de la nuez de Brasil o las patatas transformadas con genes

167 Uno de estos foros es la página del Dr. Mae-Wan Ho del Institute of Science in Society. http://www.i-sis.org.uk/horizontal.php

168 N.d.A.: Tras leer la alusión que varios de estos foros hacen a estos trabajos, no deja de ser indicativo del nivel de rigor utilizado el hecho de que todos expongan siempre los mismos datos ordenados de distinta manera, pero sin aportar nada distinto, ni tan siquiera actualizado. En este caso como ejemplo, se citan los unos a los otros como referencias, sin ninguna publicación científica seria detrás. Únicamente difieren mínimamente en datos poco relevantes, como el expuesto.

de pescado (bacalao)[169] han generado problemas de alergias en algunos casos[170]. Alergias que por otra parte provocan los alimentos naturales portadores originariamente de esos genes. Estos alimentos nunca llegaron a comercializarse precisamente por este problema. En otros casos, si que llegó a comercializarse un producto que provocó reacciones alérgicas en un reducido grupo de consumidores (28 individuos). Es el caso del maíz StarLink resistente a insectos. Se supone que este maíz pasó las comprobaciones pertinentes antes de salir al mercado. Según asociaciones como *Amigos de la Tierra,* al parecer las pruebas o no fueron suficientes o no estuvieron bien realizadas[171].

— *Toxicidad.* Además de alergias, hay quien cree que los productos obtenidos de plantas transgénicas pueden tener efectos tóxicos en los animales y los humanos. Un caso bastante sonado, y que sirvió a muchos colectivos anti-transgénesis para avalar sus hipótesis, fue el del Dr. Pusztai. En 1998, el Dr. Arpad Pusztai apareció en televisión para dar a conocer uno de sus estudios más recientes, en el que dio de comer a ratas durante mucho tiempo patatas modificadas con un gen de *Galanthus nivalis* (campanilla de invierno), responsable de la síntesis de un insecticida supuestamente inofensivo para mamíferos. El Dr. Puzstai alertaba de que este trabajo demostraba que estas patatas, supuestamente inofensivas, provocaban en las ratas problemas intestinales, inmunológicos y de crecimiento. La difusión pública de estos trabajos antes de haber sido evaluados por expertos, tal como se suele hacer en toda publicación científica seria, supuso una falta de ética muy grave, pues este tipo de datos no contrastados puede ser utilizado desde muy distintos frentes para intoxicar, más que para informar. Como era previsible, después de todo esto se desató

---

169 Bindslev-Jensen C., Poulsen, L.K. (1997). Hazards of unintentional/intentional introduction of allergens into foods. Allergy 52: 1184-1186.

170 Nordlee J.A., Taylor S.L., Townsend J.A., Thomas L.A., Bush R.K. (1996). Identification of a Brazil-nut allergen in transgenic soybeans. The New England Journal of Medicine, 334 (11): 688-692.

171 Amigos de la Tierra. 2001. ¿Son tan seguros los transgénicos como nos quieren hacer creer? Boletín nº 19. http://www.tierra.org

una tremenda reacción de defensores y detractores del Dr. Pusztai en multitud de foros. Incluso apareció una especie de *teoría de la conspiración* al respecto[172]. Finalmente ese trabajo se publicó en *The Lancet*[173], la revista médica más influyente, un año más tarde, y se puede consultar sin mayor problema en la web de la revista. Si nos fiamos de cualquier otro artículo publicado en revistas científicas, serias, ¿por qué no de ese? La polémica estaba servida.

¿ES VERDAD TODO LO QUE NOS CUENTAN?

El caso del Dr. Puzstai junto con los otros que hemos visto y alguno más que no hemos tratado, se han constituido en un *sólido dossier de argumentos contundentes* con los que los contrarios a este tipo de técnicas pretenden concienciar a la sociedad de la maldad intrínseca de lo transgénico. Sin embargo, ignoran otra serie de argumentos, de tanto o más peso que los primeros, que contradicen sus teorías. Uno de estos argumentos, al respecto de una de sus principales preocupaciones sanitarias —los antibióticos—, es que hace ya mucho tiempo que hay distintos tipos de tecnologías para obtener plantas sin el gen marcador de resistencia a antibióticos. Las semillas transgénicas modernas ya no lo llevan. Incluso en el caso de las que lo llevaban, distintos estudios[174] demostraron que hay muchos motivos que hacen que la probabilidad de transferencia horizontal de genes desde plantas transgénicas hacia bacterias sea extraordinariamente reducida (recordemos que la certeza absoluta no existe en las ciencias experimentales, en ninguna de ellas). Uno de estos motivos es el estado fisiológico de las bacterias, ya que éstas necesitan estar en un estadio de competencia (*bacteria competente*) que le permita

172 Se pueden encontrar más datos de este caso y de algún otro en Seguí Simarro, J.M. (2013). Biotecnología en el menú. Publicacions de la Universitat de València, ISBN: 978-84-370-9003-0.

173 Ewen S.W.B., Pusztai, A. (1999). Effect of diets containing genetically modified potatoes expressing *Galanthus nivalis* lectin on rat small intestine. The Lancet, 354 (9187): 1353-1354.

174 Por ejemplo: Bertolla, F., Pepin R., Passelegue–Robe E., Paget E., Simkin A., Nesme X., Simonet. P. (2000). Plant genome complexity may be a factor limiting in situ the transfer of transgenic plant genes to the phytopathogen *Ralstonia solanacearum*. Applied and Environmental Microbiology. 66(9):4161–4147.

introducir material genético externo por medio de un proceso de transformación. Otro motivo es la diferencia de complejidad de los dos genomas, y las diferentes maneras que tienen ambos organismos de procesar la información contenida en los genes, y lógicamente también en los transgenes. Lo más probable es que un transgen diseñado para ser procesado en organismos superiores no sea bien procesado en bacterias, y viceversa. Además ¿por qué hay que pensar que se iba a transferir exactamente ese y no cualquier otro de las decenas de miles que tiene una planta, transgénica o no? Hay más, muchos más motivos.

Exactamente los mismos motivos impedirían también que sucediera la tan temida transferencia entre el alimento transgénico que hipotéticamente ingeriríamos y las bacterias de nuestro intestino. Simplemente pensemos que todos y cada uno de los días de nuestra vida comemos alimentos que proceden de seres vivos, con genes. Nos comemos millones de genes todos los días. En el estómago e intestino digerimos y descomponemos en trocitos esos millones de genes, de modo que dejan de serlo. Y se nos quiere hacer ver que, casualmente, el transgen se va a librar de todo eso y va a meterse en una de las bacterias de nuestro intestino, lo cual jamás ha sucedido, que se sepa, ni con transgenes ni con genes de cualquier otro tipo. Un ejemplo muy sencillo y clarificador es el hecho de que el ser humano lleva miles de años consumiendo carne, repleta de genes de vacuno, porcino, etc. Esta carne contiene los genes para la fabricación de millones de proteínas exclusivas de animales, como la hemoglobina entre otras. Y después de milenios de historia del ser humano y tras miles de millones de seres humanos que han consumido y consumen carne, aún no se ha identificado una sola bacteria intestinal capaz de fabricar hemoglobina, ni ninguna otra proteína proveniente de los alimentos que consumimos, sean de origen animal o vegetal. ¿Por qué tenemos que pensar que esto pasará seguro con los alimentos transgénicos? Este es solo un ejemplo de contraargumentación que invalida uno de los principales riesgos esgrimidos por los anti-transgénicos. Hay muchos más[175]. La

175 Se pueden encontrar más ejemplos, explicados con mayor detalle, en Seguí Simarro, J.M. (2013). Biotecnología en el menú. Publicacions de la Universitat de València, ISBN: 978-84-370-9003-0.

gran mayoría de sus argumentos pueden ser rebatidos de forma racional con datos objetivos. Veamos algunos ejemplos concretos en las dos áreas supuestamente más afectadas por los transgénicos, la salud y el medio ambiente.

DESINFORMACIÓN Y SALUD

Resulta interesante constatar que los activistas anti-transgénicos apenas hacen mención a las múltiples y distintas regulaciones, medidas de seguridad y mecanismos de control, tanto biotecnológico como legislativo, para evitar cualquiera de los riesgos antes mencionados, tanto los reales como los infundados. Los detractores argumentan que los mecanismos de contención que vimos en el capítulo 7 (androesterilidad, transformación de los cloroplastos, etc.) no valen, que los transgenes se los saltan todos. Las leyes tampoco valen, porque se incumplen. Y aquí suelen poner como ejemplo el caso del maíz StarLink, donde como vimos en el apartado anterior, había efectos alergénicos que no fueron detectado antes de comercializarse. Sin embargo, no suelen contar la segunda parte de la historia de este maíz[176]. Movidos por la gran alarma inicial que cundió rápidamente, muchos ciudadanos presentaron reclamaciones alegando haber consumido este maíz (en forma de tortillas de las que se utilizan para elaborar tacos), y haber desarrollado posteriormente alergias. La FDA (*Food and Drug Administration*, la agencia de seguridad alimentaria de los EE.UU.) comenzó a investigar el caso. De todos los consumidores que demandaron a la empresa productora del StarLink, solo en 28 se comprobó que claramente presentaron cuadros de alergia. En estos casos, se concluyó categóricamente que la proteína codificada por el transgen no era en absoluto la responsable de cuadro alérgico. Entre otras cosas porque quedaba destruida al procesar el maíz para hacer las tortillas supuestamente causantes. Por desgracia, no se pudo llegar más allá en la determinación del agente causal, pues la marca retiró toda producción del mer-

176 El caso del maíz StarLink está muy bien y detalladamente contado en: Fedoroff N.V., Brown N.M. (2004). Mendel in the kitchen: a scientist's view of genetically modified foods. Joseph Henry Press, Washington DC, 2004.

cado para siempre, debido al tremendo eco negativo que esto les reportó. Pero en definitiva, aquí también las medidas de control funcionaron, y no encontraron alérgeno en la proteína transgénica porque sencillamente no lo había.

Asumamos que en el caso de las patatas del Dr. Puzstai, la proteína transgénica fuera tóxica. Se habría demostrado que un determinado gen es nocivo en un determinado caso en animales de experimentación. Solución: no utilizar ese gen. No comercializar ese evento concreto de transgénesis. Lo realmente importante en la transgénesis no es la técnica en sí misma, sino el transgen que se añade y sus efectos. Si los efectos de un evento concreto no son beneficiosos, se rechaza ese evento, no la técnica entera. Este trabajo no solo no va en contra de las plantas transgénicas, sino que debería ser otro refuerzo que apoye su uso tal y como se propone en hoy en día: se había demostrado de nuevo que existen una serie de controles, a muy distintos niveles, que ayudan a detectar problemas si es que de verdad los hay. O sea, que si algo se comercializa, es que ha pasado muchos filtros, más que los alimentos convencionales.

Nunca, en la historia de la humanidad, ha habido alimentos más y mejor controlados y estudiados que los transgénicos. Hace más de 20 años que organismos internacionales de control como la OMS (Organización Mundial de la Salud), la FAO (la organización de las Naciones Unidas para la agricultura y alimentación), o la FDA siguen de cerca y evalúan las ventajas e inconvenientes de los alimentos transgénicos. En base a criterios sanitarios, aún no se han opuesto a su utilización. A lo mejor es que no son tan claramente negativos como algunos piensan, pese a que tengan algún efecto secundario, como cualquier otro alimento o medicamento. Efectos secundarios como las alergias antes vistas a la nuez de Brasil. Una solución podría ser, sencillamente, no tomar ese alimento si sabemos que puede provocarnos alergia, igual que no tomaríamos el alimento natural. Si sabemos que somos alérgicos al melocotón, no consumimos melocotón. Así de sencillo. O quizá no tan sencillo, porque ¿cómo se puede saber si un alimento lleva un transgen a cuyo producto se es alérgico? Aquí estaríamos ante otro problema distinto, el del etiquetado. Desde el momento en que se utilizan en productos elaborados, se hace necesaria una regulación de su etiquetado para que todo aquello elaborado con organismos transgénicos lleve la etiqueta informativa correspondiente. De hecho, la Unión Europea elaboró en 2003 una normativa que obligaba a etiquetar los productos que contienen organismos modificados genéticamente, indicando su origen transgénico. De esta forma, los consumidores tienen desde hace ya años la opción de decidir si desean este tipo de productos y el porcentaje de su presencia en los alimentos. Pero esto conviene no confundirlo con la tecnología de la transformación genética. Una cosa son los alimentos transgénicos y otra su etiquetado[177]. Y tampoco conviene seguir exigiendo, como hacen algunos reiteradamente[178], algo que lleva vigente desde 2003.

DESINFORMACIÓN Y MEDIO AMBIENTE

El posible impacto ecológico de las plantas transgénicas ha levantado casi más revuelo mediático que los posibles impactos que acabamos de ver sobre la salud. Como hemos visto, se han esgrimido muchas consecuencias negativas, desde un aumento del uso de herbicidas y por tanto de sus efectos nocivos sobre suelos y aguas hasta la diseminación incontrolada de los transgenes a través del polen. Sobre este asunto se suele recurrir mucho a dos casos paradigmáticos. El primero es el ya famoso estudio del Prof. Kaatz, que hemos comentado antes. Los manifiestos antitransgénicos se quedan en lo expuesto en el apartado anterior. Y a todos se les *olvida* citar un aspecto muy relevante de este caso: pese a que desde el año 2000 se cita como inminente su publicación, lo cierto es que 16 años después, en 2016 este trabajo aún

177 El etiquetado de los productos transgénicos es también objeto de debate. La exigencia del etiquetado diferencial de los productos transgénicos no es bien recibida por las empresas que elaboran dichos productos, ni por las productoras de semillas transgénicas, ni entre los agricultores que las cultivan. En el clima actual de animadversión generalizada, temen que la población rechazaría masivamente estos productos y esto les generaría fuertes pérdidas económicas. En otros casos, aunque esto no fuera un problema, tampoco sería técnicamente factible el etiquetado diferencial. Por ejemplo, en el caso de semillas a granel para consumo o procesado (soja, colza, maíz, etc.), donde se mezclan los granos convencionales con los transgénicos, y a simple vista son imposibles de diferenciar.

178 El etiquetado de los transgénicos (01/09/2015). La lista de la vergüenza. Blog de Fernando Frías en Naukas. http://listadelaverguenza.naukas.com/2015/09/01/el-etiquetado-de-los-transgenicos

Mariposa monarca.

no ha sido validado para su publicación en ninguna revista científica seria siguiendo los cauces habituales de publicación, consistentes en una rigurosa revisión crítica del trabajo por parte de varios expertos. Cualquiera que lo desee puede buscar por Internet la bibliografía del Dr. Kaatz y observará que no existe tal trabajo publicado[179]. Este hecho es muy relevante y no debería obviarse en aras de un mínimo rigor.

El segundo de estos casos *estrella* es también muy llamativo. Es el caso de la mariposa monarca. Una de las posibles amenazas más esgrimidas por los detractores del maíz Bt es que puede dañar no solo al taladro, como cabría esperar, sino a otras especies de insectos que ocupen el mismo hábitat y que no tengan por qué ser eliminados. Por ejemplo, la mariposa monarca

179 Al menos hasta marzo de 2016, en ninguna de las bases de datos de publicaciones científicas más relevantes y extensas (ISI Web of Knowledge y PubMed) figura ningún artículo de dicho autor sobre dicho tema. Ni tan siquiera en Google Académico figura ninguna referencia a artículo científico alguno.

(*Danaus plexippus*), una de las mariposas más bonitas y conocidas en América del Norte. Un equipo de científicos publicó en 1999 un trabajo en la prestigiosa revista *Nature*[180] en el que demostraban que cuando las larvas (orugas) de esta mariposa eran alimentadas con hojas de algodoncillo —su alimento natural— espolvoreadas con polen de una determinada variedad de maíz Bt, las orugas comían menos hojas, tenían problemas de crecimiento, y morían a los pocos días. En cambio, las orugas de los experimentos de control, con polen no transgénico, o directamente sin polen, no tenían estos problemas. Este estudio, como no podía ser de otra manera, levantó un tremendo revuelo, y fue utilizado por los contrarios a la transgénesis como la prueba incontrovertible que necesitaban para que el mundo viera que la transgénesis era un auténtico peligro para la naturaleza tal como la conocemos.

Independientemente del uso que de él se haga, un estudio publicado en *Nature*, con el rigor y veracidad que se le supone a esta revista —junto con *Science* las revistas científicas más prestigiosas y con mayor índice de impacto—, no se puede ni se debe pasar por alto. Por tanto, seis laboratorios distintos de los EE.UU. y Canadá se embarcaron en una colaboración para tratar de analizar bien en profundidad el problema. En 2001, los seis grupos publicaron sus resultados a la vez en el mismo número de la también prestigiosa revista *PNAS*[181] editada por la Academia de las Ciencias de los EE.UU. Los resultados fueron meridianamente concluyentes. Si bien el artículo de *Nature* estaba bien hecho, no dejaba de ser tan solo una prueba concreta de laboratorio, no generalizable. Entre otros motivos, porque se utilizó un tipo muy particular de maíz Bt (el Bt176) que por sus características peculiares, acumulaba mucha toxina Bt en sus granos de polen.

---

180 Losey J.E., Rayor L.S., Carter M.E. (1999). Transgenic pollen harms monarch larvae. Nature, 399: 214.

181 A título ilustrativo, adjuntamos referencias de los dos artículos más representativos:
Stanley-Horn D.E., Dively G.P., Hellmich R.L., Mattila H.R., Sears M.K., Laura R.R., Jesse C.H., Losey J.E., Obrycki J.J., Lewis L. (2001). Assessing the impact of Cry1Ab-expressing corn pollen on monarch butterfly larvae in field studies. PNAS, 98 (21): 11931-11936.
Sears M.K., Hellmich R.L., Stanley-Horn D.E., Oberhauser K.S., Pleasants J.M., Mattila H.R., Siegfriedi B.D., Dively G.P. (2001). Impact of Bt corn pollen on monarch butterfly populations: A risk assessment. PNAS, 98 (21): 11937-11942.

Mucha más que el resto de maíces Bt. Y esto tenía un claro efecto en la dosis letal de Bt176, baja frente a los otros tipos en los que no se observaba efecto alguno ni tan siquiera en las concentraciones de polen más altas que se pueden encontrar en los campos de maíz. El Bt176 era un tipo de maíz que se utilizaba muy poco en Norteamérica, menos del 2% del total cultivado. Y poco a poco se fue abandonando su uso, hasta el punto que hace ya años que no se utiliza. Había también otra serie de consideraciones adicionales respecto a la ecología de la mariposa monarca, o a la dinámica de dispersión del polen[182]. Todas ellas establecían la inocuidad del maíz Bt en condiciones reales sobre la mariposa monarca. Pero estas conclusiones no suelen aparecer en los argumentarios de los detractores de los transgénicos. Diecisiete años después, los pontífices del desastre transgénico siguen agitando —para quien quiera oírles— el espantajo de la mariposa monarca. Y por muy indignante que sea, siguen haciendo caso omiso e ignorando todo el resto de estudios posteriores. Todo un ejemplo de objetividad.

LA PÉRDIDA DE DIVERSIDAD GENÉTICA SÍ ES UN RIESGO DE LOS TRANSGÉNICOS... ENTRE OTROS CULTIVOS

No obstante, hay que remarcar que no todos los temores de estos colectivos son infundados. En concreto, uno de ellos sí tiene una base real. Se trata de la posibilidad de que el polen de un cultivo transgénico acabe llegando a otro convencional, o bien a individuos silvestres, no cultivados, de la misma especie y por tanto sexualmente compatibles con los transgénicos. Esta posibilidad no se puede ignorar, pues ha venido sucediendo hasta ahora con cualquier otro tipo de planta cultivada, y no tiene porqué no suceder con este tipo concreto. Sin embargo, las dos opciones mencionadas son distintas, y tienen consecuencias de calado muy diferente. Veámoslas con más detalle.

182 Se puede encontrar una magnífica y detallada exposición de todos los aspectos relativos a estas investigaciones y a la seguridad del maíz Bt en la web del United States Department of Agriculture: http://www.ars.usda.gov/is/br/btcorn/

En primer lugar tenemos que contemplar la posibilidad de que en una misma zona de cultivo coexistan parcelas cultivadas con variedades transgénicas y cerca haya variedades convencionales, no transformadas. Expuestas ambas a las mismas condiciones ambientales, y a los mismos agentes polinizadores, es posible que el polen de las primeras acabe en las segundas. No solo posible, sino real. Ya ha pasado. Uno de los casos más comentados fue el del arroz Liberty Link de la compañía Aventis, comprada luego por Bayer. Esta empresa fue condenada al pago de una fuerte suma de dólares por habérsele *escapado* polen Liberty Link de sus campos experimentales y haber polinizado cultivos cercanos[183]. Aquí estaríamos ante un problema para el agricultor que voluntariamente ha optado por un cultivo convencional, y con todo el derecho de su parte no quiere que sus plantas incorporen, por polinización cruzada, un transgen. Perdería el marchamo de *autenticidad* y *naturalidad* que la opinión pública confiere a los cultivos no transgénicos[184], por más falso que sea este marchamo. Además, en el caso del Liberty Link esto provocó el bloqueo de todas las exportaciones a Europa de arroz estadounidense. Supuso un perjuicio económico notable para los agricultores de los EEUU y un duro golpe para la credibilidad del negocio biotecnológico. Con la actual legislación internacional, puede tener consecuencias económicas muy serias.

Justo para evitar esto, existen una serie de recomendaciones dictadas por la Comisión Europea[185], y que posteriormente cada nación debe adaptar a sus casos concretos. En estas recomendaciones se incluyen hasta 29 medidas a distintos niveles —preparación para la siembra, siembra, cultivo, cosecha, tratamiento del terreno post-cosecha, transporte, almacenamiento y

183 En el reportaje *Attack of the mutant rice* publicado el 2/7/2007 en el semanario Fortune se explican más detalles del caso Liberty Link, entro otros casos de transgénicos polémicos. Se puede consultar en: http://money.cnn.com/magazines/fortune/fortune_archive/2007/07/09/100122123/index.htm

184 Es importante remarcar que este *marchamo* es únicamente una cuestión de imagen o apariencia, pues ya hemos visto que la gran mayoría de los cultivos actuales utilizan semilla híbrida comercial, mejorada, que es tan artificial como la transgénica.

185 Recomendaciones de la Comisión Europea de 23 de junio de 2003 sobre directrices para el desarrollo de estrategias nacionales y buenas prácticas para asegurar la coexistencia de cultivos modificados genéticamente con cultivos convencionales y orgánicos. Disponible en http://ecob.jrc.ec.europa.eu/documents/Recommendation_2003_556.pdf

monitorización— para asegurar que no haya transferencia de material transformado a material no transformado, en ninguno de los procesos de que consta la producción agrícola. No solo durante el cultivo de las plantas, sino desde mucho antes hasta mucho después. Estas medidas se basan en informes de paneles de expertos en muy distintas áreas, todas las involucradas en la producción agrícola. Y más allá de afirmaciones no siempre (más bien nunca) objetivas, de algunos grupos anti-transgénicos, lo cierto es que tras casi 20 años de coexistencia de ambos tipos de cultivos en Europa, no parece que haya habido problemas para nadie, ni económicos ni medioambientales. Así lo afirma un informe de abril de 2009 de la Comisión Europea[186], en el que se concluye que en Europa, con las medidas antes mencionadas, tras estos años de coexistencia no se han observado dificultades prácticas ni problemas económicos de ningún tipo. Eso sí, hacen constar que la superficie cultivada con transgénicos en Europa es aún muy escasa, y que con más tiempo y más cultivos, los datos serían más representativos. Lógico, por otra parte. En España de los más de 1400 litigios que cada año se presentan entre agricultores, ninguno de ellos se ha referido a que haya polen transgénico en variedades ecológicas. Es importante mencionar que los posibles problemas planteados por esta posibilidad de polinización cruzada se restringen únicamente al ámbito económico. No se valoran aspectos de salud o toxicidad, pues si el transgénico se cultiva es porque ha sido autorizado, y si ha sido autorizado es porque no plantea este tipo de problemas. Conviene dejar esto claro, pues los colectivos antitransgénicos manipulan estos conceptos para que parezcan nocivos.

La segunda posibilidad sí plantearía problemas ambientales. Estamos ante el caso de que, por ejemplo, haya especies de maíz silvestres cerca de un campo de maíz transgénico. Si son sexualmente compatibles, es posible que algunas silvestres acaben polinizadas por polen transgénico. Hay un claro riesgo de pérdida de biodiversidad. En esto sí tienen razón, en principio, los grupos ecologistas cuando protestan. Y digo en principio, porque

186 Informe de 2 de abril de 2009 de la Comisión Europea al Consejo y al Parlamento Europeo sobre la coexistencia de cultivos modificados genéticamente con cultivos convencionales y orgánicos. Disponible en http://ec.europa.eu/agriculture/coexistence/com2009_153_en.pdf.

deberían documentarse bien y ser honestos y objetivos. Al fallar todo esto, pierden la razón. Para empezar, deberían también ser conscientes de las medidas de seguridad antes mencionadas, elaboradas en bases a estudios rigurosos, y que establecen distancias mínimas de separación muy superiores a las consideradas necesarias según esos estudios. Aun así, no se puede negar que puede haber ocasiones en que estas medidas se superen. Esto no es un riesgo potencial. Es real. Pero precisamente por eso, es necesaria una valoración del riesgo también real, en sus justos términos.

En primer lugar, es muy importante tener en cuenta que el cultivo de plantas transgénicas no es ni más ni menos dañino para la biodiversidad que las variedades comerciales, genéticamente homogéneas, que se vienen cultivando desde hace décadas en todas las partes del mundo. No podemos achacar a los transgénicos más responsabilidad que a cualquier otra variedad no autóctona. En todo caso menos, pues suponen una pequeña parte del total de los cultivos mundiales. Es esencial hacer ver a la sociedad europea que cuando sale al campo y ve un precioso maizal, no está viendo *naturaleza salvaje en estado puro.* Es tan artificial como lo sería un maizal transgénico. Y lo mismo sucede con el resto de cultivos que utilizan semilla híbrida. De hecho, los cultivos comerciales se sabe que están causando pérdida de diversidad y erosión genética desde hace ya muchos años, como vimos en el capítulo 5 y también en este. Por tanto, si a las sociedades o a sus gobiernos les interesa realmente preservar a toda costa la biodiversidad, deberían plantearse prohibir todo cultivo que no fuera de variedades locales, autóctonas. No solo deberían prohibir las transgénicas, sino cualquier tipo de semilla mejorada, sea cual sea la técnica utilizada para su mejora. Eso sí, si luego no hay comida para todos por renunciar a la agricultura intensiva y a las variedades mejoradas, deberían salir a dar la cara y explicarlo también.

En segundo lugar, quizás lo más razonable sería aplicar el sentido común y valorar cada caso particular y su relación entre riesgos y beneficios. Por ejemplo, en países de enorme diversidad biológica o en los centros de origen de la variabilidad genética de determinadas especies (Sudamérica con el tomate o el pimiento, Centroamérica con el maíz, etc.) no sería recomendable la implantación de variedades transgénicas de estas especies en las zonas donde habitan las silvestres, pues son precisamente estos países la fuente de muchos los nuevos genes que se insertan en los transgénicos. Si se pierde la riqueza genética de estas zonas, los primeros perjudicados serían precisamente los productores de nuevos organismos transgénicos. En cambio, países con poca diversidad (zonas árticas, desérticas o subdesérticas, entre otras, sí serían buenos candidatos para una implantación más generalizada de los transgénicos, pues el riesgo de pérdida de diversidad es muy bajo. Por poner un ejemplo cercano, en un país rico en biodiversidad como España podrían ser viables aquellos cultivos no originarios de la península ibérica como el maíz. Y justamente en este sentido se está legislando. Cabría pensar pues que no se está haciendo tan mal, pese a la opinión de algunos. En 2007 el Instituto de Cuestiones Agrarias y Medioambientales presentaba una jornada de prensa y un informe en Sevilla, coincidiendo con la III Conferencia Internacional sobre coexistencia de cultivos modificados genéticamente y convencionales, cuyo título es muy significativo: «*Diez años de convivencia en armonía entre el maíz Bt, el maíz ecológico y el convencional*». Sobran comentarios. A día de hoy, la situación no ha cambiado. Y es que en realidad, en cuanto a preservación de la biodiversidad no hay ninguna diferencia entre sembrar uniformemente un campo con una variedad comercial de maíz mejorada mediante técnicas de genética clásica o mediante transgénesis. Donde no hay diversidad no se puede perder. En aras de la honestidad intelectual, los ecologistas anti-transgénicos deberían incluir esto en su sesgado discurso.

¿A QUÉ ESTAMOS RENUNCIANDO?

Los contrarios a los cultivos transgénicos argumentan que la transformación genética puede tener efectos imprevisibles a largo plazo. Según esto, en los algo más de 30 años transcurridos desde que apareció la primera planta transgénica, deberíamos haber visto ya alguna gran catástrofe, o al menos haberla intuido. Pero como ya hemos visto, todavía no hay ni un solo caso demostrado de todo aquello que se profetiza como grandes amenazas para la humanidad. En bacterias no son 30 años sino muchos más, y gracias a ello los diabéticos disfrutan de insulina, por poner tan solo un ejemplo. Existen muchos otros medicamentos humanos sintetizados en bacterias. Y sin problemas tras varias décadas. En su día, también se estableció un debate semejante, hoy por fortuna superado. ¿Por qué repetir viejos errores? Mientras la sociedad continúa enfrascada en el interminable debate sobre los transgénicos, se está impidiendo el progreso en el conocimiento de este tipo de tecnología y también su aplicación práctica a la resolución de problemas concretos de interés para la humanidad.

Hay quien se opone a los transgénicos porque opina que no es la solución ideal, y que hay métodos mejores que la ingeniería genética para resolver problemas. Es posible. Sin embargo, quienes defienden estas posturas deberían plantearse si las soluciones ideales son viables en el mundo real. A todos nos gustaría tener una nómina de 10.000 € cada mes sin tener que trabajar. Pero ¿sería viable una sociedad así, en la que nadie trabajara y cobrara tanto? ¿De dónde saldría el dinero para pagar las nóminas? Uno de los ejemplos que mejor ilustran este debate entre lo deseable y lo posible es el del arroz dorado que vimos en el capítulo 7. Algunos autores defienden que esa no es la mejor solución[187]. Y puede que tengan razón. Nadie niega que es mejor comer abundante fruta y verdura fresca que comer arroz dorado para prevenir los problemas derivados de la carencia de vitamina A. Si los gobiernos implicados decidieran abordar esta solución, la ideal, deberían comenzar a plantearse las siguientes preguntas: ¿Se pueden producir suficientes frutas y verduras para satisfacer las necesidades vitamínicas de nuestra población? ¿Tenemos suficiente superficie cultivable? ¿Tenemos suficiente dinero e infraestructura agraria? ¿Podrá la población comprar la verdura? ¿Serán los precios asequibles? ¿Estará dispuesta nuestra población a cambiar sus hábitos alimenticios y sustituir el arroz por la fruta y la verdura como alimento principal? Es de suponer que algún gobierno del sudeste asiático se habrá planteado ya alguna de estas preguntas, y que si no han adoptado

187 En el siguiente artículo se puede encontrar un extenso alegato contra el arroz dorado, en el que se exponen todos los problemas que, según los autores, presenta dicho arroz: Ho M-W., Cummins J. (2009). Crece el escándalo del arroz dorado. Biodiversidad en América Latina y El Caribe. http://www.biodiversidadla.org/content/view/full/48937.

la solución ideal es porque no pueden. Debe ser que no es tan fácil. Desde organizaciones como UNICEF se han desarrollado programas de prevención suministrando dosis de vitamina A en gotas a los niños de algunos de estos países. Pero si vemos el problema desde una perspectiva global, esto no deja de ser un parche puntual, y que por supuesto no soluciona el problema del autoabastecimiento, en este caso de vitamina A.

Por tanto, la pregunta que cabría plantearse no es si el arroz dorado es la mejor solución. Puede que no lo sea. La pregunta que habría que hacerse es si hay alguna alternativa viable mejor. Sobre todo cuando se abordan cuestiones que afectan al global de los humanos, o a grandes segmentos desfavorecidos. Podría discutirse si vale la pena asumir riesgos y autorizar alimentos modificados genéticamente para que tengan mejor sabor, u otro sabor, o para ser más grandes, o para tener otro aroma. Al fin y al cabo, no son necesarios. Únicamente servirían para cubrir una cierta demanda más «gourmet» o más extravagante de los consumidores de los países desarrollados, y para que con ello las grandes corporaciones aumentaran su cuenta de resultados. En estos casos no pasaría nada si dejamos las cosas como están. Pero hay otros casos en los que sí pasa algo por no mover nada. El arroz dorado es un buen ejemplo. Y a pesar de ello, 16 años después de que surgiera la primera generación, el arroz dorado seguía sin salir del laboratorio. La historia del desarrollo del arroz dorado engloba un complejo entramado de aspectos no solo científicos, sino también económicos, comerciales, políticos y sobre todo de aceptación por la opinión pública[188]. Resulta muy interesante comprobar cómo los creadores de este arroz fueron capaces de vencer no sólo barreras científicas muy serias, sino también barreras económicas y comerciales, y solucionar un tremendo problema de patentes y de los derechos de propiedad intelectual de las distintas partes que intervinieron en este enorme proyecto. Consiguieron cumplir con su objetivo humanitario, que no era otro que poner una fuente de vitamina A a

188 En su artículo «The Golden Rice Tale» (disponible en http://www.goldenrice.org/PDFs/The_GR_Tale.pdf , el Dr. Ingo Potrykus expone las etapas por las que fue pasando el desarrollo del arroz dorado y cómo hubo que ir venciendo, una a una, todas las reticencias de los opositores a los organismos modificados genéticamente.

disposición de los agricultores más pobres y de forma gratuita, sin pagar ningún tipo de regalía a las empresas involucradas, lo cual no es poco ni fácil. Tras todo ello, se han encontrado con una tremenda campaña de opinión contraria a su uso, que ha llegado a calar en la opinión pública y por ende en los políticos de tal modo que todavía no está autorizado su uso. En 2007, en el 1er Congreso Mundial del Arroz que se celebró en Cullera, cerca de Valencia, el Dr. Ingo Potrykus explicó por enésima vez[189] las ventajas del arroz dorado para disminuir las enfermedades derivadas de la carencia de la vitamina A y la ceguera y defendió por enésima vez que el arroz dorado debería llegar gratuitamente a los agricultores de los países pobres. Hemos visto también en el capítulo 7 otra serie de apoyos públicos y argumentos que apoyan su autorización. Predicar en el desierto.

Como en otros casos, cabe la lejana posibilidad teórica de que el arroz dorado pudiera llegar a generar algún efecto no deseable y por supuesto no deseado ni hasta ahora conocido. No sería el primer caso en ciencia. Alguno vimos cuando hablábamos en el capítulo 6 de la revolución verde. Pero ¿Qué otras alternativas viables hay actualmente? ¿Qué se ha hecho hasta ahora al respecto para tratar de ayudar a los millones de niños y niñas víctimas de esta lacra? Sabemos que hay otros medios de evitarla, pero son caros y lo cierto es que nadie los desarrolla. Puede que estos otros medios sean mejores para solucionar el problema, pero si nadie se decide a utilizarlos, son claramente inútiles. Pongámonos en el lugar de alguien con carencia de vitamina A, y planteémonos la siguiente pregunta: Si nos dan a elegir entre *arriesgarnos* a consumir uno de los alimentos más controlados y regulados de la historia de la humanidad o la certeza de quedarnos ciegos porque no hay disponible otra forma de paliar nuestra falta de vitamina A,

¿Con qué opción nos quedaríamos? El argumento de ponerse en el lugar de los que sufren el problema es semejante al que utilizó el Dr. Borlaug cuando fue inquirido sobre los problemas que

189 El arroz transgénico contra la ceguera protagoniza en congreso de Cullera. (26/4/2007). Diario *ABC*. http://www.abc.es/hemeroteca/historico-26-04-2007/abc/Valencia/el-arroz-transgenico-contra-la-ceguera-protagoniza-el-congreso-de-cullera_1632755819930.html

ocasionó la revolución verde (ver capítulo 6)[190]. Y es también aplicable a muchos otros aspectos, en los que desde fuera es fácil teorizar sobre cualquier problema, pero las cosas cambian mucho cuando nos enfrentamos cara a cara con uno concreto. En este contexto cabe también citar un extracto de un reportaje sobre el Dr. Luís herrera Estrella publicado en el diario mexicano *La Jornada* el 21 de agosto de 2000[191], donde hacía una interesante reflexión al respecto de las críticas que recibió sobre sus plantas tolerantes al aluminio, capaces de crecer en suelos ácidos: «*Es curioso que Greenpeace y toda la gente que ataca a la ingeniería genética de manera violenta, porque afirman que estamos haciendo cosas espantosas que sólo sirven para enriquecer más a las empresas multinacionales que dominan el mercado mundial agrícola, no se den cuenta del enorme potencial que la ingeniería genética tiene para favorecer a los agricultores pobres que siembran sus cultivos en suelos marginales y de resolver problemas ecológicos de gran importancia*». Es curioso, sin duda.

LA TRANSGÉNESIS ES TAN SOLO UNA HERRAMIENTA MÁS

Cuando surgió la posibilidad práctica de intervenir directamente sobre el genoma de los organismos vivos, la percepción pública sobre las posibilidades y también los peligros de la investigación biotecnológica se vio sometida a una gran agitación. Durante los primeros años de aplicación de la ingeniería genética (la década de los años 60), en principio a las bacterias, existían muchos temores respecto a la modificación genética de los organismos unicelulares a escala de laboratorio. Había una gran preocupación en la opinión pública por las consecuencias imprevisibles que podían derivarse de la intervención sobre el genoma. En los medios de comunicación se utilizaban metáforas del tipo de «*crear monstruos de Frankenstein*» o «*jugar a Dios*». Años más tarde, en la década de 1980, con el comienzo de la aplicación de la ingeniería genética a organismos superiores como

190 N.d.A.: Y en ese caso, eran problemas reales, comprobados. En este estamos aún a la espera de observarlos.

191 Se puede consultar el texto en http://www.jornada.unam.mx/2000/08/21/cien-galeria.html

animales o plantas, las críticas se dirigían más a la ética de la actuación sobre animales, y a los riesgos de introducir cultivos modificados en el medio ambiente. Pero al tiempo que surgían estos temores, lógicos por lo poco que se sabía todavía, surgieron también una serie de expectativas, en gran parte desmedidas, aunque también lógicas por el mismo motivo que los temores. Se creía que los productos tradicionales iban a ser borrados del mapa por estos nuevos productos biotecnológicos. Pero la realidad ha sido bien distinta. Se subestimaron, por pura ignorancia, muchos de los problemas científicos y técnicos que se han ido descubriendo a medida que se avanzaba en el conocimiento de las herramientas transgénicas. Pero no fueron los únicos problemas. También se encontraron problemas de escalado. Una vez demostrada la efectividad de la técnica a nivel de laboratorio, el siguiente paso era adaptar el proceso a una escala de producción y comercialización, siempre mucho mayor que la del laboratorio. Y aquí ha venido el principal obstáculo en muchos casos. Algunas empresas medianas o pequeñas fueron incapaces de adquirir un tamaño suficiente para producir este tipo de productos, que requieren de personal muy especializado y equipamiento muy costoso. Otras, para sobrevivir se fusionaron con grandes empresas del sector agroquímico. Pero a partir de ahí tuvieron que someterse a la directrices de la gran multinacional, que en ocasiones no iban por sus mismos caminos, sino más bien por los de obtener transgénicos que les permitieran continuar con la producción de sus productos principales. Por ejemplo, plantas resistentes a herbicidas que les permitieran seguir produciendo y vendiendo herbicidas. Otro problema que también se subestimó fue la falta de confianza del consumidor ante los nuevos productos modificados genéticamente. Problema que a día de hoy persiste, y aumenta. En la década de 1990, la explosión biotecnológica inicial se fue conteniendo y enfocando hacia aquellos sectores en los que se habían evidenciado claramente una serie de ventajas, y se contaba con un mínimo de aceptación por parte del consumidor. Y esta es la tendencia que se ha extendido también a lo que llevamos vivido de siglo XXI.

Y es que no es fácil sacar un transgénico al mercado. En primer lugar, una empresa ha de asumir el coste en imagen que supone el hecho de que le adjudiquen la etiqueta de *transgénica*. A esto hay que añadirle el elevadísimo coste que tiene liberar al mercado una nueva variedad genéticamente modificada. A los costes de producción convencionales, hay que sumarle lo que cuesta toda la investigación previa destinada a dar con la manera de obtener la planta modificada y estudiar cómo se comporta. También hay que añadir el coste de todos los estudios y comprobaciones posteriores destinadas a analizar los efectos sobre la salud y el medio ambiente. En ello se tarda mucho tiempo y se dedica mucho dinero. Es algo semejante a los trámites que ha de seguir una especialidad farmacéutica para ser aprobada por el Ministerio de Sanidad. Esta es una de las grandes barreras a la introducción de nuevos transgénicos. Y por último, se hacen necesarios estudios de mercado para asegurar un mínimo de aceptación por parte del consumidor. Todos estos pasos encarecen enormemente el proceso, y hacen que, salvo en casos concretos de gran viabilidad comercial, la liberación de transgénicos al mercado esté en el estado tan incipiente en que está. Todavía estamos lejos de ver melones, lechugas, manzanas o pepinos transgénicos en nuestra frutería habitual, al menos en Europa. De hecho, en Europa solo se permite la comercialización como alimento de unas cuantas variedades transgénicas de maíz, colza, soja, remolacha y algodón[192]. Eso sí, importadas, porque en cuanto a cultivos, los único autorizados son de maíz y de la patata Amflora, pero no para consumo humano, sino para pienso en el caso del maíz, y para obtener almidón industrial en el caso de la patata. Es evidente que no todo es tan transgénico como algunos lo quieren pintar. Simplemente, porque no es rentable ni en términos económicos, ni (y esto es cada vez más importante) de imagen.

Incluso en los casos en los que se autoriza el cultivo de transgénicos en los países desarrollados, estos tampoco suponen la salvación para los agricultores o un abaratamiento de los productos para el consumidor. Un ejemplo es España, donde más transgénicos se cultivan de la Unión Europea[193]. Un informe de la UE[77] en el que se estudió el impacto socioeconómico y ambiental de los cultivos de maíz transgénico en España, destaca en sus

192 Pueden consultarse en la web de la Comisión Europea: http://ec.europa.eu/food/dyna/gm_register/index_en.cfm

193 International Service for the Acquisition of Agri-biotech Applications (ISAAA). www.isaaa.org

conclusiones que los beneficios de tipo económico que reporta el uso de estos cultivos han sido en un 75% para el agricultor y en un 25% para las empresas que comercializan estas semillas. El consumidor no ha notado ninguna diferencia. Es decir, no hay que esperar tampoco que caigan los precios en el supermercado. El informe también destaca que no se ha observado ningún efecto medioambiental sobre la fauna presente en los cultivos. Ni en el taladro, que no aumenta su tasa de resistencia a la toxina, ni en el resto de insectos, que no se ven afectados por el tratamiento. Sin embargo, el efecto ambiental sí se ha notado en el uso de insecticidas frente a cultivos no Bt. En los Bt los agricultores usan mucho menos, con lo que se contamina mucho menos. En definitiva los transgénicos no son tan malos, pero tampoco son la gran panacea medioambiental y económica. Valen para lo que valen.

Además, hay otras formas de introducir genes en las plantas, sin transgénesis, que parecen gozar de mejor predicamento en la opinión pública. De hecho, hace 100 años que venimos haciendo esto mismo mediante la mejora genética. Desde que se estableció la mejora genética como tal, los agricultores están introduciendo genes en especies que antes no los tenían. Lo que conocemos como cultivos tradicionales distan mucho de los salvajes originales porque están también mejorados con genes ajenos. Basta con observar la imagen del maíz que figura en el capítulo 5. La diferencia es que estos genes no han sido introducidos mediante la tecnología del ADN recombinante, sino mediante mejora genética. Lo que cambia es *cómo* se ha obtenido la variedad mejorada, y no la variedad mejorada en sí. Al fin y al cabo, la composición química de cualquier gen es idéntica, sirva para lo que sirva el gen, y sea cual sea el modo de introducirse en un individuo. Además, la bacteria utilizada para introducir genes en plantas —*Agrobacterium tumefaciens*— puebla los suelos de todo el mundo y viene insertando genes (los suyos propios) en las plantas desde hace millones de años de forma natural. Y no ha pasado nada. Nadie parece quejarse de la mejora genética. Se ve como algo *muy natural*. Es decir, teniendo en cuenta que la transgénesis es muy cara y controvertida, y que podemos hacer lo mismo con otros medios que sí son aceptados por la sociedad, nadie se suele embarcar en la producción comercial de transgénicos a no ser que:

1. El objetivo a conseguir sea lo suficientemente interesante/ beneficioso.
2. Sea el único método posible para conseguir el objetivo.
3. Sea económicamente viable.
4. Se trate de un evento de transformación que cuente al menos con un nivel de rechazo social inferior al habitual. Esta es la razón por la que se autorizan cultivos en Europa para usos no alimentarios, como la patata Amflora.

Por tanto, conforme nos vamos acercando a una etapa de *madurez biotecnológica*, se va viendo más claramente que la transgénesis no es ninguna panacea. Es tan solo una herramienta más para alcanzar un fin, y no un fin en sí misma. El verdadero objetivo es la obtención de variedades vegetales mejoradas, con genes que proporcionen al cultivo características más útiles para la sociedad. Para alcanzar este fin, hoy disponemos de herramientas muy valiosas como la edición genómica y la transformación genética, en sus variantes de trangénesis, intragénesis y cisgénesis. Pero estas herramientas solo se utilizan si realmente vale la pena utilizarlas. Y en el marco social y legislativo actual, esto no es habitual.

LA BATALLA EN EL TERRENO MEDIÁTICO

Llegados a este punto, hemos visto que las plantas transgénicas no tienen tantos problemas como desde algunos sectores se hace ver. Si no son tan malas, ¿por qué se ven tan mal? Estamos ante un problema de percepción social de un fenómeno que, aunque ya no es tan nuevo, es todavía desconocido para una gran parte de la población, y que implica la manipulación de la vida y la naturaleza. Estos son dos temas muy sensibles en nuestra sociedad. Sus implicaciones también tienen una clara repercusión en muchos sectores sociales. Quizá sean la agricultura y la industria de la alimentación los más claramente afectados. Es lógico que mucha gente de muy diversos perfiles pueda ver aquí una gran fuente de beneficios y otros un gran peligro para su salud o para su forma de vida o de trabajo. No es de extrañar que de todo esto surja un conflicto frente al cual se posiciona la ciudadanía, unos a favor y otros en contra, según sus creencias e intereses. Como en muchos otros asuntos, al final de lo que se trata es de influir en la opinión pública general, para que a su vez esta sea la caja de resonancia que acabe llevando la postura de cada uno hasta los oídos de los políticos, que serán finalmente los encargados de autorizar o prohibir esta o cualquier otra iniciativa.

Sin entrar a valorar sus razones, es innegable que en el contexto actual los detractores de las plantas transgénicas han ganado la batalla de la opinión pública. Sus voces se hacen oír más y mejor. A lo largo de este capítulo hemos visto que esgrimen una serie de argumentos con apariencia de científicos, pero que en muchos casos son falaces. Muchos de sus datos supuestamente científicos están sesgados o son incompletos, ocultando lógicamente la parte que no les conviene. Es un recurso que utilizan reiteradamente[194]. Más allá de los datos, están ganando la batalla de las palabras. En un artículo[195] de 2008 en la prestigiosa revista *Trends in Biotechnology*, un grupo de expertos biotecnólogos vegetales denunciaba cómo los colectivos empeñados en demonizar esta disciplina tergiversan el significado de conceptos científicos puramente descriptivos en su origen como «liberación deliberada», «polución genética» y hasta el propio concepto de «transgen», para darles un matiz negativo, peligroso y hasta xenófobo en el caso de «transgen», y así provocar el rechazo de la sociedad. Resulta evidente que no les interesa divulgar la realidad de los cultivos transgénicos, sino solo la parte negativa. Y cuando no hay parte negativa, la inventan. Es curioso cómo muchos, sino la mayoría de los alegatos contrarios a la modificación genética están plagados de términos como *puede, podría, no puede descartarse, cabría la posibilidad, es posible, quizá...* Pura hipótesis que hasta la fecha, y tras muchos años de oír la misma cantinela, no ha pasado de ser solo eso, posibilidades teóricas.

En el discurso anti-transgénicos se enfatiza mucho en el concepto de *riesgo* bajo la falacia del llamado *principio de precaución,*

194 Se pueden encontrar más ejemplos de este tipo de estrategias en: Seguí Simarro, J.M. (2013). Biotecnología en el menú. Publicacions de la Universitat de València, ISBN: 978-84-370-9003-0.

195 Twyman RM, Ramessar K, Quemada H, Capell T, Christou P (2009). Plant biotechnology: the importance of being accurate. Trends in Biotechnology, 27 (11):609-612.

para inmediatamente dar un salto lógico y convertir el riesgo en certeza absoluta. En su libro *La tercera revolución verde*[196], el científico y divulgador Francisco García Olmedo hacía una serie de reflexiones muy interesantes en cuanto a la percepción general del riesgo, que son muy reveladoras de algunas posibles causas del rechazo social a estas técnicas. Entre otras ideas, cita que el riesgo de origen natural causa menos temor que el de origen industrial, a lo que se ha de añadir el natural temor que desde siempre despierta en el ser humano todo aquello desconocido y/o novedoso. Y las plantas transgénicas encajan perfectamente con estos dos calificativos. Pero esto no quiere decir que lo natural no entrañe riesgo. De hecho no existe en ningún ámbito el riesgo cero. Jamás. Toda actividad humana conlleva un cierto riesgo que ha de ser evaluado en función de los beneficios que tal actividad reporta. Además, lo natural no es sinónimo de inocuo. Ya vimos en el capítulo 11 la gran cantidad de sustancias naturales de origen vegetal que son perjudiciales, e incluso letales para el ser humano. De igual modo, no todo lo artificial es nocivo. No debemos olvidar que las variedades mejoradas convencionales que consumen miles de millones de personas y animales a diario tienen casi más de artificial que de natural, y nadie parece percibir riesgo en ellas. En definitiva, ningún activista anti-transgénicos deja de utilizar su coche o bicicleta a diario porque exista siempre un riesgo potencial de encontrarse de frente con un conductor suicida y estrellarse. Pero el riesgo existe. Y sin embargo, propugna la eliminación de todo cultivo transgénico precisamente por eso, porque el riesgo existe. Todos vivimos con un cierto grado de riesgo, y seguimos adelante. La humanidad misma ha avanzado asumiendo riesgos. No se pueden tener dos varas de medir. Y menos aún se puede cometer el error de dar por seguro un riesgo que como hemos visto, en la mayoría de casos ni es tal.

Otra de las estrategias utilizadas —con evidente éxito— es la reubicación del debate más allá del terreno racional, científico, técnico, económico o social. Aprovechando la falta de cultura científica en general de la sociedad, y en particular sobre

196 García Olmedo, F. (1998): La Tercera Revolución Verde. Plantas con luz propia. Ed. Debate, Madrid.

este tema, se elude la razón y se alude a la emoción, a los sentimientos. Hace un tiempo saltó a los medios de comunicación una noticia[197] según la cual, una plataforma ciudadana había presentado en el parlamento catalán una iniciativa legislativa popular para declarar a Catalunya *libre de transgénicos*. En la noticia, el portavoz de la plataforma afirmaba que «*las más de 20.000 hectáreas de maíz transgénico que se cultivan en Catalunya provocan continuas contaminaciones genéticas con toda impunidad a las plantas biológicamente naturales debido a la polinización cruzada*». Ante argumentos tan contundentes como una *continua contaminación genética*, con el agravante de la *total impunidad*, y cuyas pobres y desamparadas víctimas son las *plantas biológicamente naturales*, ¿cómo no va a estar la sociedad en contra? Otra cosa es que el argumento, además de contundente, sea cierto. ¿Sabrá el autor de esta proclama que lo que denomina como *plantas biológicamente naturales* llevan tanta mejora genética encima que sus mazorcas ya no son ni remotamente parecidas a las silvestres? ¿Sabrá también que el maíz silvestre, el verdaderamente natural es originario de América, y que en Catalunya no hay maíz silvestre y jamás lo ha habido? Esto ya parece no importar tanto. Lo importante es apelar al sentimiento de la población, hacerle ver que las víctimas de todo esto son las personas que están siendo envenenadas con transgénicos, y las pobres e indefensas plantas de *maíz catalán*, «natural» y «biológico», mientras las multinacionales se forran y los gobiernos miran y callan. Esta es según ellos la *realidad* que la sociedad *debe ver*. Si el portavoz en cuestión hubiera querido ser riguroso y objetivo, conociendo lo que hoy se sabe sobre los cultivos transgénicos, debería haber hecho un alegato semejante a este: «la coexistencia de cultivos transgénicos y variedades comerciales mejoradas puede provocar que las segundas sean polinizadas por las primeras, y esto a su vez puede provocar pérdidas económicas en los agricultores de las segundas, que no podrían comercializar sus productos como no transgénicos». Pero lógicamente, este alegato no tendría tanta fuerza y contundencia como el primero. Esa es la auténtica rea-

197 CiU, PSC y PP rechazan una iniciativa popular para impedir los transgénicos en Catalunya. (2/7/2009). La Vanguardia. http://www.lavanguardia.es/politica/noticias/20090702/53736788626/ciu-psc-y-pp-rechazan-una-iniciativa-popular-para-impedir-los-transgenicos-en-catalunya.html

lidad. Por cierto, la iniciativa fue contundentemente rechazada por el parlamento catalán con 95 votos en contra, 35 a favor y una abstención.

Este es un ejemplo bastante ilustrativo del tipo de argumentación al uso en los sectores combativos con los cultivos transgénicos. Pero se pueden encontrar muchísimos más. Tan solo es necesario introducir el término «transgénico» en cualquier buscador de Internet y comenzarán a aparecer páginas, foros, blogs, portales y demás con este tipo de estrategias divulgativas que no solo no ayudan a informar de forma veraz, sino que acrecientan la desinformación, el misterio y la penumbra sobre un tema que debería transmitirse a la opinión pública de forma meridianamente clara. Pero evidentemente, para ello los propios informadores, los redactores de estos foros y en general los grupos que más activamente promueven este estado de opinión son los primeros que deberían tener las cosas claras y saber de qué hablan. Acabamos de ver un ejemplo de ello. Otro ejemplo[198] que resulta llamativo, y casi tragicómico lo escribía en 2009 el Prof. Alison Smith, Jefe del Departamento de Biología Metabólica del John Innes Centre de Norwich (Reino unido), uno de los centros de referencia a nivel mundial en biotecnología vegetal. Comentaba que cuando unos activistas anti-transgénicos entraron al John Innes Centre para detener un ensayo con guisantes modificados genéticamente, lo que destruyeron en realidad era una colección de guisantes convencionales, no modificados genéticamente, recogidos de diversas partes del mundo. Tenían un aspecto muy diferente al de los guisantes que están acostumbrados a ver en el Reino Unido, y directamente asumieron que como eran raros, tenían que ser los transgénicos. Los verdaderos transgénicos, que estaban al lado pero cuyo aspecto era idéntico a los convencionales, los dejaron intactos.

En medio de este campo de batalla argumental están los medios de comunicación. En toda esta polémica, quizá sean los menos culpables. No se puede culpar de la desinformación a los medios de comunicación, que en definitiva son empresas privadas, y como

198 MAKING SENSE OF GM. What is the genetic modification of plants and why are scientists doing it? (2009). Sense About Science. Disponible en www.senseaboutscience.org

tales han de tratar de buscar rentabilidad. Y en el caso que nos ocupa, si el público tiene una visión negativa de lo transgénico en general junto con un gran interés por los temas de salud y medio ambiente, pues les dan justamente lo que piden, lo que tiene más visos de interesar, de ser noticia: aspectos negativos de las plantas transgénicas sobre la salud y el medio ambiente. Aunque puede que alguno haya, sería absurdo pensar que en general, los medios de comunicación y los periodistas que tratan esta información tienen un sesgo ideológico en contra de todo esto. Es simplemente una cuestión de interés informativo. Informan de lo que está en la calle y, por supuesto, de lo que vende.

Por el otro lado del campo de batalla, las cosas tampoco pintan bien. En gran parte por la imagen que transmiten las empresas biotecnológicas, sobre todo las grandes, las poderosas transnacionales. Ya hemos visto casos de biopiratería en capítulos anteriores en los que la imagen de las grandes corporaciones queda bastante dañada, sobre todo en los países *bioexpoliados*. En algunos de ellos han perdido un prestigio que difícilmente recobrarán algún día. Pero además, es patente el hermetismo de algunas empresas biotecnológicas y la poca disposición de sus científicos a explicar en forma entendible lo que hacen, la naturaleza de sus productos y las limitaciones de sus riesgos. Ellos pueden argumentar, y de hecho lo hacen, que hay secreto industrial, que no pueden revelar nada a la competencia, que se mueven millones de millones... Es posible. Pero la consecuencia, el hecho claro es que con esa actitud, sea necesaria o no, están contribuyendo a que el debate se dé en un ámbito de temores y de argumentos principalmente emocionales, más que científicos. Son una parte más del problema. ¿Evitable? Quizá sí. Es también una cuestión de imagen. A nadie se le escapa hoy en día que una empresa nace con la finalidad última de ganar dinero. Si no obtiene beneficios, la empresa desaparece. Pero hay muchas maneras de obtenerlos. Y quizá los monopolios exclusivos y en ocasiones abusivos de materiales tan sensibles como son los organismos vivos, modificados genéticamente o no, estén generando una imagen de ellas que les reporte más perjuicios que beneficios, sobre todo a largo plazo.

Hasta tal punto está llegando la denostada imagen de algunas compañías como Monsanto, que desde hace tiempo se le atribuyen no solo sus fechorías, sino las de los demás también. Recientemente circulaba por todo el mundo un comunicado[199] de un grupo de médicos autodenominado «Médicos en Pueblos Fumigados», en el que afirmaban que los casos de microcefalia en recién nacidos atribuidos en 2015 y 2016 a la presencia del virus zika en sus madres durante la gestación, en realidad no se debía a este virus, sino a un larvicida tóxico que las autoridades de Brasil añadían a los depósitos de agua para consumo humano, para combatir el mosquito vector del virus zika. Y según estos señores, la compañía que fabricaba el larvicida (Sumitomo) era, cómo no, una filial de Monsanto. El comunicado corrió como la pólvora, y hubo medios «serios» que se hicieron eco de ello[200]. Pues bien, nada de esto era real, fue un bulo[201] extensamente propagado por toda la red, y ni el plaguicida era el causante de la microcefalia, ni tan siquiera Sumitomo es filial de Monsanto. Pero claro, estando Monsanto por medio, con la mala imagen que tiene *¿por qué no podía ser real?* Para mejorar esta imagen, quizá podría plantearse un reequilibrio del actual estatus, liberalizando parte de sus patentes, o abaratando precios de modo que obtuvieran menos beneficio económico a corto plazo, pero mejorara su imagen —y por ende sus beneficios— en el largo plazo. Y si esto podría ser tan solo una idea de aplicación en los países ricos, debiera ser un mandato en los países más desfavorecidos.

Un último participante en todo este debate son los científicos y tecnólogos. Por esa parte es también necesario que se haga un esfuerzo, palmariamente ausente en algunos casos, por comunicar de forma fácil y comprensible por la sociedad, que en definitiva es quien les sustenta, pagando de sus impuestos las nóminas de quienes trabajan en organismos públicos de investigación, o comprando los productos que los científicos del sector privado desarrollan. El científico ha de escuchar las preocupaciones y

---

199 http://www.reduas.com.ar/wp-content/uploads/downloads/2016/02/Informe-Zika-de-Reduas_TRAD.pdf

200 Larvicide Manufactured By Sumitomo, Not Zika Virus, True Cause Of Brazil's Microcephaly Outbreak: Doctors (14/02/2016). Tech Times. http://www.techtimes.com/articles/133548/20160214/monsanto-larvicide-not-zika-virus-true-cause-of-brazils-microcephaly-outbreak-doctors.htm

201 A Viral Story Links The Zika Crisis To Monsanto. Don't Believe It (16/02/2016) The Huffington Post. http://www.huffingtonpost.com/entry/zika-monsanto-pyriproxyfen-microcephaly_us_56c2712de4b0b40245c79f7c .

demandas de esta sociedad de la que depende, y después dialogar con ella. Un diálogo comprensible por ambas partes. Un debate sereno, sosegado y buscando como último fin la exposición pública de la verdad objetiva, libre de sesgos y de matices ideológicos. Sir John Carew Eccles, neurofisiólogo y premio Nobel en el campo de la neurocirugía, escribió hace ya algún tiempo la siguiente frase: «*Es de la mayor importancia para los científicos que aparezcan ante el público como lo que realmente son: humildes buscadores de la verdad*». Gran frase.

NO SE DEBERÍA MEZCLAR TODO

Sea como sea, parece haber un problema de percepción pública de los avances biotecnológicos que está deteniendo el avance de una herramienta útil y de gran potencial para ayudar a resolver problemas en el futuro. Y en el problema, todos los participantes tienen parte de culpa. Algo deben estar haciendo mal quienes se oponen a los avances biotecnológicos con argumentos inciertos o emocionales, haciendo caso omiso a los datos, a los hechos contrastados. Y algo deben estar haciendo mal también los que están a favor, pues a pesar de esos mismos datos y de todo el potencial beneficioso que estos avances permiten, muchos sectores de la población continúan oponiéndose. ¿Qué está fallando? ¿Cómo puede tener tan poco peso la argumentación racional y científica, precisamente en una sociedad tan tecnológicamente avanzada? Lo aconsejable en este debate, como en muchos otros, es aplicar ante la duda el principio de precaución. Pero solo ante la duda. En eso se basa la falacia del principio de precaución, en considerar duda lo que ya no lo es. Conforme van desapareciendo las dudas —y muchas ya han desaparecido— las decisiones deberían estar fundamentadas en un análisis serio, sincero, honesto y sin contaminaciones pasionales, políticas, partidistas o económicas. Esto último es de suma importancia. En muchas ocasiones determinados colectivos se escudan en la transgénesis para denunciar o para evitar problemas económicos, sociales, laborales, legales o medioambientales. Por ejemplo, si un político decide no autorizar en su localidad el cultivo de determinada variedad transgénica porque ha recibido protestas de los agricultores locales que verían afectado su negocio del cultivo convencional, debería salir en público y decir exactamente esto. Pero es fácil intuir que no lo dirá, porque le podrían achacar que se deja influenciar por unos y por otros, que se opone al progreso, y cualquier otra cosa. En cambio, si argumenta que las plantas transgénicas son muy peligrosas, y que diversas organizaciones ecologistas —no organismos científicos internacionales— han expresado preocupación por el tema, puede además quedar ante su electorado como un gran defensor del medioambiente. La elección está servida.

Este es un ejemplo ficticio y a pequeña escala. Pero lo grave es que los hay a mucha mayor escala. Así, los medios en 2009 se hacían eco de la prohibición del gobierno alemán al cultivo de maíz transgénico MON810[202]. Sin embargo, resulta muy indicativo de las causas de la prohibición el título y subtítulo que el diario Público concedió a la noticia: «*El maíz de la polémica. El rechazo alemán al maíz modificado por su riesgo potencial esconde también intereses económicos. No ha habido problemas de toxicidad*». Pese a los continuos informes favorables de la Comisión Europea, según esta noticia la causa verdadera del rechazo estriba en que Alemania, igual que Francia, que también lo prohibió, son exportadores netos de maíz. En la noticia se citaban declaraciones de Josep Puxeu, Secretario de Estado de Medio Rural y Agua, en las que advertía que «*Francia estaría encantada de que el mercado de la UE tuviera que aprovisionarse exclusivamente en su mercado*», debido a su condición de país exportador de maíz. Con el estado actual de opinión, declararse libre de transgénicos es un buen reclamo publicitario para ser exportador de maíz.

En ese mismo artículo se recogían declaraciones del responsable de Agricultura y Medio Ambiente de la Coordinadora de Organizaciones de Agricultores y Ganaderos (COAG). En ellas se expresaba que «*los transgénicos no aportan nada ni a los agricultores ni a los consumidores y destruyen la agricultura familiar*». De nuevo, en esta opinión se mezclan argumentos sociales y económicos que deberían enmarcarse en un debate distinto. Si la herramienta transgénica no es beneficiosa para algún sector

202 El maíz de la polémica. (21/4/2009). Público. http://www.publico.es/ciencias/220309/maiz/polemica

social o empresarial, la solución es bien sencilla. No utilizarla. Ahora bien, el problema real parece ser otro: *si nosotros no utilizamos transgénicos pero los agricultores de al lado sí, estaremos en desventaja frente a ellos. Por eso pedimos que los prohíban para todos.* ¿Es eso justo? Y en todo caso, si el político de turno decide prohibirlo, que diga la causa real. Porque los problemas alegados por el responsable de la COAG son precisamente económicos y sociales, en ningún caso medioambientales o de salud. En otros casos se alude a la toxicidad del herbicida al que el cultivo transgénico resiste para pedir la prohibición del cultivo transgénico que no presenta ningún problema. Si es cierto que un herbicida es tóxico, ¿no sería más lógico pedir directamente la prohibición del herbicida? En muchos otros casos se achaca a los transgénicos la pérdida de diversidad genética, cuando ya hemos visto que ellos son solo una pequeña parte de este problema. ¿Se atreverían quienes piden su prohibición a pedir también la de todo aquel cultivo mejorado, procedente de semilla comercial, híbrida y genéticamente homogénea, y a su uso en forma de monocultivo? Estas prácticas son las principales causas de la pérdida de diversidad, pero son el modo de vida de millones de agricultores en todo el mundo y son la principal fuente de alimento en nuestro planeta. Difícilmente alguien prohibiría esto globalmente. Así que mejor dirigen su protesta hacia algo más sencillo, y que cuenta con apoyo popular: las transgénicas.

Puede haber también casos en los que la técnica no se utilice bien. Puede que haya habido, esté habiendo ahora, o haya en el futuro alguien que utilice la transgénesis de modo premeditadamente inadecuado, malicioso o perverso, para conseguir cualquier abyecto propósito. Puede que alguien no tome las medidas de precaución necesarias y genere más problemas de los que soluciona. Casos de mal uso de la tecnología ha habido a lo largo de la historia. Sin ir más lejos, todos los días al salir a la calle y comprobar que hay conductores que se saltan semáforos, poniendo en riesgo la vida de los demás. ¿Qué hacemos? ¿Prohibimos todos los vehículos a motor para todos los usos porque hay unos cuantos que incumplen la normativa de circulación? Otro ejemplo: la misma tecnología nuclear que se utiliza para salvar vidas con la medicina nuclear, sirvió en el siglo XX para destruir ciudades enteras con bombas atómicas. ¿Quiere ello decir que la tecnología nuclear es mala? No. Los malos son quienes la utilizan para hacer el mal. ¿Los cuchillos, son armas o son herramientas? ¿Alguien puede imaginar que en un juicio por asesinato con arma blanca, el juez decidiera encausar al cuchillo, o prohibir su fabricación y uso, por ser los cuchillos los responsables directos de todas las muertes por acuchillamiento en todo el mundo? Absurdo. El responsable es quien lo ha utilizado para quitarle la vida a otro. Y no por ello podemos privar al resto de la humanidad de que lo use pacíficamente para cortar pan y pelar manzanas. Esto, que parece tan evidente, no debe serlo tanto para aquellos que se empeñan en demonizar la transgénesis, en lugar de valorar sus usos particulares, aceptando los objetivamente aceptables y rechazando los inaceptables.

Gran parte de toda esta confusión tiene su origen en Internet. Esta otra maravillosa herramienta de la tecnología humana tiene un claro paralelismo con la modificación genética de los organismos vivos: junto a sus numerosos aspectos positivos para la humanidad si se utiliza bien conviven también sus aspectos negativos si se utiliza mal, en este caso para desinformar o confundir. En general, la dinámica de muchos portales, blogs y webs de asociaciones que se definen ecologistas, de defensa de la naturaleza, de la vida saludable, del planeta Tierra o directamente anti-transgénicos suele ser siempre muy parecida: se hacen eco de noticias que normalmente suelen referirse a una demanda ganada por un agricultor porque su cultivo fue polinizado con polen transgénico, o de algún herbicida que provoca efectos tóxicos por no usarse debidamente, y la aderezan con los consabidos tópicos de que las transgénicas son malas, tóxicas, perjudiciales, contaminantes y las empresas exprimen, esclavizan o abusan del agricultor. Como referencias frecuentemente se citan unos portales a otros de forma endogámica, sin que muchas veces se sepa claramente de donde surgió la noticia original. También es usual la alusión a supuestos trabajos o informes que apoyan sus teorías, pero que si se analizan a fondo carecen de un mínimo de rigor científico o nunca llegaron a publicarse en una revista científica. En ocasiones añaden alguna cita de algún artículo verdaderamente científico para justificar alguna afirmación favorable a sus intereses. Sin embargo, hay que tener precaución porque en ciertos casos se descontextualiza la información mostrando solo la parte favorable, o directamente se tergiversa. Con todo este coctel se monta una nueva *prueba irrefutable* para convencer de que los cultivos transgénicos han de ser prohibidos. Todos sin excepción[203].

A lo largo de este apartado hemos visto diversos ejemplos de posicionamientos en contra de los transgénicos por causas muy diversas que nada tienen que ver con su posible toxicidad o peligrosidad y que confunden a la opinión pública. Y hemos visto que no estaban bien porque trataban de enmascarar un uso permitido por la legislación europea con otra serie de argumentaciones evasivas. Y hemos visto también ejemplos, algunos inventados y otros por desgracia reales, de mentiras intencionadas de políticos para tratar de impedir en cultivo de transgénicos sin razón científica aparente. Por si lo visto fuera poco, en marzo de 2015 la Unión Europea emitió una Directiva[204] por la que ponía las cosas aún más fáciles para todos aquellos (estados incluidos) que quieran prohibir el cultivo de transgénicos en su territorio de forma arbitraria. De acuerdo con esta directiva, ahora ya es posible que un estado miembro restrinja o prohíba el cultivo de organismos modificados genéticamente en su territorio por motivos distintos de los relacionados con los riesgos para la salud y el medio ambiente. Ahora se podrá prohibir un cultivo seguro, rentable y beneficioso por motivos tan peregrinos como que a determinados colectivos o políticos no les guste, o no lo consideren adecuado, o vayan contra sus creencias, o porque el Pisuerga pase por Valladolid, o simplemente porque sí. Todo lo contrario de lo que debería hacerse. En este complejo debate no se debería demonizar una técnica que tiene un espectacular potencial de ayudar a solucionar problemas de muy distinta índole. Se debería informar con rigor y objetividad de sus posibilidades reales, presentes y futuras. Y con el mismo rigor y objetividad, se debería hacer ver a la sociedad que esto tampoco es una panacea universal. Tiene sus limitaciones, e incluso sus problemas. Todo ello

---

203 Se pueden encontrar más ejemplos de este tipo de estrategias en: Seguí Simarro, J.M. (2013). *Biotecnología en el menú.* Publicacions de la Universitat de València, ISBN: 978-84-370-9003-0.

204 Directiva 2015/412 del Parlamento Europeo y del Consejo de 11 de marzo de 2015 por la que se modifica la Directiva 2001/18/CE en lo que respecta a la posibilidad de que los miembros restrinjan o prohíban el cultivo de organismos modificados genéticamente (OMG) en su territorio. http://www.magrama.gob.es/es/calidad-y-evaluacion-ambiental/temas/biotecnologia/directiva_2015_412_prohibicion_cultivo_tcm7-391002.pdf

es necesario transmitirlo objetivamente a la sociedad. Para ello, defensores y detractores deberían aportar algo más de lo que aportan. Muy posiblemente, así se ayudaría a cambiar la visión que tiene la sociedad de esto que no es más que otra herramienta fruto de la maravillosa capacidad tecnológica del ser humano.

NECESIDAD DE EDUCACIÓN Y CULTURA CIENTÍFICA

Más allá de la presión ya vista de algunos sectores sociales, con mayores o menores intereses creados en el tema, hay otro factor que contribuye a crear un cierto halo de misterio y sospecha alrededor de la biotecnología, y muy en particular de algunas de sus aplicaciones. Se trata de la falta de información de la opinión pública alrededor del concepto, finalidad y procedimientos que engloba la biotecnología. Sería muy deseable una mayor educación en ciencias. Y en concreto en biotecnología. A casi ningún niño o adolescente europeo de hoy en día le suenan extraños conceptos tan científicamente complejos, si nos metemos a profundizar en su base científica y tecnológica, como ADSL, 3G, 4G, banda ancha, puerto USB, Bluetooth, Wi-Fi, Internet o smartphone. Las tecnologías de la información y comunicación han tenido una increíble aceptación y una gigantesca penetración en nuestra sociedad. Y no hay que olvidar que alguna de estas herramientas tecnológicas han sido también objeto de un debate y una polémica importante, como el caso de la telefonía móvil y sus radiaciones electromagnéticas. Sin embargo, la gran mayoría de esos niños se quedarían callados si les preguntaran por chips de ADN, secuenciación, marcadores moleculares, plantas biofactoría o cultivos *in vitro.* No es necesario que sepan el detalle de sus fundamentos científicos, igual que no conocen los fundamentos del teléfono móvil. Se trata simplemente de que les suene.

En general, la sociedad tiene una idea poco clara de la biotecnología, y en muchas ocasiones negativa. Esto es simplemente una prolongación de la imagen un tanto borrosa que se tiene de los científicos y de la ciencia en general. No se puede negar que la falta de formación científica en gran parte de los estratos sociales es un hecho a nivel mundial. Carl Sagan decía que «*La mezcla de poder por el lado de la ciencia e ignorancia por parte de la sociedad que le da sustento es una mezcla explosiva altamente peligrosa e inconveniente*[205]». No cabe duda de que el desconocimiento ayuda a aumentar el abismo entre ciencia y sociedad. La biotecnología se desarrolla a un ritmo muy acelerado, y no se espera que disminuya en los próximos años, sino más bien al contrario. En las próximas décadas, los avances impactarán aún con más fuerza en todos los sectores de la sociedad. Es decir, se abrirá aún más la brecha entre nuestra dependencia de la biotecnología y lo poco que conocemos de ella. Una posible consecuencia de esta peligrosa brecha es que la sociedad se atemorice del poder de la ciencia y la tecnología, pierda confianza en la validez de los objetivos que estas persiguen y le quite su apoyo. Por desgracia, esto ya está pasando en el caso de los alimentos transgénicos, y sería muy lamentable si se extendiera a más campos de la biotecnología, pues estaríamos rechazando una de las herramientas más potentes de que disponemos para resolver los futuros problemas de la sociedad, y frenando uno de los desarrollos culturales más activos que ha construido la humanidad. Está claro que hay mucho trabajo por delante para mejorar la percepción que tiene la sociedad sobre la biotecnología y los científicos que la desarrollan.

Una de las maneras que tenemos para contribuir a cerrar la brecha que hay entre biotecnología y sociedad es mejorar la educación en ciencias en todos los niveles educativos. Es importante que los niños experimenten desde pequeños el placer del descubrimiento, por insignificante que sea, que aprendan a fascinarse con la ciencia. El método científico es además una fuente de múltiples valores formativos como la crítica constructiva, el rigor al extraer conclusiones o al formular opiniones, o el respeto a la verdad. Todos ellos son hoy más que nunca aplicables y necesarios no solo en el ámbito científico, sino en la vida cotidiana. Si un niño conoce la ciencia y a los científicos desde sus primeros años, es más fácil que se interese por ella, valore la labor que hacen los científicos, y comprenda tanto sus posibilidades como

205 Sagan, C. (1997). The demon-haunted world: science as a candle in the dark. Ballantine Books, Westminster (Maryland EE.UU.). ISBN 0-345-40946-9.

sus límites. Este último aspecto es fundamental para eliminar temores, falsos mitos y el aura de misterio que no hace sino perjudicar. A la ciencia y a quien se dedica a ella, pero también a la sociedad, que muchas veces es víctima de pseudociencias y *augures profesionales de la catástrofe biotecnológica*, y se ve manipulada y engañada por esta nueva forma de *falsos profetas*.

Epílogo

Después de las páginas que hemos compartido, espero que coincidas conmigo en que las plantas no son tan solo esas cosas verdes e inmóviles con las que nos cruzamos en muchos lugares sin reparar en ellas, sino unos seres vivos fascinantes, llenos de matices, increíblemente variados, y tan complejos como algunos animales. Espero también que te haya llegado la noción de que las plantas son útiles al ser humano para mucho más que decorar y alimentar. Y que la biotecnología vegetal hoy en día es mucho más que las plantas transgénicas y todo el debate generado en torno a ellas. Que las plantas están presentes en muchos más ámbitos de los que pensamos en nuestra vida cotidiana. Y que tal como avanzan las cosas, todo indica que van a estarlo aún más en el futuro. Que la biotecnología vegetal tiene un enorme potencial para cambiar la concepción que hoy tenemos de ciertos sectores productivos, con el consiguiente impacto que esto puede tener en la sociedad, a muy distintos niveles. Que cada vez influye e influirá en más y más ámbitos, aunque no siempre de forma positiva. Sin embargo, una de las grandes ventajas de abordar los problemas utilizando el método científico es que nos permite sacar partido también de los errores, analizando las causas del fracaso y diseñando alternativas que lo eviten en posteriores ocasiones. Este debería ser el mensaje positivo que cabría extraer de los problemas derivados de la biotecnología vegetal.

También espero que hayas llegado a la conclusión de que la manipulación biotecnológica de las plantas no es ni buena ni mala. Lo que puede ser bueno o malo es el uso particular que se le dé. Es decir, que si sabemos utilizarlas bien, gracias a ellas nuestra vida puede ser mejor y más fácil. Y cuando digo nuestra me refiero no solo a ti y a mí, que por fortuna vivimos en un país desarrollado en el que la gran mayoría tiene cubiertas sus necesidades básicas. También me estoy refiriendo a todos aquellos cuya máxima preocupación es saber si podrán comer antes de que anochezca. Ese precisamente debería ser el gran reto de todos los que cuentan con poder de decisión para cambiar las cosas. Sin embargo, supongo que también coincidirás conmigo tras leer las páginas precedentes en que esto no tiene aspecto de ser fácil. Esperemos que al igual que con otras tecnologías también polémicas en su día como la telefonía móvil, la sociedad de un paso al frente y permita, con los rigores y cautelas necesarios, que la biotecnología vegetal desarrolle su máximo potencial de ayudar al ser humano.